btb

Aus Freude am Lesen

Der Nordpol: Ort der Sehnsucht und Entdeckerlust für das 19. Jahrhundert. Ein Deutscher will bei diesem Abenteuer mit dabei sein: der genialische Kartenzeichner August Petermann. Die Engländer reiben sich erstaunt die Augen, als ein Bücherwurm, der noch nie einen Eisberg gesehen hat, ihnen erklärt, wo sich – »ernsthaften und besonnenen Berechnungen« zufolge – der für verschollen erklärte John Franklin aufhalten muss. Als die Seeoffiziere sich gegen Petermanns Theorien wehren, zieht er sich tief enttäuscht nach Gotha in Thüringen zurück. Dort erobert Petermann den Nordpol auf dem Papier. Und schickt zahlreiche Expeditionen in die Irre, weil er von seiner – falschen – Theorie partout nicht lassen will …

Philipp Felsch, geboren 1972, arbeitet als Kulturwissenschaftler an der Humboldt-Universität zu Berlin. Sein besonderes Interesse gilt den künstlichen Welten aus Papier, in die sich Wissenschaftler und andere Welteroberer immer dann oft geflüchtet haben, wenn sie darauf aus waren, die Welt zu erobern. In seinem nächsten Buch folgt er dem Faszinosum der Theorie in den revolutionären Jahren vor und nach Achtundsechzig.

Philipp Felsch

Wie August Petermann den Nordpol erfand

btb

MIX
Papier aus verantwortungsvollen Quellen
FSC® C083411

Verlagsgruppe Random House FSC® N001967
Das für dieses Buch verwendete FSC®-zertifizierte
Papier *Lux Cream* liefert Stora Enso, Finnland.

1. Auflage
Genehmigte Taschenbuchausgabe Oktober 2013,

Umschlaggestaltung: semper smile, München
Umschlagmotiv: © shutterstock/Chaikovskiy Igor, Matt Cooper
Druck und Einband: CPI – Clausen & Bosse, Leck
SK · Herstellung: sc
Printed in Germany
ISBN 978-3-442-74583-8

www.btb-verlag.de
www.facebook.com/btbverlag
Besuchen Sie auch unseren LiteraturBlog www.transatlantik.de

INHALT

Aus Mangel an Beweisen 9
1. Unter Deck 21
2. Der Harz und der Amazonas 27
3. Die Schule der Kartografen 34
4. W. & A. K. Johnston Ltd. 43
5. Humboldts Kartograf 53
6. London kills me 63
7. Der Entdecker-Club 73
8. Indien 78
9. Franklins Geist 87
10. Die Erfindung des Nordpols 99
11. Der talentierte Mr. Petermann 117
12. Was in den Kesseln war 130
13. Zentralbüro Gotha 135
14. Das offene Polarmeer 141
15. Osborns Plan 149
16. Der Lotse geht nicht an Bord 159
17. Die übereilte Nation 169
18. Ballons und Glühbirnen 177
19. Fischerschaluppenfantasien 183
20. Schiffbruch mit Zuschauer 195

21. Petermann der Große 211
22. Theorie der Systeme 219
23. Im Land der Wasserhimmel 225
24. Die letzte Karte 235
Nansens Turn 242

Anmerkungen 245
Bildnachweis 269
Dank 271

»I shall draw you a map.«
August Petermann, 1871

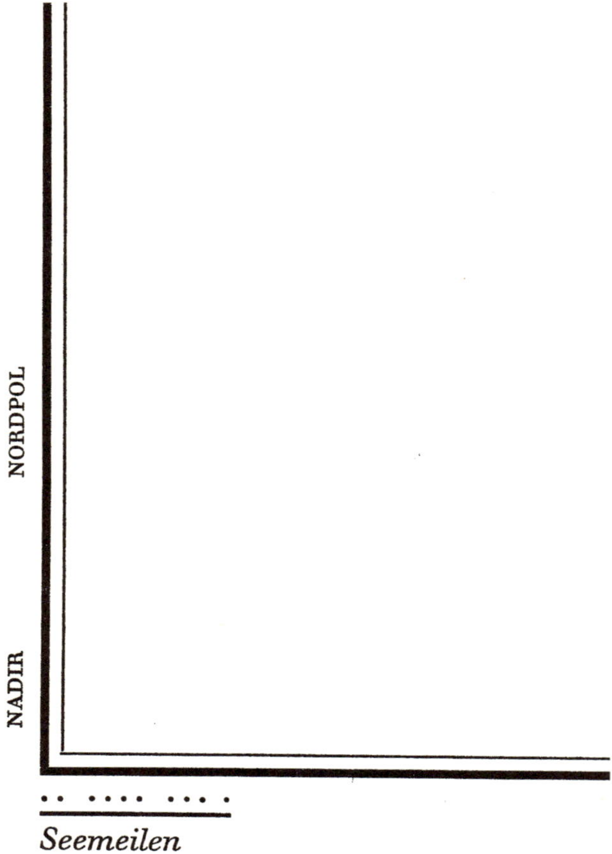

Der Nordpol,
das Spielzeug der Geografen.

AUS MANGEL AN BEWEISEN

Lange Zeit hat der Nordpol zu den Requisiten der heroischen Moderne gehört: ein Ort, an dem sich bärtige Männer die Zehen abfroren. Doch gegenwärtig erlebt er eine schillernde Renaissance. Im Sommer 2007 deponierte ein russisches U-Boot die russische Flagge an seinem Grund. Vor der nahe gelegenen Hans-Insel halten sich dänische und kanadische Kriegsschiffe in Schach. Und die Völkerrechtler streiten darüber, ob die Arktis als Land oder Meer oder keines von beiden anzusehen ist. Von der Entscheidung dieser Frage wird es womöglich abhängen, wer das Eismeer in Zukunft ausbeuten darf. Denn alle Parteien warten darauf, dass die Arktis auftaut, dass die Nordwestpassage schiffbar und das Erdöl unter dem Pol zugänglich wird. Dann könnte ein neuer kalter Krieg beginnen. Solange die Eisschollen aber noch nicht geschmolzen und die Bohrinseln noch nicht errichtet sind, wirken die geopolitischen Schachzüge wie eine frostige Operette. Worum, bitte, geht es denn? Um ein treibendes Territorium, so leb- und so nutzlos wie die dunkle Seite des Mondes.

Das hatte schon Robert Peary feststellen müssen, als er am 6. April 1909 seine Flagge ins Eis des Nordpols stieß. Es soll ein sonniger, windstiller Tag gewesen sein. »The Pole at last«, notierte er in sein Tagebuch – »endlich der Pol.« Und direkt darunter: »I cannot bring myself to realize it.« Denn anstatt des verdienten Triumphgefühls gingen ihm merkwürdige

Gedanken durch den Kopf. Was bedeutete es, an einem Ort zu sein, an dem in allen Richtungen Süden lag? Und wie groß war der Pol überhaupt? So groß wie ein Vierteldollar, so groß wie ein Hut oder eine kleine Stadt? Natürlich wusste der Ingenieur, dass der Pol ein mathematischer Punkt war, aber gerade diese Abstraktion verstärkte den Eindruck von Unwirklichkeit. Am ehesten, schrieb der zielstrebige Peary, erzeuge der Pol ein Gefühl dafür, »dass die meisten Dinge relativ sind«. Er war an den Nullpunkt der Geografie gelangt. Beim Abmarsch warf er auf sein Lebensziel nicht mehr als einen flüchtigen Blick über die Schulter zurück.

Nach der Rückkehr musste Peary feststellen, dass ein gewisser Frederick Cook, sein ehemaliger Schiffsarzt, behauptete, schon vor ihm am Pol gewesen zu sein. Es folgte eine schmutzige Presseschlacht, die Cook als gebrochenen Mann und Peary als zweifelhaften Sieger zurückließ. Denn am Nordpol gab es nichts zu sehen. Die Beweisfotos der erbitterten Rivalen zeigten flatternde Fahnen und winkende Männer inmitten einer »unbeschreiblichen Leere«. So beschrieb es Cook. Peary behauptete, Cook habe seine Aufnahmen kurz vor der Küste Grönlands gemacht. Cook behauptete, er habe eine Metallröhre am Nordpol vergraben. Doch die war natürlich längst abgedriftet. Verständnislos rätselte der Schiffsarzt in seinem 1911 veröffentlichten Expeditionsbericht über die Natur geografischer Beweise: Seit Kolumbus habe die Menschheit den Erzählungen ihrer Entdecker geglaubt. Warum sollte das in seinem Fall anders sein? Warum hielt ihn die Welt für einen Betrüger? Doch alle Beteuerungen nützten nichts. Cooks Ruf war ruiniert. Am Ende landete er wegen einer windigen Ölspekulation im Gefängnis.

Bis auf den heutigen Tag ist der Streit zwischen Peary und Cook nicht entschieden, nach wie vor werden Bücher veröffentlicht, Beweise begutachtet und Loyalitäten erklärt. Vielleicht zeigt das, dass der Wettlauf zum Nordpol prinzipiell unentscheidbar war. Am Ende, so der niemals zu entkräftende Verdacht, erreichte keiner der beiden Gegner sein Ziel. Dem heroischen Hirngespinst, seit Jahrzehnten von der Presse beschworen, fehlte schlicht und einfach so etwas wie eine handgreifliche geografische Referenz. Der Linguist Roman Jakobson hat in den 1930er Jahren notiert, das späte 19. Jahrhundert sei die Zeit einer galoppierenden Inflation der Zeichen gewesen. Als sich irgendwann herausstellte, dass die Worte nicht länger von der Wirklichkeit gedeckt wurden, erlebten sie einen Schwindel erregenden Wertverfall. Doch alle Versuche, das Vertrauen in die papierne Sprache zurück zu gewinnen, schlugen fehl. Frederick Cook musste das am eigenen Leib erfahren: Seinem 600 Seiten starken Expeditionsbericht wollte niemand mehr Glauben schenken. Und nicht einmal der Pol selbst blieb verschont. Beim Nordpol, könnte man mit den Kulturwissenschaftlern sagen, handelt es sich um den einzigen real existierenden frei flottierenden Signifikanten: um ein Zeichen, das seiner Bedeutung davon getrieben war. Während eine weltweite Öffentlichkeit sich noch ihrer neuen Helden erfreute, hatte Karl Kraus das längst erkannt. »Am Nordpol war nichts weiter wertvoll, als daß er nicht erreicht wurde«, schrieb er im September 1909 in der *Fackel.* Das »Nichts« habe nicht nur Cook und Peary, es habe im selben Atemzug auch sich selbst desavouiert. Kurz: »Der gute Ruf des Nordpols war dahin.« Dass die Welt einem leeren Zeichen hinterher jagte, hatte Lewis Carroll schon eine Generation früher geahnt. »What's the good of Mercator's North Poles and Equators, Tropics, Zones, and Meridian Lines?«, liest man in seiner 1876 erschienenen *Jagd nach dem Schnark*. »They are merely conventional signs!«

Doch Carroll und Kraus waren ihrer Zeit voraus. Was machte die magnetische Anziehungskraft des Nordpols für alle anderen aus? »Kaum ein Ort der Welt war, seit es Menschen gibt, so unerreichbar und mythenbeladen wie der Nordpol«, lautet die übliche Antwort. Einerseits stimmt das natürlich. Schon bei den alten Griechen lassen sich Quellen auftreiben, die eine Sehnsucht nach dem hohen Norden dokumentieren. Auf der anderen Seite stimmt das vage »Schon-immer« jedoch genau nicht. Das geografische Phantom, dem Peary und Cook zwanghaft hinterher jagten, gibt es erst seit dem 19. Jahrhundert. Aber seit wann genau? Und warum?

Die kleine Festgesellschaft, die sich im September 1909 in den Anlagen des Gothaer Schlosses versammelte, hätte auf diese Fragen vielleicht eine Antwort gewusst. Eine gemurmelte, etwas verstohlene Antwort womöglich, genau wie die Feierlichkeit, die man im Park beging. »In aller Stille«, so berichtete die lokale Presse, wurde ein Gedenkstein für den Kartografen August Petermann errichtet, der sich 1878 in Rufweite des Gothaer Schlosses das Leben genommen hatte. Zu Lebzeiten war er bekannt gewesen, in Fachkreisen sogar weltberühmt. Doch jetzt, eine Generation später, erinnerte das Denkmal an einen halb Vergessenen. Eigentlich hatte der Stein schon zu Petermanns dreißigstem Todestag errichtet werden sollen. Doch da es nur ein paar Verwandte waren, denen die Sache am Herzen lag, da Geld aufgetrieben und ein passender Bildhauer gefunden werden musste, hatte sich alles verzögert. Im September 1909, als Pearys und Cooks Telegramme von der Eroberung des Nordpols um die Welt jagten, schien es dann plötzlich, als hätte die Geschichte selbst Regie geführt – obwohl sich der Reporter des *Gothaischen Tageblatts* zu einer solchen Schicksalsgläubigkeit nicht versteigen wollte: »Durch einen freundlichen Zufall«, schrieb er, »wurde die Aufrichtung des Denkmals möglich gerade zu der Zeit, in der uns die Nachrichten erreichten, dass eine von Petermanns Lieblingsideen, die Auffindung des geographischen Nordpols, Tatsache geworden sei.«

Das ist sehr zurückhaltend formuliert. In der zweiten Hälfte des 19. Jahrhunderts war August Petermann der Motor, der die Entdeckung der Arktis auf Touren brachte. Für den Gothaer Kartografen war der Nordpol der Nabel der Welt und die Eroberung dieses Nabels die wichtigste Kulturaufgabe der Menschheit. Julius Payer, der österreichische Entdecker von Franz Josephs Land, nannte Petermann den »Vater aller Expeditionen«. Jules Verne und Kurd Laßwitz machten ihn zur Romanfigur. Doch obwohl er zu Lebzeiten zur internationalen Polarprominenz gehörte, geriet Petermann nach seinem Tod bald in Vergessenheit. Der Grund dafür liegt auf der Hand: Er war kein Held, der sich im Packeis einfrieren ließ. Als *armchair explorer*, wie man spöttisch in England sagte, als Lehnstuhleroberer dirigierte Petermann die Entdeckung des Nordpols von einer deutschen Provinzstadt aus und gelangte persönlich nie weiter nach Norden als bis Edinburgh. Deshalb blieb sein Ruf immer zweifelhaft. Für die einen war er der große Theoretiker, für die anderen der Spinner der Arktis. Kein Wunder, dass sich die Denksteinlegung im nervösen September 1909 in aller Stille vollzog. Zumal Petermanns arktische Theorien in der Zwischenzeit widerlegt worden waren.

Die Arktis gab das Terrain ab, auf dem sich das 19. Jahrhundert heroisch verausgabte. Doch dieser Verausgabung haftete von Anfang an etwas Unwirkliches an. Schon in den 1850er Jahren desavouierte die Londoner *Times* den Nordpol als »Spielzeug der Geografen«. Der alte Traum von der Nordwestpassage, vom kürzeren Seeweg nach Indien, der bares, koloniales Geld bedeutet hätte, war gerade geplatzt. John Franklins Schiffe waren auf mysteriöse Weise zwischen Grönland und Labrador verschwunden, und Franklins Retter waren dort, wo die Durchfahrt liegen musste, auf undurchdringliches Packeis gestoßen. Die britische Admiralität gab ihren Schifffahrtsweg und die britische Öffentlichkeit ihren tragischen Helden verloren. Nur August Petermann, der junge Deutsche, der als Sekretär der Royal Geographical Society in der Hirnkammer des Empire saß, schrieb Memoranden über den »wahren« Aufenthaltsort von Franklin und trat dabei unversehens den Wettlauf zum Nordpol los.

In der Petermannwelt, die dieses Buch betritt, war die Arktis eine Frage der Karte. Der Kartograf, den die Engländer instinktiv mit »Professor« anredeten, obwohl er nicht einmal einen Doktortitel besaß, war der Meinung, das größte geografische Rätsel seiner Zeit am Schreibtisch lösen zu können. Als Bewunderer Alexander von Humboldts schob er Strömungstabellen, Temperaturkurven und fiktive Landmassen hin und her und entwickelte dabei einen abenteuerlich anmutenden Rettungsplan. Seine »ernsthaften und besonnenen Berechnungen« – darauf legte er Wert – ergaben, dass sich rund um den Nordpol ein offenes Polarmeer befinden müsse, in das Franklin mit seinen Schiffen eingedrungen sei. Wer ihn finden wolle, müsse Kurs auf den Nordpol selbst nehmen – ein in vielerlei Hinsicht lohnenswertes Ziel. Der Pol, erklärte Petermann, sei der »Schlüssel zu den physikalisch-geographischen Phänomenen der ganzen nördlichen Hemisphäre« und östlich von Spitzbergen leicht über offenes Wasser zu erreichen. Damit fand sich der alte Mythos vom glücklichen Land hinter den Nordwinden unversehens in die harte Währung einer wissenschaftlichen Theorie konvertiert. Wenn man die Strapazen und die Toten, die das nach sich zog, zusammenrechnet, erscheint diese Übersetzungsleistung wie ein tragischer Unfall der Kartografie.

Die pragmatischen englischen Seeoffiziere schüttelten den Kopf. »Die Idee, dass Franklin und seine Begleiter ihre Zeit in der Nähe des Nordpols vertrödeln, ist zu absurd, um die geringste Erwägung zu verdienen«, schrieb die *Times* und verhöhnte Petermann als weltfremden »preußischen Weisen«. Als die Skepsis an seinen Plänen in offene Anfeindung umschlug, kehrte er London enttäuscht den Rücken und ging nach Thüringen zurück. Im Land der Dichter und Denker, wo man geübt darin war, die Welt im Kopf zu erobern, stieß die Theorie vom eisfreien Polarmeer auf offenere Ohren. Die deutschen und österreichisch-ungarischen Arktisexpeditionen der zweiten Jahrhunderthälfte waren auf der Suche nach Petermanns Gral. Selbst in den USA fanden seine Denkschriften und spekulativen Karten Beachtung. Dass eine Expedition nach der anderen sich im Packeis verrannte, statt in die grüne Polarsee zu stechen, war in den Augen des Nordpolprofessors umso schlimmer für das Packeis. »Ich werde so lange arbeiten«, schrieb er, gegen wachsenden Widerstand, noch zu Beginn der 1870er Jahre, »bis alles bewiesen ist«.

Das war spätestens seit dem Untergang des amerikanischen Dampfers *Jeannette* der Fall. Der sibirische Hungertod der ganzen Besatzung bewies, dass das offene Polarmeer nicht mehr als ein Kartentraum war. Die weitere Geschichte ist bekannt. Fridtjof Nansen, Kurator am Zoologischen Museum in Bergen, stolperte über die Meldung, dass Wrackteile der *Jeannette* an der Südküste Grönlands angespült worden seien. Er verstand es, die Reste der Katastrophe zu deuten, und drehte Petermanns Gleichung einfach um, er ersetzte offenes Wasser durch eine treibende Eisdecke und rohe Dampfkraft durch ein Schiff, das dafür konstruiert war, in den Schollen einzufrieren. Diesmal stimmte die Rechnung, obwohl Nansen seinen eigenen Versuch bei 86° nördlicher Breite abbrechen musste. Gut zehn Jahre später waren Peary und Cook seine zweifelhaften Vollstrecker.

August Petermann durfte ihre Eroberung nicht mehr erleben. Wie es sich für Polarhelden gehört, starb er tragisch: Im September 1878, noch bevor die Nachricht vom Untergang der *Jeannette* eingetroffen war, nahm er sich das Leben. Dass die Natur eines Tages gezwungen sein würde, seiner Theorie entgegen zu schmelzen, hatte er in seinen kühnsten Träumen nicht zu hoffen gewagt.

Über die Entdeckung des Nordpols, über frierende Helden und verschollene Schiffe, existiert eine Unmenge von Literatur. Für die älteren Autoren stellte sich die Sache denkbar einfach dar: Es lag in der Natur des Menschen – oder vielmehr des Mannes –, am trostlosen Ende der Welt über sich selbst hinauszuwachsen. Doch irgendwann veränderte sich das Bild: Die heroisch gestörte Kälteversessenheit der Polarfahrer erschien jetzt als skurriles Symptom eines vergangenen Größenwahns. An die Stelle heroischer Epen ist eine vage Kulturpsychologie getreten, deren Frage, stets aufs Neue, lautet: Warum all dieses sinnlose Heldentum?

Mit August Petermann geraten die Männerfantasien in ein anderes Licht. Nicht umsonst gefielen sich seine Gegner darin, ihn als Feigling zu beschimpfen, denn am Nordpol selbst hatte er kein Interesse. Seine arktischen Abenteuer ereigneten sich auf Papier. Nachdem er – schon früh – den Karten verfallen, Alexander von Humboldt begegnet und nach London, in die Hauptstadt der Geografie, gegangen war, geriet er in den Strom eines epochalen Optimismus. Der Kartografie schien sich ein Feld unbegrenzter Möglichkeiten zu eröffnen. Die Zuversicht, die dem Wunderkind Tecumseh Spivet in Reif Larsens Roman *Die Karte meiner Träume* den Stift führt, ergriff damals von einer ganzen Zunft Besitz: Weit über die herkömmliche Topografie hinaus schien sich mit Karten buchstäblich *alles* darstellen zu lassen, ob das Verhalten von Eisenbahnpassagieren, das Wachstum der Pflanzen, die Ausbreitung der Cholera oder die Launen des Wetters. In dieser Situation geriet Petermann in den Trubel der Franklinsuche. Er reagierte mit den Mitteln des Kartenzeichners und setzte dabei einen unwiderstehlichen Traum vom Nordpol in die Welt.

Petermanns Geschichte handelt vom Aufstieg und Niedergang einer künstlichen Welt. Sie zeigt, welche Wirkungen von einer Karte ausgehen konnten. Und sie folgt den Stadien eines zunehmenden Realitätsverlusts. Denn letztendlich gelang es dem Kartografen nicht, sich von seiner einmal erzeichneten

Papierwelt zu lösen – für die Briten ein Fall von typischer deutscher Weltfremdheit. Lewis Carroll, Petermanns Zeitgenosse, der ein Experte für geografische *borderlines* war, lässt in einem späten Roman einen Fremden auftreten, der von den Kartografen in seinem Heimatland erzählt: von ihren Experimenten mit immer größeren Karten und von den Schwierigkeiten, die beim Maßstab von 1:1 aufgetaucht seien. Die Bauern hätten protestiert, weil die Karte das Sonnenlicht raube, weshalb sie noch niemals ausgebreitet worden sei. »Darum verwenden wir jetzt das Land selber als Karte«, schließt der Bericht, »und ich darf Ihnen versichern, es leistet uns beinah ebenso gute Dienste.« Konnte es Zufall sein, dass das Land, von dem Carroll sprach, Deutschland und der Berichterstatter ein deutscher Professor war?

Man würde August Petermann gerne vor den spöttischen Engländern in Schutz nehmen und von einem sympathischen Humboldt am Schreibtisch erzählen: von einem deutschen Mandarin, der sich redlich in den Papierkram der Vermessung der Welt vergrub. Wir werden solchen Figuren begegnen. Doch auf Petermann selbst trifft das schöne Klischee leider nicht zu. Wenn hier ein »preußischer Weiser« agierte, dann war er – mit einem Wort Theodor Fontanes – durch die Schule der »Verengländerung« gegangen: vom Vorrang der Karte durchdrungen und zugleich vom Willen zur Tat beseelt. Petermann zettelte Expeditionen an und versuchte sie im letzten Moment zu verhindern. Er konnte ebenso vergrübelt wie jähzornig sein. An verschiedenen Stellen dieses Buches wird er sich schlecht benehmen. Für seinen Chronisten ist das nicht angenehm. Die Geschichte und auch die Tragik des Kartografen lassen sich nur verstehen, wenn man bedenkt, dass sein geografischer Hochsitz zwischen den Stühlen stand: zwischen England, dem Land der Welteroberer, und Deutschland, dessen Geografen sich auch nach Hegel bemühten, »den Gesamtstoff der Erdkunde in das Gebiet des Gedankens zu versetzen«. So steht es in Ernst Kapps viel gelesener *Vergleichender Allgemeiner Erdkunde*, einem Buch, dessen zweite Auflage in dem Jahr erschien, als die erste deutsche Nordpolexpedition ihre Segel setzte.

Deutsche Verkehrswege im Jahr 1845:
eine Karte von der Vernichtung des Raumes.

1. UNTER DECK

Für gewöhnlich beginnen Geschichten wie diese mit einer Reise. Der erste, leibhaftige Aufbruch in die Welt – für Entdecker und Forscher ein Schicksalsmoment. Alexander von Humboldt zum Beispiel, den Petermann bewunderte, stach mit Ende zwanzig nach Südamerika in See. Die Mischung aus Abenteuerlust und Heimweh, die ihn beim Verlassen Europas ergriff, überstieg alles, was er bis dato erlebt hatte: »Das Gefühl, mit dem man zum erstenmal eine weite Reise antritt, hat immer etwas tief Bewegendes.« Auch August Petermann ging im Sommer 1845 auf große Fahrt. Er war 23 Jahre alt und kannte die Route im Schlaf. Auf der großen Deutschlandkarte in *Stielers Geographischem Handatlas* führte sie zuerst von Potsdam nach Magdeburg: knapp sechzehn Postmeilen, mit der neuen Eisenbahnlinie bequem an einem Vormittag zu schaffen. Von Magdeburg aus ging es im Dampfschiff die Elbe hinab. Die Decks waren festlich erleuchtet, im Kielwasser schaukelten hilflose Treidelkähne, und an den Anlegestellen liefen Menschentrauben zusammen. Bei Dömitz passierte das Schiff die Grenze nach Hannover, dann dampfte es an mecklenburgischem und holsteinischem Staatsgebiet vorbei und durch unzählige Ortszeiten hindurch im Lauf eines Tages und einer Nacht in die Freie Reichs- und Hansestadt Hamburg: Reisen in Deutschland im Jahr 1845. Selbst innerhalb Preußens hatte jede Kleinstadt damals noch ihre eigene, nach

Minuten und Sekunden von Berlin abweichende Zeit. Erst die einheitlichen Eisenbahnfahrpläne machten diesem Flickenteppich in der zweiten Jahrhunderthälfte ein Ende. 1845 war die Strecke von Berlin nach Hamburg noch im Bau.

Hinter Hamburg hörte die Deutschlandkarte im *Stieler* auf. Nur eine dünne gestrichelte Linie, die in der weißen Nordsee verschwand, deutete den Kurs des Dampfschiffs an, das alle zwei Wochen pünktlich nach Edinburgh ablegte. Je nach Wetter dauerte die Überfahrt zwei bis drei Tage. Damit gelangte Petermann insgesamt in weniger als einer Woche ans Ziel. Atemberaubend schnell für die damalige Zeit. Noch zehn Jahre früher hätte die Reise von Potsdam nach Edinburgh Wochen gedauert, was den Passagieren der Dampfschiffe und Eisenbahnen durchaus bewusst war. Der Dampf, diese »Meeresschlösser und rollende Ortschaften adlerschnell dahinführende« Kraft, erregte allerorten die Gemüter. Poetische Einkleidungen, zumeist in die tierischen Formen von Raubvögeln, Löwen oder edlen Pferden, sorgten für Pathos. Die erste Fahrt mit einer dieser stählernen Kreaturen muss ein geradezu metaphysisches Erlebnis gewesen sein. Denn was zeigte die Erhebung des Menschen über die Naturkräfte deutlicher als ein Dampfer, der unabhängig von Wind und Wellen seinen schnurgeraden Kurs übers Meer pflügte? Nicht einmal Gottes Geist, schrieb ein anonymer Bewunderer des Fortschritts in der Londoner *Quarterly Review*, könne schwereloser über die Wasser gleiten. Der Raum selbst, diese natürliche, in Postmeilen und Wegstunden unterteilte Größe, wurde durch die neuen Verkehrsmittel vernichtet. Heinrich Heine notierte 1843 mit gemischten Gefühlen, die Nordsee brande neuerdings direkt vor Paris. Für uns Vielflieger ist seine Bestürzung nicht mehr so leicht nachzuvollziehen. Aber auch der bereits zitierte Autor der *Quarterly Review* sah das Mittelmeer »vor unseren Augen auf die Größe eines Sees zusammengeschrumpft«.

Mit dreißig Stundenkilometern hinter eine Lokomotive gespannt über plattes Land zu rasen, erschien vielen Passagieren wie der Tanz auf einem Feuer speienden Vulkan. Die Mechanisierung des Verkehrs war etwas Unerhörtes, Weltbewegendes, in seinen Auswirkungen Unabsehbares. Auch der junge Petermann muss vom Dampf fasziniert gewesen sein. Die zunehmende Mobilität und der Ausbau der Linien bescherten ihm, als Kartografen, sein tägliches Brot. Und später, als er Pläne zur Entdeckung des Nordpols schmiedete, spielte rohe Maschinenkraft die entscheidende Rolle. »Per Dampfer«, verkündete er zwei Jahrzehnte nach seiner Edinburghreise selbstgewiss, »beträgt die Entfernung von der deutschen Nordseeküste zum Nordpol höchstens zehn Tage.«

Seit Jahren zeichnete Petermann Karten: Landkarten, Seekarten, Eisenbahnkarten; Karten, die wegen der neuen Verkehrswege in immer kürzeren Abständen revidiert werden mussten. Die *Grand Tour* auf die Britischen Inseln besiegelte das Ende seiner Ausbildungszeit in Heinrich Berghaus' Geographischer Kunstschule in Potsdam. Er wird diese Reise mit einer Mischung aus jugendlicher Euphorie und kühler Überlegenheit absolviert haben, denn als frischgebackener Kartenzeichner, Lithograf und Kupferstecher war er über die Route weit besser informiert als die meisten seiner Mitreisenden in der preiswerten dritten Klasse. In der Mitte des 19. Jahrhunderts war der Umgang mit Landkarten noch nicht weit verbreitet. Das, was man kartografische Aufklärung nennen könnte, die Entstehung einer Art räumlichen Selbstbewusstseins, begann gerade erst. Man vergisst heute leicht, dass Landkarten lange, bis zum Ende der Napoleonischen Kriege, Geheimdokumente waren, die die europäischen Staaten und ihre Militärapparate mit Argusaugen hüteten. In der Sowjetunion war das sogar bis zu Gorbatschows *Glasnost* der Fall. Mit Vorliebe erzählen Kartografiehistoriker von einsamen Eisenbahntrassen durch weißes Niemandsland, von gefälschten Flussmündungen und nicht existierenden Städten in der sibirischen Steppe. Zu wissen, wo man sich im Verhältnis zur Hauptstadt, zur Grenze, zum Meer befindet, ist eine relativ junge Errungenschaft.

Doch trotz seiner Profession scheint der junge Kartograf keinen großen Gefallen am Reisen gefunden zu haben. Er, der sein späteres Leben damit verbrachte, Expeditionen in fremde Länder zu organisieren, sollte nie auf die Idee kommen, sich einem dieser Abenteuer selbst anzuschließen. Erst kurz vor seinem Tod unternahm er eine Amerikareise und klagte über die Hitze auf der Eisenbahnfahrt von Philadelphia an die Niagarafälle. Kritiker legten ihm seine Sesshaftigkeit als Feigheit aus. Aber August Petermann bevorzugte das Reisen auf Papier. Das Fernweh eines Humboldt blieb ihm fremd. Für die Dramaturgie dieser Geschichte würde man gern von einem schrecklichen Sturm, von anhaltender Seekrankheit oder einem nur mit Mühe und Not glimpflich verlaufenen Maschinenschaden berichten, der Petermanns junge Reiselust im Keim erstickte. Aber das geben die überlieferten Quellen nicht her. Daher müssen wir von einem jungen Mann ausgehen, der schon damals, mit Anfang zwanzig, die Welt als schlechtere Landkarte sah: unübersichtlich, in schmutzigen Farben gehalten und in einem viel zu großen Maßstab ausgeführt, der das Zurechtfinden nicht gerade leicht machte. Statt an der Reling zu stehen und den Anblick des Meeres zu genießen, lag Petermann wahrscheinlich in seiner Koje im Zwischendeck, mit irgendeinem geografischen Schmöker beschäftigt, oder saß am Mittagstisch, ein flaues Gefühl im Magen, und erläuterte seinen Mitreisenden das Wachsen des Weltverkehrs, während draußen die graue Nordsee wogte, an deren Horizont nach zwei Tagen der Firth of Forth und schließlich Leith, Edinburghs Hafen, in Sicht kamen.

Petermanns Chimborazo war der Brocken.
Mit 15 zeichnete er eine Karte vom Harz.

2. DER HARZ UND DER AMAZONAS

So kann diese Geschichte nicht beginnen. Das Reiseabenteuer ließ Petermann kalt. Aus ihm ergab sich nichts. Wir müssen daher weiter zurückgehen, zu einer Szene, die älter ist: Ein fünfzehnjähriger Junge hat die Zungenspitze zwischen den Zähnen und zeichnet. Er beugt sich über ein großes Folioblatt, zieht Gitterlinien mit dem Lineal, schätzt Entfernungen mit dem Zirkel ab, trägt winzige Ortsnamen ein und tupft Wälder mit grüner Wasserfarbe aufs Papier. Ganz allmählich nimmt etwas Gestalt an, von dem er weiß, dass es alle Erwachsenen in helles Erstaunen versetzen wird: kein Plan eines im Garten vergrabenen Schatzes und keine Ansicht von Robinson Crusoes Insel, sondern eine *Spezial-Charte des Harzgebirges.* Zumindest der Titel steht schon fest und prangt arabeskenumrankt in der linken unteren Ecke des Papiers. Gleich daneben, auf der Legende, tummeln sich über zwanzig verschiedene Symbole und unterscheiden große von kleinen Städten, Marktflecken von Pfarrdörfern und Blei- von Kupferhütten – um nur ein paar Beispiele zu nennen.

Petermanns Karte beruhte auf eigenen Beobachtungen. Gerade war er von einer mehrtägigen Wanderung durch den Harz zurückgekehrt, die ihn von Nordhausen, wo er das preußische Gymnasium besuchte, bis auf den Brocken geführt hatte: eine vielleicht frühreife, aber keineswegs ungewöhnliche Tour für seine Zeit. Als wildromantisches Mittelgebirge gehörte der Harz damals bereits zu den touristischen Klassikern, die mit einschlägigen Sehenswürdigkeiten und günstig gelegenen Unterkünften aufwarten konnten. Schon Goethe war auf dem Gipfel des Brockens gewesen. Inzwischen stand dort ein großes Wirtshaus, in dem man sich früh am Morgen vom Wirt wecken lassen konnte, um mit den anderen Gästen den Sonnenaufgang zu bestaunen. Das *Taschenbuch für Reisende in den Harz* gab dem Aufstieg die Bestnote. Und selbst der spöttische Heinrich Heine war auf dem Brocken in Begeisterung geraten: »Es ist ein erhabener Anblick«, stand in der *Harzreise* zu lesen, »der die Seele zum Gebet stimmt.« Aber bekanntlich gilt Heine als Autor, mit dem die Romantik zu Ende ging. Und auch der junge Petermann ist bestimmt nicht als müßig verträumter Taugenichts durch den Harz spaziert. Dazu war er als Landvermesser viel zu akribisch.

Wir schreiben das Jahr 1837. In Illinois wurde Wild Bill Hickok geboren. In England hatte Königin Victoria gerade den Thron bestiegen. Im nahen Hannover waren sieben Göttinger Professoren des Hochverrats angeklagt, weil sie sich weigerten, ihren modernen Verfassungseid zugunsten eines Schwurs auf den reaktionären König zurückzunehmen. In Preußen landeten Burschenschaftler, die es wagten, sich in den revolutionären schwarz-rot-goldenen Nationalfarben zu zeigen, derweil im Gefängnis – in besonders schweren Fällen sogar auf dem Schafott. Heines *Harzreise*, die August Petermann heimlich in seinem Rucksack gehabt haben mag, stand als vaterlandsloses Schrifttum auf dem Index. Während sich das Bürgertum erst allmählich auf seine progressive Rolle besann, verfolgten die größeren und kleineren deutschen Staatsapparate ihre bleierne Restaurationspolitik. Die Historiker bezeichnen die 1830er Jahre für gewöhnlich als »Vormärz«, weil sich die angestaute Frustration am Ende in der Märzrevolution von 1848 entlud. Als charakteristischer Stil dieser nach außen hin stillen Zeit gilt das Biedermeier. So gut es eben ging, steckten die Leute den Kopf in den Sand und igelten sich häuslich im Privaten ein.

Die drückenden äußeren Umstände gingen mit einem langsam in Fahrt kommenden Buchmarkt einher – ein Umstand, der der Situation erst ihre politische Brisanz verlieh. Zwischen Napoleon und Bismarck wurden zumindest die bürgerlichen Deutschen – auch im europäischen Vergleich – zu einem Volk von Lesern. Das lebenslange Wiederkäuen der Bibel gehörte als Lektüreverhalten endgültig der Vergangenheit an. Stattdessen fand man Geschmack an den Neuerscheinungen, die sich von Jahr zu Jahr üppiger auf dem Buchmarkt tummelten. Der Publikumsrenner war die Reiseliteratur. Der trostlose preußische Vormärz bot epischen Leseausflügen in exotische Länder einen idealen Nährboden. August Petermann scheint sich diesem stillen Vergnügen hemmungslos hingegeben zu haben. Als Sohn eines Gerichtsaktuars, eines kleinen Regierungsbeamten, durfte der Junge auf die Unterstützung des Vaters rechnen, dem der gesellschaftliche Aufstieg seiner Kinder am Herzen gelegen haben muss. Petermann junior, der sich früh interessiert und begabt zeigte, wurde, so gut es ging, mit Bildung versorgt. Man hielt sich Bücher, vielleicht auch ein Exemplar von Stielers neuem *Handatlas* im Haus. Mit 14 kam der Sohn aufs Gymnasium ins benachbarte Nordhausen. Nach dem Plan seiner Eltern sollte er anschließend Theologie studieren, um ein angesehener preußischer Pfarrer zu werden.

Wie ist es aber zu erklären, dass er sich mit Händen und

Füßen gegen den elterlichen Berufswunsch wehrte, für einen Bürgersohn mit intellektuellen Neigungen damals eigentlich der normale Weg? Womöglich hatte der kleine August schon zu viel gelesen. Unter dringendem Verdacht stehen literarische Helden mit subversivem Potential. Und es fällt nicht schwer, sich vorzustellen, wer darunter gewesen sein mag. Mit an Sicherheit grenzender Wahrscheinlichkeit Robinson Crusoe, dessen Abenteuer zu den meistverkauften Büchern dieser Zeit gehören. Die Geschichte des berühmten Schiffbrüchigen kursierte in unzähligen Versionen selbst in der tiefsten preußischen Provinz. Es gab einen deutschen, einen sächsischen und einen österreichischen Robinson, und nur durch Zufall kann es sie alle auf unterschiedliche Inseln verschlagen haben. Die erfolgreichste Adaption dieser Art, Johann Heinrich Campes *Robinson der Jüngere*, eine teutonisierte, brachial pädagogische Version von Daniel Defoes Inselabenteuer »zur angenehmen und nützlichen Unterhaltung für Kinder«, hatte 1831 schon die 24. Auflage erreicht. Die Anverwandlung seiner englischen Vorlage bereitete dem Erfolgsautor Campe keinerlei Kopfschmerzen. »Es war einmahl ein Mann in der Stadt Hamburg, der hieß Robinson«, beginnt sein Buch, um den Leser dann rasch mit dem jüngsten Sohn dieses Norddeutschen bekannt zu machen: einem Jungen, »den man Krusoe nannte, ich weiß nicht warum«. Es folgt die bekannte, jedoch erzieherisch veredelte Geschichte von Krusoes Abenteuerlust, von seinem Schiffbruch, von Freitag (dem Campe in Donnerstag einen Vater hinzugesellte) und von der Errichtung einer kleinen Musterkolonie durch Disziplin, Langmut und Fleiß. Als »Bibel der Bourgeoisie« ist der jüngere *Robinson* bezeichnet worden: ein Buch, das Eltern und Lehrer zur Lektüre empfahlen.

Doch die Rechnung ging nicht zwangsläufig auf. Robinsons abenteuerliche Geschichte wirkte auf manche Leser stärker als seine Moral. Daher hat das Buch neben soliden bürgerlichen Tugenden auch brennendes Fernweh geschürt. Dem Berufsziel Pfarrer war das nicht unbedingt zuträglich.

Es gab ein weiteres Leseabenteuer: die Werke Alexander von Humboldts. In den 1830er Jahren füllten sie schon eine kleine Bibliothek – von den zahlreichen Bearbeitungen »für die Jugend« ganz abgesehen. Humboldts leserfreundlichstes Buch, die 1832 abgeschlossene *Reise in die Äquinoktialgegenden des neuen Kontinents*, breitete das Panorama einer dunkel lockenden Tropenwelt aus, deren wilde Indianer und kreischende Papageien den preußischen Vormärz noch trostloser aussehen ließen, als er es ohnehin schon war. Der große Reisende hatte mit Unwettern, wilden Tieren und Tropenfieber gekämpft, er war einer majestätischen, ungezähmten Natur begegnet und hatte sie, aller Unbill zum Trotz, mit kühlem Kopf vermessen. Für seine Leser daheim war er daher der »deutsche Kolumbus«, der die neue Welt zum zweiten Mal, und diesmal gründlich, entdeckt hatte. Südamerika, das waren die Tropen schlechthin, das Land verwirrender Sinneseindrücke und wegloser »Urwälder«, wie die Deutschen mit ihrem Faible für Urwörter sagten. In Deutschland, wo der Wald von jeher mythische Qualitäten besaß, setzte dieser Urwald mächtige Fantasien frei. Er beflügelte die Dichter. Er zog Forscher und Maler nach Südamerika. Von Porzellangeschirr und Zimmertapeten aus grüßte er ins bürgerliche Interieur. Er versetzte die Deutschen in ein mildes Tropenfieber, und mit ihnen den jungen Petermann. Seine Art, den Infekt auszuschwitzen, war das Kartenzeichnen.

Denn durch die deutschen Tagträume spukten nicht nur die Urwaldriesen, unter denen sich Humboldt zum Schlafen gelegt, sondern auch die matt schimmernden Messinstrumente – neben Uhren und Barometern lauter unaussprechliches Zeug –, die er heroisch durch den Dschungel getragen hatte. Tropen- und Wissenschaftsbegeisterung gingen Hand in Hand. In Ermangelung eines heimischen Regenwalds musste sich der Bücherwurm Petermann aber in den Harz aufmachen. Es gab hier zwar weder einen Chimborazo noch einen Orinoko zu vermessen, aber auch der Brocken und die Kalte Bode hatten eine gute Karte verdient. Von den Hauptstraßen, Nebenstraßen, Bleihütten, Kupferhütten, Marktflecken und Pfarrdörfern der Gegend ganz zu schweigen. Humboldt, der nichts, was am Wegrand lag, liegen ließ, hätte das ebenso gesehen.

Im Jahr nach der Harzreise, sechzehnjährig, legte Petermann mit einer großen Südamerikakarte nach. Über eigene Anschauung kann er diesmal nicht verfügt haben, von daher handelte es sich um eine Fleißarbeit, die den genauen Kopisten verrät. Die Vorlage muss aus einem der Atlanten gestammt haben, die ihm schon damals vertraut waren. Allerdings zeichnete er keine Staatsgrenzen ein, wie das auf den gängigen politischen Atlaskarten der Fall war. Petermanns Südamerikakarte hob stattdessen die großen Flusssysteme – den Amazonas, den Orinoko, den Rio Negro – hervor und markierte ihre Wasserscheiden mit farbigen Linien. Damit verriet er erneut eine ernsthafte geografische Ambition: Die »Physik der Welt«, die Humboldt entwickelt hatte, interessierte ihn mehr als die Willkür der Königreiche. Mit immensem Talent und stupender Hartnäckigkeit zeichnete er gegen den

Berufswunsch der Eltern an. Wie unzählige Jungen seit dem 19. Jahrhundert schuf er sich eine bunte, papierne Kartenwelt. Im Leben der Entdecker und Forschungsreisenden spielt das ganz oft die Rolle eines Erweckungsmotivs: Auch Humboldt hatte in seiner Jugend über Landkarten gebrütet, bevor er sich im südamerikanischen Regenwald verlor. Joseph Conrad folgte den »aufregenden Flecken aus weißem Papier« bis ins Herz der Finsternis. Anders Petermann: Er blieb seiner ursprünglichen Liebe treu. Anstatt den Sprung vom Papier in die Welt zu wagen, ließ er sich ganz von den Karten fesseln.

3. DIE SCHULE DER KARTOGRAFEN

Spätestens nach der Südamerikakarte scheint Petermanns Vater den Ernst der Lage begriffen zu haben: Er legte das Blatt seinem König, Friedrich Wilhelm III., vor. Der begleitende Brief enthält ein blasses Porträt und die farbige Skizze einer Begabung: In den Worten des Vaters war sein Sohn ein »Jüngling von 16 Jahren, gesund von Körper, wohlgestaltet und von bravem gottesfürchtigem Herzen, legte in litterarischer Beziehung von früh an gute Anlagen an den Tag, so dass ich ihn in seinem 14. Lebensjahre nach Nordhausen brachte und ihn das dortige Gymnasium beziehen ließ. Außer an den im Gymnasio zu Nordhausen getrieben werdenden gelehrten Sprachen, hängt nun aber sein Herz noch besonders an dem Fache der Kunst, namentlich an: Geographie, Mathematik, Portrait-, Plan- und Chartenzeichnen, Calligraphie, Graviren, technische künstliche Arbeiten und Musik. Gern, ja einzig und herzlich gern, möchte er nun aber in dem Fache eines Künstlers und namentlich eines geographischen und topographischen Kupferstechers auf der geographischen Kunstschule, die zu Potsdam errichtet werden soll, sich ausbilden und in diesem Fache dem Staate nützlich werden.«

Gerade rechtzeitig kamen August Petermann die Zeitläufe zu Hilfe. Die Gründung einer Schule für Kartografen, durch Pressemitteilungen in ganz Preußen bekannt gemacht, gab seiner jugendlichen Begeisterung einen staatlich geprüften

Ort. Friedrich Wilhelm III. ließ sich zwar mehrfach bitten, schenkte seinem Untertanen schließlich jedoch Gehör. Die Südamerikakarte scheint ihm gefallen zu haben. Er gewährte ihrem viel versprechenden Autor ein Stipendium zum Besuch der Geographischen Kunstanstalt. Die großformatigen Bewerbungsunterlagen ließ er anschließend zurücksenden. Wie teure Reliquien nahm der Junge sie im Frühjahr 1839 nach Potsdam mit, wo er sich als erster Schüler der neuen Institution zum Unterrichtsbeginn einfand. Auch später gab er die Blätter nie wieder aus der Hand. In schwachen Momenten soll er sie mit Genugtuung hergezeigt haben.

In Potsdam stieß Petermann auf seinen großen Gönner. Heinrich Berghaus, der Gründer und Direktor der Kunstanstalt, nahm den Jungen als »Ziehsohn« in seine Familie auf, gewährte ihm Zugang zu seiner umfangreichen Privatbibliothek und machte ihn zu seinem Lieblingsschüler: ein Glücksfall, wenn man bedenkt, dass sich Petermanns leiblicher Vater 1841 das Leben nahm. In der Sprache des 19. Jahrhunderts erlag er seinem schwermütigen Temperament. Wie sich zeigen wird, litt auch der Sohn unter Stimmungsschwankungen. Doch das kam später. In Heinrich Berghaus traf er 1839 auf einen Gesinnungsgenossen, einen passionierten Kartografen, dem allerdings unternehmerische und politische Instinkte fehlten, weshalb er sein späteres Leben in ständiger Geldnot verbrachte. Der große Bruch in der Geschichte der Kartografie, der sich irgendwann in der ersten Hälfte des 19. Jahrhunderts ereignete, hat dieses Leben wie ein Wasserzeichen geprägt.

Begonnen hatte Berghaus nämlich in einem alteuropäischen Regime, in dem Karten Geheimdokumente waren, deren Herstellung und Benutzung den Militärapparaten oblag.

Als mathematisch begabter Junge – fast alle Biografien von Kartografen scheinen Geschichten von Wunderkindern zu sein – war er bereits 1811 in den Dienst der französischen Besatzungsmacht eingetreten, um als *Ingénieur Géographe* an der Vermessung Westfalens mitzuwirken. Napoleon ließ breite Chausseen und Kanäle bauen, um die Manövrierfähigkeit seiner Truppen auf dem gerade eroberten Terrain zu erhöhen. Als Berghaus sich von der Schulbank ins Gelände verabschiedete, war er 14 Jahre alt. Fünf Jahre später, die Franzosen hatten inzwischen vor einer begeisterten Koalition nationalistischer Freiheitskämpfer die Waffen gestreckt, heuerte er auf der anderen Seite, beim Preußischen Generalstab, an. Unter General von Müffling arbeitete er an der trigonometrischen Landesaufnahme Preußens mit, aus deren rein militärischem Hintergrund niemand einen Hehl machte: »Die Arbeiten müssen die genaueste Kenntniß der eigenen Länder und der übrigen europäischen Staaten in kriegerischer Hinsicht bezwecken«, heißt es in einem Kommuniqué des Generalstabchefs von 1816, »und alles das vorbereiten, was bei einem entstehenden Kriege nöthig ist.« Die Welle von groß angelegten Landesvermessungen in den ersten Jahrzehnten des 19. Jahrhunderts stellt das Kielwasser von Napoleons militärischen Innovationen dar. Die Modernisierung der Kriegführung, die Einführung von beweglichen »Divisionen« etwa, deren Aufgabe darin bestand, nach Maßgabe lokaler Gegebenheiten auf eigene Faust zu operieren, machte präzise Geländekenntnisse zu einem strategischen Muss. Die topografische Karte, so wie wir sie bis heute kennen, ist eine Kriegsgeburt. Noch die harmloseste Bergwanderung wäre demnach auf den Missbrauch von Heeresgerät angewiesen.

Heinrich Berghaus, dem der Krieg und die Folgen den Weg ins Metier geebnet hatten, absolvierte die zweite Hälfte seiner Karriere als Zivilist. Für die Entwicklung der Kartografie in dieser Zeit ist das symptomatisch. 1821 verließ er die Armee, wurde Professor für angewandte Mathematik an der Königlichen Bauakademie in Berlin und gründete knapp zwei Jahrzehnte später die Potsdamer Kunstschule. Das Reglement, das Berghaus seiner neuen Anstalt ins Stammbuch schrieb, bewahrt die alte militärische Geheimniskrämerei um die Karte nur noch als Nachgeschmack. Es verpflichtete die Schüler zu »strengster Verschwiegenheit«, und zwar in Bezug auf »Alles, was in der Kunstschule bearbeitet und besprochen wird«. Tatsächlich war der Schulbetrieb jedoch auf größtmögliche Publizität angewiesen. In Ermangelung staatlicher Gelder musste Berghaus seine Anstalt selbst finanzieren, und das tat er, indem er den Zöglingen kommerzielle Aufgaben übertrug. Geld ließ sich damals vor allem mit Atlanten verdienen – dem Leitmedium eines neuartigen Kartengebrauchs. Atlanten machten geografisches Wissen ebenso handlich wie erschwinglich und trugen es in die Wohnzimmer eines Bürgertums, dem es überhaupt erst seit einer Generation erlaubt war, solches Wissen zu besitzen. Die Aufhebung des Veröffentlichungsverbots für Karten durch Friedrich den Großen datiert von 1783. Der erste deutschsprachige Publikumsatlas kam 1807 auf den Markt. *Stielers Handatlas* erschien in erster Auflage 1823. Hatte Immanuel Kant in seinen geografischen Vorlesungen noch geklagt, die Deutschen hätten »keine Ansicht von dem Lande, dem Meere und der ganzen Oberfläche der Erde« und könnten »Nachrichten nicht an ihre Stelle bringen«, so war die kartografische Aufklärung inzwischen in vollem Gang. Sie fand neuerdings auch in der Schule statt. Die preußische Unterrichtsreform, die der verstörenden Niederlage gegen Napoleon folgte – eine Art Pisa-Schock des frühen 19. Jahrhunderts –, hatte das Schulfach Geografie auf die Lehrpläne gebracht. Daher gab der preußische Unterrichtsminister, der Berghaus bei der Gründung von dessen Kunstanstalt unterstützt hatte, dem Direktor einen unmissverständlichen Auftrag mit auf den Weg: »Das erste, was Sie machen müssen, ist ein Schul-Atlas.«

Aus diesem Grund begann August Petermann seine Ausbildungszeit mit der Herstellung von Atlanten. Auf den Schulatlas folgte ein *Kleiner geographisch-statistischer Atlas der Preußischen Monarchie*, der Karten der »intellectuellen Kultur«, der »Sittlichkeit« und der »Volksdichtigkeit« enthielt, sowie Berghaus' großer *Physikalischer Atlas*, von dem noch die Rede sein wird. Dank der Potsdamer Anstalt gehörte Petermann zur ersten Generation von Kartenmachern, deren Karriere nicht mehr zwangsläufig im Schoß des Militärs verlief. Nach wie vor bestand die Aufgabe darin, »dem Staate nützlich zu werden«, wie Petermann senior in seinem Gesuch an den König geschrieben hatte. Aber anstatt Generäle zu instruieren, hieß das nun, geografisch mündige Staatsbürger zu erziehen. In einem Brief an den Herzog von Sachsen-Coburg und Gotha hat Petermann diese Aufgabe später – ein wenig anbiedernd – selbst umschrieben: »Mögen auch Männer wie A. v. Humboldt, Carl Ritter und andere die höchste Stufe geographischer Bestrebungen dieses Jahrhunderts einnehmen, der unmittelbar ins Leben greifende, der auf den Unterricht und die Bildung des Volkes direkt ausgeübte Einfluß hat zweifelsohne eine größere, nachhaltigere Bedeutung. Die Atlanten, welche den Namen Stieler tragen, und die vielen Nachahmungen, zu denen ihr hoher Werth geführt, haben zuerst dem Volk im weitesten Sinne des Wortes eine Welt eröffnet in deutlicher Vorstellung und Kenntniß des Planeten, auf dem wir wohnen, während die Physikalischen Karten von Berghaus und Sydow diese Kenntnis auf eine höhere Stufe gestellt und den Sinn für Geographie unter allen civilisierten Völkern der Erde geweckt und erleuchtet haben.«

Die Eröffnung der Welt und die Erleuchtung des Publikums wurden nicht nur durch politischen Druck und guten Willen vollbracht. Genauso entscheidend war die Beschleunigung der technischen Reproduktionsmittel. Heinrich Berghaus schwor auf den Kupferstich, ein Verfahren, das seit Jahrhunderten den »Künsten«, und zwar den höheren, zugerechnet wurde. Wie die Eleven der Geographischen Kunstschule am eigenen Leib erfahren konnten, war diese Technik äußerst zeitraubend. Für die Ausbildung eines »mittelmäßigen« Kupferstechers hat Petermann selbst später zehn volle Jahre veranschlagt. Eine Handzeichnung spiegelverkehrt in eine Kupferplatte zu stechen, die sich anschließend als Druckvorlage benutzen ließ, erforderte großes manuelles Geschick. Bei einer anspruchsvollen Karte konnte das Monate dauern. Nicht umsonst gab es renommierte, ja sogar berühmte Kupferstecher – bis etwa zur Mitte des 19. Jahrhunderts. Danach begann ihr Stern zu sinken. In der Zwischenzeit war nämlich ein schnelleres und billigeres Medium auf der Bildfläche erschienen, das das Kupfer durch Stein und den Stichel durch ätzende Tinte ersetzte: die Lithografie. Man muss sich die Erfindung dieser neuen Technik ähnlich einschneidend vorstellen, wie das Auftauchen des Fotokopierers in den 1970er Jahren: Sie löste einen regelrechten Vervielfältigungsboom aus und überschwemmte Europa mit einer Flut neuer Karten. Die »Kultur der Kopie«, die ein Markenzeichen unserer westlichen Moderne ist, machte mit der Lithografie einen Quantensprung. Heinrich Berghaus, ein Mann alter Schule, nahm das neue Verfahren zwar in den Lehrplan auf. Der Verfall handwerklicher Könnerschaft und die unübersehbaren Qualitätsverluste, die mit der Lithografie einhergingen, erschienen ihm jedoch bedenklich. Seine Schüler, eine Generation zwischen den Technologien, suchten zeitlebens nach Ideallösungen: So experimentierte Petermann später in England mit einem »neuen System«, das in der Lage sein sollte, die Präzision des Kupferstichs mit dem Tempo der Lithografie zu vereinen. Viel Erfolg hatte er damit nicht.

In Petermanns sechsjährige Ausbildungszeit fiel ein Bildungserlebnis, mit dem sich der Rest des Curriculums schwerlich messen konnte: Er lernte Alexander von Humboldt kennen, der im benachbarten Berlin lebte und seine Landkarten gerne von Berghaus anfertigen ließ. In den 1840er Jahren war Humboldt bereits eine lebende Legende: weißhaarig und weltberühmt, der bekannteste Deutsche und einflussreichste Wissenschaftler seiner Zeit. Man muss sich Petermanns Ehrfurcht ausmalen, als er dem Helden seiner Bücherträume plötzlich leibhaftig gegenüberstand. Und er hatte Glück. Als Berghaus' Lieblingsschüler wurde er dazu auserwählt, eine Kartenskizze des großen Mannes ins Reine zu zeichnen. Keine unheikle Aufgabe, denn wie der Ziehvater unmissverständlich klar machte, war Humboldt, was Landkarten anging, nur schwer zufrieden zu stellen. »Recht klar und sauber«, lautete die Anweisung aus Berlin. Das ließ sich ein Wunderkind nicht zweimal sagen. Petermann zeichnete, und er machte seine Sache so gut, dass Humboldt die Karte tatsächlich im großen Asienbuch abdrucken ließ. »Gez. von Alexander v. Humboldt zu Berlin 1839 und 1840, beendigt von C. Petermann zu Potsdam 1841«, stand darunter in winzigen Buchstaben zu lesen. Wie aufregend, diese Namen zusammen auf einer Seite zu sehen! Dass Humboldt sich seinen Vornamen falsch gemerkt hatte, konnte die Freude nur geringfügig trüben. Heinrich Berghaus lag sicher richtig, wenn er vermutete, das Duett mit dem Patriarchen habe Petermanns »jugendlicher Eitelkeit« enorm geschmeichelt. Im Jahr darauf war die Lehrzeit beendet. Mit breiter Brust brach der junge Mann nach Schottland auf.

Die Verteilung der irischen Bevölkerung. Für die Zeitgenossen waren die neuen thematischen Karten noch ganz ungewohnt.

4. W. & A. K. JOHNSTON LTD.

Schon vom Schiff aus konnte man sehen, dass Edinburgh nicht zu den Städten gehörte, die im neuen Maschinentakt der Industrialisierung stampften. Statt rauchender Schornsteine thronte ein knorriges Wahrzeichen über der Stadt, die mittelalterliche Burg, die früher die Residenz der schottischen Könige gewesen war. Erst vor einer Generation hatte Walter Scott hier seine großen Ritterromane verfasst. Und die Gassen der *Old Town* inspirierten nach wie vor zu romantischen Gespenstergeschichten. Ein zeitgenössischer Reiseführer lobte Edinburghs Vorzüge sogar in Form eines Gedankenexperiments: Man brauche sich nur die Häuser wegzudenken, um eine der »malerischsten Landschaften« des ganzen Königreichs vor sich zu haben. Für eine Stadt natürlich ein zwiespältiges Lob. Das Pfund, mit dem Edinburgh wuchern konnte, war seine ruhmreiche Vergangenheit.

Im 18. Jahrhundert war es die Hochburg der schottischen Aufklärung gewesen, eine Denkfabrik, in der philosophische Schwergewichte wie Adam Ferguson und David Hume gewirkt hatten. Aber vielleicht ist es kein Zufall, dass Adam Smiths Marktwirtschaft und James Watts Dampfmaschine – jene Kinder der schottischen Aufklärung, die zu Petermanns Zeit gerade den Lauf der Dinge veränderten – im benachbarten Glasgow zur Welt gekommen waren. Denn während dort schon die Hochöfen glühten, war Edinburgh auch 1845 noch voll von bedächtigen Professoren, gelehrten Gesellschaften und einer prosperierenden Schicht von Buchhändlern, Verlegern und Kartografen, die die Wissenschaftsaristokratie mit Dienstleistungen versorgten und die nach Feierabend selbst in die Edinburgh Philosophical Association strömten, um »nützliche und unterhaltsame« Vorträge über Chemie, Geologie oder Phrenologie zu hören, die Modewissenschaft der Zeit, die sich anheischig machte, aus der Kopfform den Charakter ableiten zu können. Zu dieser wissenshungrigen Mittelklasse gehörte auch Alexander Keith Johnston, der Mann, der August Petermann vom Hafen abholte und der sich zu seiner gelinden Verwunderung gezwungen sah, dem Ankömmling sofort mit Geld auszuhelfen, weil dessen Gepäck ausgelöst werden musste. Johnston, der Inhaber von W. & A. K. Johnston Ltd., war Petermanns neuer Chef.

Zusammen mit seinem Bruder William, der in der Zwischenzeit in die Lokalpolitik gegangen war, hatte sich Keith 1825 selbständig gemacht und sein Verlagsgeschäft als eines der führenden Kartenhäuser Edinburghs etabliert. Die 1840er Jahre waren für schottische Kartografen eine besonders lukrative Zeit. Wegen der Verschleppung der amtlichen Landesvermessung, des inzwischen als Symbol der Benachteiligung Schottlands verschrienen »Ordnance Survey of Scotland«, gab es einen florierenden Markt für privatwirtschaftliche Kartenprojekte – zumal der Hunger nach geografischen Informationen in jüngster Zeit schlagartig in die Höhe gegangen war. Die großen Einfriedungs- und Entwässerungsprojekte in den Highlands und das Wachstum der Städte durch die Landflucht verarmter Bauern erzeugten einen ebensolchen Kartenbedarf wie der Bau der ersten schottischen Eisenbahnlinie, die 1848 in Edinburgh ankam. Als Petermann zu ihm stieß, verdiente Keith Johnston das Gros seines Geldes im Eisenbahngeschäft. Da die existierenden Pläne mangelhaft waren, vor allem, was das für den Gleisbau entscheidende Bodenprofil anging, mussten Höhenangaben kompiliert, verglichen und in vielen Fällen eigenhändig nachgemessen werden. Im Auftrag seines Chefs reiste Petermann in die Highlands, um mit Barometer, Thermometer und einem kochenden Wassertopf seinen Abstand vom Meeresspiegel zu ermitteln. James Forbes, der bekannte Edinburgher Gletscherforscher, hatte die Methode jüngst perfektioniert. Schottische Bergeshöhen waren in den 1840er Jahren eine begehrte Ware.

Der Einfluss der Eisenbahn auf die Kartografie ging über diesen Anstoß zur genaueren Landesvermessung jedoch weit hinaus. Am besten schaut man nach Irland – wohin damals auch die neidischen Schotten schauten, denn der dortige »Ordnance Survey« war bereits seit einigen Jahren abgeschlossen. Die Ingenieure der irischen Eisenbahn hatten daher druckfrische Karten zur Hand, von denen ihre schottischen Kollegen nur träumen konnten. Überhaupt stand der irische Eisenbahnbau im Ruf, ein administratives und logistisches Musterstück zu sein. Bis heute gilt der Bericht der staatlichen Eisenbahnkommission für Irland, der Ende der 1830er Jahre zusammen mit einem schmalen Atlas veröffentlicht und der Streckenplanung zugrunde gelegt wurde, als ein Meilenstein der Kartografie. Ein unscheinbarer Meilenstein wohlgemerkt, denn amtliche Berichte sind Publikationsgräber, und an den Atlas der irischen Eisenbahnkommission kommt man heute nur unter großen Mühen. Er enthält unter anderem eine Karte der irischen Bevölkerungsverteilung, die die Anzahl von

Einwohnern pro Quadratmeile durch verschiedene Grautöne sichtbar macht. Sie gehört zu den ersten Exemplaren ihrer Art.

Jahrhundertelang hatten sich europäische Kartenmacher nämlich darauf beschränkt, das physische und politische Terrain darzustellen: Länder, Meere, Berge, Städte, Grenzen. Zu August Petermanns Zeit änderte sich das. Topografische Karten wurden natürlich weiterhin produziert; wie die Masse von amtlichen Landesvermessungen in dieser Zeit zeigt, sogar in nie gekannter Genauigkeit. Parallel dazu begannen die Kartografen jedoch, mit neuen Formen und neuen Inhalten zu experimentieren. Man bezeichnet das für gewöhnlich als Geburt der »thematischen Kartografie«. Ein ziemlich nichts sagender Name, der sich überdies auch erst sehr viel später eingebürgert hat. Viel treffender wäre es, von einer »Kartografie der Verteilungen« zu sprechen, denn die neuen Karten stellten fast ausnahmslos räumliche Verteilungen dar – wie eben zum Beispiel die Verteilung der irischen Bevölkerung.

Wie neu und wie ungewohnt der Atlas der irischen Eisenbahnkommission für seine Betrachter war, zeigt eine Besprechung in der Londoner *Quarterly Review* von 1839: »Wir halten diese Karte für ein sehr wertvolles statistisches Dokument«, schrieb der anonyme Autor über das Bevölkerungsblatt. Auf den ersten Blick sehe es wie eine gewöhnliche topografische Karte aus, die die irische Landschaft mit ihren höher gelegenen – hellen – und tiefer gelegenen – dunklen – Gegenden darstelle. Erst bei genauerer Betrachtung erkenne man, dass es sich nicht um Berge und Täler, sondern um dünner und dichter besiedelte Gebiete handele. »Auf diese Weise«, heißt es weiter, »kommt der Geist zu der Einsicht, dass das Anzapfen einer stagnierenden Bevölkerung durch eine Eisenbahn eine Operation ist, die beinah nach denselben Prinzipien durchgeführt werden sollte wie die Entwässerung eines feuchten Landstrichs. Wir meinen damit, dass die Eisenbahn das Land dort durchstoßen sollte, wo die Bevölkerung am dichtesten ist.« Der Autor war es noch gewohnt, Karten topografisch zu lesen. Nur im Umweg über die Topografie gewann er dem merkwürdigen Blatt seine Bedeutung ab. Und diese Bedeutung bestand in praktischen Folgerungen: Die Karte der Bevölkerungsverteilung zeigte den Eisenbahnplanern, wie die Iren in Bewegung versetzt, stimuliert, zum Wirtschaften und Wachsen gebracht werden konnten. Freilich sollte die große Kartoffelkatastrophe von 1846 diesen Hoffnungen einen Strich durch die Rechnung machen.

Man kann davon ausgehen, dass Keith Johnston ähnliche Karten entworfen hat, und zwar nicht nur im Zusammenhang mit dem schottischen Eisenbahnbau. Er war Mitglied der Highland and Agricultural Society, einer einflussreichen Vereinigung schottischer Patrioten, die es sich zum Ziel gesetzt hatte, dem Zustand ihres Landes mit statistischen Untersuchungen auf den Grund zu gehen. Über seinen Bruder, der ab 1848 das Amt des Lord Provost bekleidete, stand Johnston dem politischen und administrativen Geschehen sowieso nah und kannte in seiner Heimatstadt alles, was Rang und Namen hatte: von David Livingstone, dem berühmten Afrikareisenden, über David Octavius Hill, den ersten schottischen Fotografen, bis zu dem jungen Professor für Naturgeschichte, James David Forbes. Keith selbst war jedoch kein Politiker – und auch kein ausgeprägter Geschäftsmann. In einer Daguerreotypie, die David Octavius Hill hinterlassen hat, posiert Petermanns Arbeitgeber mit Globus und Zeichengerät, ein unendlich ernster, beinah ängstlich verschlossen wirkender Gelehrter mit breitem Backenbart und wallendem Haar. Schon als Kind, heißt es, habe Johnston lieber den Garten vermessen, als mit den anderen Kindern zu spielen – noch so ein frühreifer Ritter der Geografie. Später dehnte er seine Passion auf Edinburghs nahe und ferne Umgebung aus, wanderte tagelang durch die Highlands und kam mit seltenen Versteinerungen und erstaunlich akkuraten Kartenskizzen zurück. Als Erwachsenem eilte Johnston der Ruf voraus, ein »Märtyrer« seines Fleißes zu sein, der sich tagelang in seinem Arbeitszimmer einschließen konnte, wenn er über einem schwierigen geografischen Problem brütete. Johnstons Bibliothek, die alle wichtigen wissenschaftlichen Publikationen enthielt und von ihrem Eigentümer stets auf dem letzten Stand gehalten wurde, war das Zentralgestirn seiner Existenz. Über die notwendigen Produktionsmittel musste ein Gelehrter damals noch selbst verfügen. Wissen und Bildung waren Johnstons bürgerliche Leidenschaften. Er lernte Spanisch und Deutsch, ging mit über vierzig Jahren noch an die Universität, um sich James Forbes' Vorlesungen über Naturphilosophie anzuhören, und hatte meteorologische Instrumente in seinem Garten aufgestellt, um das notorisch verregnete Wetter seiner geliebten schottischen Heimat dauerhaft unter Beobachtung zu stellen.

Keith Johnston, darin stimmen seine Zeitgenossen überein, war ein guter Mann: ein inniger Familienmensch, der sich liebevoll um elf Kinder kümmerte; ein engagierter Philanthrop, der die Edinburgh Philosophical Association mit ins Leben rief; ein tief religiöser Christ schließlich, der in seinem Leben keinen Gottesdienst versäumte, eine dreimonatige Pilgerfahrt unternahm, um das heilige Land zu besuchen, und kurz vor seinem Tod voller Aufrichtigkeit bekannte, die Geografie sei für ihn nichts anderes als eine lebenslange Offenbarung Gottes gewesen. Johnston schaute ohne Groll auf die Welt. Nur mit August Petermann, dem neuen Angestellten, kam er nicht zurecht.

Zunächst scheint alles gut gegangen zu sein. Petermann fand sich rasch in den Arbeitsalltag bei W. & A. K. Johnston Ltd. ein. In kurzer Zeit lernte er Englisch. Er legte zeichnerische Begabung an den Tag und glänzte im honorigen Bekanntenkreis der Johnstons durch Geselligkeit. Keith, dessen pädagogischer Eros auch vor seinem deutschen Angestellten nicht Halt machte, gewährte ihm Zugang zu Bibliothek und Familienleben. Er machte Petermann zu seinem Hausfreund. An Weihnachten ließ er sich sogar für die Idee erwärmen, einen deutschen Weihnachtsbaum aufzustellen: der erste seiner Art im presbyterianischen Edinburgh. Im Sommer darauf durfte ihn Petermann in die Highlands begleiten. Erst jüngst hatten Walter Scotts Ritterromane diese Landschaft romantisch verzaubert. Während die einheimischen Bauern ihre kargen Böden verließen, um in der Stadt oder in Übersee dem Verhungern zu entkommen, entdeckten gebildete Briten – bis hin zu Königin Victoria im fernen London – die Highlands als mythisches Stammland, das Ahnungen von blutigen Schlachten und schönen Burgfräulein heraufbeschwor. Johnstons naturreligiöse Neigungen fanden hier reiche Kost. Dass er Petermann in sein Sanktuarium einführte – wenn auch zum Zweck von Landvermessungen –, muss als ein Privileg angesehen werden. Offenbar waren die beiden mehrfach zusammen unterwegs. Seite an Seite mögen sie ihre Malutensilien ausgepackt haben, um die schönsten Aussichten in Wasserfarben festzuhalten. Doch anstatt am knisternden Lagerfeuer endgültig freundschaftlich zu werden, bekam das Verhältnis von Meister und Schüler hier seinen entscheidenden Riss.

Mehr noch als andere Sozialverhältnisse sind die Beziehungen im viktorianischen Bürgertum schwer zu durchschauen. Memoiren, Nachrufe und Lebensbilder, sie schwimmen zu dick in einer moralinsauren Soße aus Tugendhaftigkeit, als dass man deutlich herausschmecken könnte, wer sich wie zum wem warum verhielt. Das gilt auch für das Verhältnis von Keith Johnston und Petermann. Stets ist vom Wohlwollen die Rede, mit dem der verdienstvolle schottische Kartograf seinem deutschen Angestellten begegnete, und vom Eifer, mit dem er ihn nach Kräften zu fördern suchte. Man würde nichts als Verantwortung hier und Respekt dort vermuten, eines der für die Sensibilität des 19. Jahrhunderts so erbaulichen Lehrer-Schüler-Verhältnisse – wenn da nicht dieser Brief wäre. Der Brief, den Johnston erst viel später, im Mai 1854, an Norton Shaw, den Sekretär der Royal Geographical Society in London, schrieb.

Er habe, schrieb Johnston, Petermann seinerzeit nicht aus freien Stücken, sondern nur auf anhaltendes Drängen von Heinrich Berghaus eingestellt, und zwar, um dem Jungen die Chance zu geben, seinen professionellen Rückstand aufzuholen. »Ein halbes Jahrhundert« hinke schließlich die deutsche der englischen Kartenkunst hinterher. Bei Petermanns Ankunft in Edinburgh mussten sich alle Zweifel dann schmerzlich bestätigen: Er, Johnston, sei als Erstes genötigt worden, mit Geld auszuhelfen; überhaupt habe er es mit einem äußerst ungehobelten jungen Mann zu tun bekommen. Nicht nur, dass Petermann kein Wort Englisch konnte, er sei auch sonst erstaunlich ungebildet gewesen, »besonders für einen Preußen«. Von Anfang an habe er mehr Gehalt verlangt, als ihm seiner bescheidenen Stellung gemäß zustand. Und dann überschlagen sich die Anschuldigungen: Petermann besitze keine Prinzipien. Nichts, was er tue, sei »wahr oder akkurat« gewesen, dagegen alles auf Wirkung berechnet. Er habe ihn, Johnston, und später auch die Kollegen in London systematisch hinters Licht geführt. Er habe Kartenentwürfe gestohlen. Er sei ein verschlagener Jesuit und ein Hochstapler.

Das sind harte Worte, zumal sie aus der Feder eines Mannes flossen, von dem Verwandte und Freunde übereinstimmend behaupteten, er habe nie seine Contenance verloren. Es ging sicher um Schwierigkeiten mit einem anders gelagerten Temperament. Und ganz konkret ging es um Kartenmaterial, das Petermann bei seinem Weggang aus Edinburgh mitgenommen und später in London unter eigenem Namen veröffentlicht haben soll, darunter ironischerweise auch eine geografische Skizze von der gemeinsamen Highlandtour ins Ben-Nevis-Gebiet. Keiths Sohn Alexander, der nach dem Tod seines Vaters um genauere Auskunft gebeten wurde, konnte jedoch nicht weiterhelfen, da der Alte nie wieder über Petermann gesprochen habe. Er hüllte sich zeit seines Lebens in erbittertes Schweigen. Auch der Beschuldigte hat sich zu dem Vorfall nicht vernehmbar geäußert, obwohl ihn Johnstons Brief in die Bredouille brachte. Vielleicht traf er eine Wahrheit, vielleicht war er von Ressentiment diktiert. Vorerst hinterlässt er nicht mehr als ein diffuses Zwielicht.

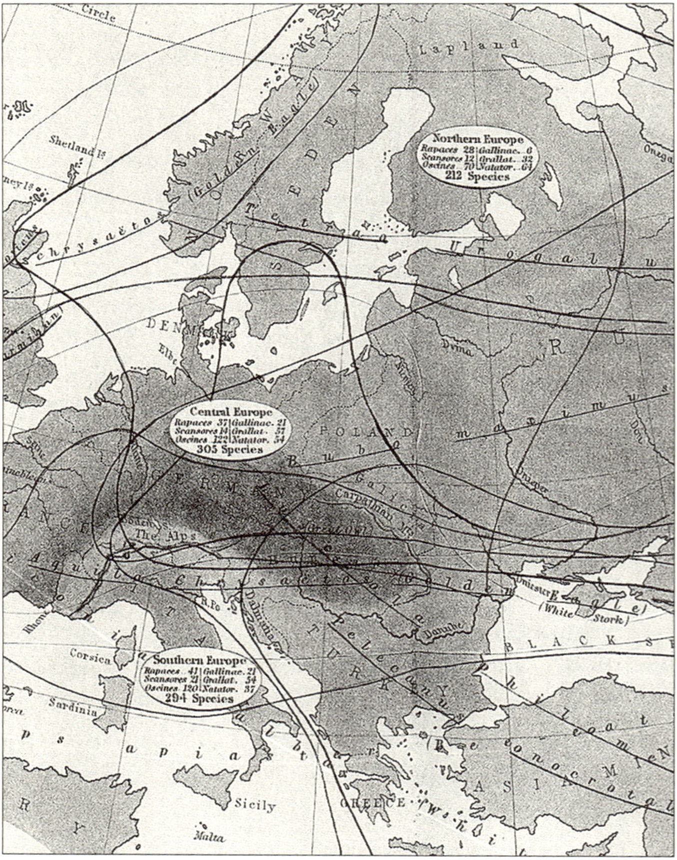

Die Verteilung der europäischen Vögel. Jeder, der diese merkwürdig linierten Karten sah, war der Meinung, dass ihre Publikation ein vollständiger Misserfolg sein würde.

5. HUMBOLDTS KARTOGRAF

Ob August Petermann nun nach Edinburgh kam, um ordentlich zeichnen und stechen zu lernen, oder ob er von Johnston geholt wurde, um deutsches Know-how nach Schottland zu transferieren: Heinrich Berghaus, der Potsdamer Lehrer, hatte seinen besten Schüler als »verdienstvollen Burschen« empfohlen, der dem schottischen Kollegen bei dessen Lieblingsprojekt, dem *Physical Atlas*, behilflich sein könne. Um zu verstehen, warum Johnston weder Geld noch Mühe scheute, um dieses Mammutwerk zu publizieren, reicht ein Blick in sein Arbeitszimmer, auf die Wand hinter dem Zeichentisch, wo aller Wahrscheinlichkeit nach ein gerahmtes Porträt seinen Ehrenplatz hat. Es zeigt, wieder einmal, Alexander von Humboldt. Johnston hatte ihn 1845 in Paris kennen gelernt und zur Anerkennung seines kartografischen Könnens das signierte Konterfei erhalten. Aber nicht nur das. Der große Mann überraschte ihn mit dem Vorschlag, eine englische Ausgabe von Heinrich Berghaus' *Physikalischem Atlas* zu veranstalten, dem visuellen Kompendium zu seinem, Humboldts, vielbändigem Alterswerk *Kosmos*. Mit Begeisterung willigte Johnston ein. In Anbetracht der Prominenz, die Humboldt auch in Großbritannien genoss, war einem solchen Angebot unmöglich zu widerstehen.

John Theodore Merz, der englische Ideenhistoriker, schrieb 1896, Alexander von Humboldt sei zu Beginn des Jahrhunderts der berühmteste Europäer nach Napoleon gewesen. Seine abenteuerliche Südamerikareise zwischen 1799 und 1804, sein universaler wissenschaftlicher Horizont und seine Sprachmächtigkeit hatten ihn schon zu Lebzeiten zur Legende gemacht. Zu Johnstons und Petermanns Zeit war diese erste Ruhmeswelle bereits ein wenig abgeebbt, aber unter Naturforschern galt Humboldt nach wie vor als Lichtgestalt. »Jeder strebsame Gelehrte«, schrieb der Berliner Physiologe Emil Du Bois-Reymond 1849 stellvertretend für seine Zunft, »ist Humboldt's Sohn.« Und das war nicht nur in Preußen der Fall, wo Humboldt widerwillig als Kammerherr König Wilhelms IV. diente, oder in Frankreich, seiner Wahlheimat. Auch Du Bois-Reymonds britische Kollegen, ein Joseph Dalton Hooker oder Charles Darwin, betrachteten sich als Humboldts Söhne – oder doch zumindest als dessen Neffen. Dass der erste Band von Humboldts *Kosmos* 1845, noch im Jahr seiner deutschen Erstveröffentlichung, schon auf Englisch erschien, in allen Zeitschriften besprochen und von den Ladentischen gerissen wurde, zeigt deutlich, wie sehr ein »neuer Humboldt« auch jenseits des Kanals als Ereignis galt. Denn normalerweise dauerte der internationale Wissenstransfer damals viel länger.

Man muss, was die Engländer angeht, allerdings eine Einschränkung machen. Hans Magnus Enzensberger, der Humboldts voluminöses Alterswerk vor einigen Jahren als Gebrauchsanweisung für das 21. Jahrhundert empfohlen hat, schrieb bei dieser Gelegenheit, der *Kosmos* sei trotz seiner großen Faktenfülle ein poetischer Lesegenuss. James David Forbes, der bereits erwähnte Professor für Naturgeschichte an der Edinburgher Universität, sah das anders. Wer über vierzig Jahre nach der Rückkehr aus Südamerika noch immer damit beschäftigt sei, an den Reiseergebnissen herumzupublizieren, schrieb Forbes in seiner Besprechung von Humboldts druckfrischem Folianten in der *Quarterly Review*, und wer, während die letzten Bände noch in Aussicht stünden, seinem ersten Mammutwerk mit dem *Kosmos* bereits eine weitere »literarische Pyramide« an die Seite stelle, der mache definitiv etwas falsch. Anstatt laufend Enzyklopädien zu verfassen, solle sich Humboldt lieber auf überschaubare Bücher beschränken. Sein »weitschweifiger Stil« lasse »lebendige Beschreibung, scharfes Urteil und eine straffe Komposition« vermissen und verrate hinter dem vielgereisten Weltbürger zuletzt doch den pedantischen deutschen Gelehrten. Mit Humboldts ausufernder Schreibweise konnten die Briten wenig anfangen. Forbes ging so weit, sogar physiognomische Bedenken anzumelden. Humboldt, der ihm 1835 in Paris begegnet war, kam ihm geschwätzig und wenig intelligent vor und hatte ein Gesicht, das zu Forbes' großem Erstaunen »nicht sehr besonders« aussah. Noch größer war die Enttäuschung von Joseph Dalton Hooker, der Humboldt ebenfalls auf dem Kontinent kennen lernte. Zu seinem Schrecken erblickte er einen »dickbäuchigen kleinen Deutschen« und nicht den baumlangen Alpinisten, der ihm beim Lesen von Humboldts Südamerikaabenteuern vorgeschwebt war. Die weitere Lektüre war ihm vergällt.

Aber Humboldt hatte sich nicht aufs Schreiben beschränkt. Spätestens als sein amerikanischer Reisebericht zu einem Dickicht aus Abhandlungen, Abenteuern, Fußnoten und Querverweisen verfilzt, sein Vermögen verbraucht und er selbst gezwungen war, von Paris nach Berlin zurückzukehren, um am Hof des Königs zumindest ein gesichertes deutsches Beamtenauskommen zu haben, muss ihm aufgegangen sein, dass sein Versuch, die gesamte Natur in Worte zu fassen, mit größeren Schwierigkeiten verbunden war. Auf der anderen Seite experimentierte er schon lange mit Karten, Tabellen, Kurven und Diagrammen, um die Unmengen von Daten, die er sammelte, und die großen Zusammenhänge, die er im Sinn hatte, sozusagen auf einen Blick und für jedermann sichtbar und überschaubar zu machen. Die Idee, Heinrich Berghaus mit einem *Physikalischen Atlas* zu beauftragen, war daher nahe liegend. 1845 schlug Humboldt Keith Johnston dasselbe vor. August Petermann, noch in Potsdam, hatte an Berghaus' Werk mitgearbeitet. Vielleicht kam er auch aus diesem Grund, als junger Experte, zum Assistieren nach Edinburgh.

Wer Johnstons dickleibigen Folianten aufschlägt, sieht sich einer Darstellungswut gegenüber, die in der Geschichte der Kartografie ihresgleichen sucht: einem grafischen Feuerwerk aus Linien, Farben, Schraffuren und Piktogrammen, die sich zu Karten verknäulen, die von Tabellen, Diagrammen und Kurven flankiert werden. Die schiere Datenfülle, die hier verarbeitet wird, scheint jedes vernünftige Maß zu sprengen. Und weil wir uns im ornamentalen 19. Jahrhundert befinden, sind die verbleibenden weißen Flecken, die das Auge beruhigen könnten, mit kunstvollen Vignetten bedeckt, auf denen sich Gletschermoränen türmen, Schlingpflanzen wuchern und gefräßige Nilkrokodile lauern. »Jeder, der diese merkwürdig linierten und kolorierten Karten sah«, notierte Johnstons Tochter Grace, »war der Meinung, dass ihre Publikation ein vollständiger Misserfolg sein würde.« Tatsächlich war der *Physical Atlas*, der 1848 im Großimperialformat mit Goldschnitt erschien, kein Verkaufsschlager. Von Seiten der Fachwelt trug er Keith Johnston trotz allem großes Renommee ein. Schon den Zeitgenossen erschien das ehrgeizige Projekt als das, was es wohl wirklich war: eine Großbaustelle für grafische Semiotik.

Der Gegenstand, der diese bunte Fülle zusammenhält, ist nun denkbar farblos und abstrakt. *A Series of Maps & Illustrations of the Geographical Distribution of Natural Phenomena* lautet der Untertitel von Johnstons Werk. Es geht um »distributions«, also wieder »Verteilungen«. Im *Physical Atlas* wird – um nur ein paar Beispiele zu nennen – die Verteilung der Temperatur auf dem Globus, der Fleisch fressenden Tiere, der Religionen und der europäischen Völker dargestellt. Fast mutet das Buch wie eine Bilderversion von Borges' paradoxer chinesischer Klassifikation an, in der streunende Hunde, Sirenen und einbalsamierte Tiere nebeneinander stehen.

Es würde sich lohnen, die steile Karriere des Verteilungsbegriffs in der ersten Hälfte des 19. Jahrhunderts zu verfolgen. Geografen, Botaniker und Statistiker entdeckten die Verteilung als eine Frage des Raumes. Zumindest ein paar Jahrzehnte lang fanden ihre Disziplinen in dem gemeinsamen Erkenntnisziel zusammen, topografische Muster zu identifizieren – wie Johnstons *Physical Atlas* sie zu Dutzenden ausbreitete. Doch warum war es so wichtig geworden, die räumliche Anordnung der Dinge zu kennen? Im Fall der irischen Eisenbahnkarte stand das politische Kalkül im Hintergrund, die stagnierenden Iren in Bewegung zu versetzen. Aber bei den Fleisch fressenden Tieren – oder den Baum- und Strauchgewächsen?

Das Problem, mit dem die Botaniker im frühen 19. Jahrhundert zu kämpfen hatten, bestand in der rasanten Vermehrung der bekannten Pflanzenarten. Die Vermessung der

Welt und die Ausbeute der Forschungsreisenden ließen die europäischen Herbarien aus allen Nähten platzen. Allein Alexander von Humboldt brachte aus Südamerika 42 volle Kisten mit. Traditionelle Klassifikationssysteme wie das von Carl von Linné stießen an ihre Grenzen. Der überbordende Reichtum der Natur verlangte nach neuen Ordnungsmethoden.

In dieser Situation verlegten sich die Botaniker auf den Raum. Schon vor seiner großen Reise hatte Humboldt die »Geographie der Pflanzen« als Gegenentwurf zur Linnéschen Taxonomie konzipiert. Es gehe ihm weniger um die Klassifikation einzelner Spezies, notierte er 1794, als darum, die »Vertheilung der Kräuter über den Erdboden« zu studieren. Er hatte »Pflanzennationen«, ihre Siedlungsgebiete und Wanderungen im Sinn. Während die herkömmliche Artenbestimmung in den folgenden Jahrzehnten zur Hilfsdisziplin absackte, wurde die Botanik zur Wissenschaft von den räumlichen Verteilungen. Für Taxonomen hatte Humboldt nichts übrig, er nannte sie elende »Registratoren der Natur«. Man findet dieselbe Polemik bei Hewett Watson, einem der bekanntesten englischen Pflanzengeografen zu August Petermanns Zeit. Watson veröffentlichte sogar eine phrenologische Untersuchung, in der er zu dem Schluss kam, dass reine Taxonomen im Verhältnis zu »philosophischen Botanikern«, also Pflanzengeografen, nur schwach intellektuell ausgeprägte Köpfe hätten.

Humboldts merkwürdige Metaphorik – er sprach von Pflanzennationen, Pflanzengesellschaften und Pflanzenvölkern – ist verräterisch: Sie deutet auf die Inspirationsquelle für seine botanischen Innovationen hin. Die Wende vom 18. zum 19. Jahrhundert war die Gründerzeit der modernen Sozialstatistik. Man begann, Volkszählungen durchzuführen, man diskutierte über Probleme der Unter- und Überbevölkerung, man meinte, den unsichtbaren Gesetzen der Gesellschaften auf der Spur zu sein. Der Brüsseler Statistiker Adolphe Quételet stellte fest, dass sich der Brustumfang belgischer Rekruten in einer regelmäßigen Kurve um den Brustumfang eines fiktiven, durchschnittlichen Rekruten verteilte – den er *homme moyen* nannte. Von solchen Regelmäßigkeiten waren die Experten hingerissen. Eine »Lawine gedruckter Zahlen« ging über die europäischen Staaten herab und versprach ungeahnte Möglichkeiten politischer Einflussnahme. Auch für die Botaniker waren die neuen statistischen Techniken interessant. Sie stellten die verlockende Möglichkeit in Aussicht, mit der Explosion der Arten und der zunehmenden Unordnung der Natur fertig zu werden. Von Humboldt bis Hewett Watson konstituierte sich die Pflanzengeografie daher als Versuch, biologische Spezies wie Bevölkerungen zu behandeln.

Bei Watson kann man das besonders deutlich sehen. Sein Hauptwerk, eine mehrbändige Pflanzengeografie der britischen Inseln von 1847, besteht aus überbordenden Datenmengen. Ausdrücklich verstand der Autor sein Buch als »botanische Statistik« und verpflichtete es auf die Methoden der Demografie. »Das Wort Volkszählung«, schreibt Watson, »das uns wohl vertraut ist, mag benutzt werden, um die pflanzliche Bevölkerung der Insel oder eines ihrer Teile anzugeben.« Und das war nicht metaphorisch gemeint. Watson erörterte die Eigenarten des botanischen Zensus, führte die botanischen Verwaltungsbezirke »Königreich«, »Gegend«, »Provinz« und »Bezirk« ein und stellte einen statistischen Idealzustand in Aussicht, der darin bestand, die genaue Zusammensetzung der Arten für jede Quadratmeile englischen Bodens zu kennen.

Welche Karten August Petermann für Johnstons Verteilungs-Atlas gezeichnet hat, lässt sich nicht mit Sicherheit sagen, da Johnston die Namen seiner Zeichner von den Druckplatten entfernen ließ, was ihm später – von deutscher Seite – den typisch deutschen Vorwurf eintrug, er betrachte »wissenschaftliche Arbeiten wie eine bezahlte Ware«. Klar ist nur, dass die Pflanzengeografie zu den Lieblingsgegenständen des jungen Gehilfen gehörte. Vielleicht hatte ihn Humboldt schon in Potsdam auf diese Fährte gesetzt. Vielleicht lag es an der Korrespondenz mit Hewett Watson, der von Petermanns Höhenmessungen erfahren hatte und um Angaben über einige Bergmassive in den schottischen Highlands bat. Wie auch immer: 1849 fuhr Petermann nach Birmingham, wo sich die British Association for the Advancement of Science zu ihrer Jahrestagung versammelte. Der Titel seines Vortrags lautete »Die Temperatur der britischen Inseln und ihre Einflüsse auf die Verteilung der Pflanzen«.

Die Wandkarten, die er bei dieser Gelegenheit präsentierte, sind leider nicht erhalten. Dabei spielten Karten in der Pflanzengeografie eine zentrale Rolle. Watson, dessen Buch nur Text und Zahlen enthält, beeilte sich pflichtschuldig zu versichern, ein Band mit Karten sei in Arbeit. Und Petermann beendete seinen Vortrag in Birmingham mit einem Plädoyer für die botanische Kartografie im Allgemeinen und für das grafische Element der Linie im Besonderen: »Kein anderes Mittel als Linien«, erklärte er, »kann so klar und deutlich die Unterschiede in der geografischen Verteilung physischer Phänomene darstellen.« Die Linien, von denen er sprach, brachten die Beziehungen zwischen Arten und Milieus zu Tage. Darüber hinaus aber lieferten sie wertvolle Hinweise für die damals in

Gärung befindliche Evolutionstheorie. Das berühmteste Beispiel dieser Art ist wohl die rätselhafte Faunengrenze, die quer durch den ostindischen Archipel verläuft und die in der Mitte des 19. Jahrhunderts nach ihrem Entdecker Alfred Russell Wallace als »Wallace-Linie« bekannt wurde. »Bei Betrachtung der Verbreitungsweise der organischen Wesen über die Erdoberfläche«, schrieb Darwin in seiner *Entstehung der Arten*, »ist die erste wichtige Tatsache, welche uns in die Augen fällt, die, dass weder die Ähnlichkeit noch die Unähnlichkeit der Bewohner verschiedener Gegenden aus klimatischen und anderen physikalischen Bedingungen völlig erklärbar ist.« In den räumlichen Mustern, hieß das mit anderen Worten, taten sich Lücken auf, in die zeitliche Erklärungen schlüpfen mussten. In Darwins Nachlass finden sich üppig annotierte Exemplare von Berghaus' und Johnstons physikalischen Atlanten. Für alle, die sich in dieser Zeit mit Evolutionsfragen beschäftigten, waren sie unentbehrliche Standardwerke.

Die Verteilung der toten Briten. Um der Ursache der Cholera auf die Spur zu kommen, hing alles davon ab, ein Muster zu erkennen.

6. LONDON KILLS ME

1847, als Johnstons Atlas publikationsreif war, ging August Petermann nach London. Am »Centralpunkt geographischen Wissens«, wie er begeistert nach Deutschland berichtete, wollte er eigentlich nur ein paar Wochen bleiben – aus rein beruflichen Gründen. Für einen jungen, ehrgeizigen Kartenmacher, den es auf die Britischen Inseln verschlagen hatte, war der Antrittsbesuch in der Hauptstadt ein Muss. Hier saßen fast alle wichtigen Kartografen des Empire auf einem Fleck, und Keith Johnstons Empfehlungsbriefe versprachen einen guten Einstieg. Hier residierte die Royal Geographical Society, der Club der Welteroberer, dem Petermann – auf Johnstons Fürsprache hin – schon seit einem Jahr als ordentliches Mitglied angehörte. Hier warteten das riesige Britische Museum, das East India House und Kew Gardens auf ihn, wo die Fäden der Pflanzengeografie zusammenliefen, die das Britische Empire rund um den Globus gesponnen hatte und die Petermann so gerne auf Kartenblätter übertrug. Für einen wissbegierigen jungen Mann bot London unzählige Attraktionen. Nach Beendigung der *tour d'horizon*, so war mit Heinrich Berghaus vereinbart, sollte Petermann einen Posten in der Geographischen Kunstschule in Potsdam übernehmen.

Keith Johnston, der ihn noch protegiert, aber bald kein gutes Haar mehr an ihm lassen wird, warf ihm später Verrat an seinem alten Lehrer vor. Berghaus habe fest mit ihm gerechnet.

Aber Petermann ließ ihn im Stich. Fiel sein Plan, nur einen kurzen Fortbildungsaufenthalt einzulegen, dem verlockenden Glitzern zum Opfer, das ein anderer deutscher Englandreisender dieser Zeit, Theodor Fontane, Londons »Zauberbann« genannt hat? In den 1840er Jahren in London hängen zu bleiben, lag nahe. Für Besucher vom Kontinent war die Stadt eine einzige, roter Backstein gewordene Überforderung. Zwar hatte sich Petermann schon an britischen Boden gewöhnt. Aber im Vergleich zu Edinburgh, der gediegenen Gelehrtenstadt, war London – zunächst einmal schwer in Worte zu fassen. Die Mehrzahl der Fremden reagierte mit Sprachlosigkeit.

»Es ist ein eigenes Gefühl von Einsamkeit und Verlassenheit, wenn man sich auf einmal in ein Menschen- und Häuser-Meer wie dieses London geworfen sieht«, hatte Carl Gustav Carus, der die Stadt als Leibarzt des Königs von Sachsen besuchte, 1844 notiert. Superlative, wo immer man hinsah: London war so voll, dass man befürchten musste, im Strom der Passanten stecken zu bleiben. London war unfassbar teuer und luxuriös. London stank. An verregneten Sonntagen waren seine endlosen Reihenhauszeilen unendlich deprimierend. Friedrich Engels, ein weiterer Deutscher, der der Stadt in den Vierzigerjahren den Puls fühlte, stellte bestürzende Anzeichen für einen »Krieg Aller gegen Alle« fest. Fontane, der immerhin Berlin gewöhnt war, wählte das Bild flimmernder Mikroorganismen: Wie »ein Stück Infusorienerde unter dem Mikroskop« kam ihm London vor, denn »zahllos wimmelt es; man gibt uns Zahlen, aber die Ziffern übersteigen unsere Vorstellungskraft«.

Auch Londons Ausdehnung sprengte herkömmliche Begriffe – daher sprach man vom »Häusermeer«. Tag für Tag wuchs es weiter in alle Himmelsrichtungen. In den 1850er Jahren bestieg der Journalist Henry Mayhew einen Heißluftballon, um das Straßengewirr, das er tagtäglich aus der Froschperspektive beobachtete, als architektonischen Zusammenhang wahrzunehmen. Der Versuch schlug fehl. Mayhew musste feststellen, dass es unmöglich war, zu erkennen, »wo die Monsterstadt anfing oder aufhörte«. Ihre fernen Ränder verloren sich im sprichwörtlichen Londoner Nebel, der zu großen Teilen aus Kohlenrauch bestand.

Unter der Glocke dieses Nebels waren politische Freiheiten und zivilisatorische Errungenschaften anzutreffen, von denen ein rundum zensierter Deutscher nur träumen konnte. Selbst die Londoner Kutscher blätterten morgens routiniert ihre Zeitungen durch. Über alles wurde diskutiert. Und die ganze Stadt lebte unter dem unwiderstehlichen Diktat der Mode. Einer der ersten deutschen Londonführer aus dieser Zeit schrieb von einer Sucht, die alle Gesellschaftsschichten beherrsche und die in Form des »forcirten Fashionable« – heute würden wir »fashion victim« sagen – bereits ein eigenes pathologisches Symptom ausgebildet habe, das bevorzugt im feinen West End zu beobachten sei. Fiel auch Petermann den Verlockungen der Mode zum Opfer? Stand er staunend vor den gaslichterleuchteten Schaufenstern der Bond Street und nahm sich vor, hier bald selbst zu den Kunden zu gehören? Es ist ihm jedenfalls nicht gelungen, Londons Zauberbann zu widerstehen. Aus den geplanten paar Sommerwochen wurden insgesamt sieben Jahre – man kennt das Motiv aus der Literatur. Und als er der Stadt schließlich den Rücken kehrte, tat er das notgedrungen, nicht, weil es ihn zurück in die deutsche Provinz gezogen hätte. »Es wundert mich nicht, dass Dein

Umzug anfängt, sich unangenehm anzufühlen«, schrieb ihm kurz darauf ein englischer Freund in die Kleinstadt Gotha hinterher. »Ich bin mir sicher, der Tag ist nicht fern, an dem Du zurückkehren wirst.«

Kaum in London, wo jeder Geschäfte machte, scheint Petermann Pläne geschmiedet zu haben. Heinrich Berghaus' Geographische Kunstschule, die sich ständig am Rand des Existenzminimums befand, bot in dieser Hinsicht keine verlockende Perspektive. Man musste schon mit einer gehörigen Portion pädagogischem Eros ausgestattet sein, um in der geduldigen Ausbildung von ein paar jungen Kartografen seinen Lebensinhalt zu sehen. In London dagegen ließ sich Geld verdienen. Die Stadt war das Zentrum der englischen Druckindustrie. Sie wimmelte von Verlagshäusern, Papierfabrikanten, Druckereien, Graveuren und Kartenmachern – und besaß einen riesigen Bedarf an bedrucktem Papier. Gerade jetzt, in den späten Vierzigerjahren, eröffnete sich der Kartografie ein neues Betätigungsfeld. Es lag auf der anderen Seite, im verrufenen Osten der Stadt. In den »hungry forties«, wie die Zeit auch genannt wurde, waren hier die Schattenseiten der Industrialisierung zu besichtigen. Londons üppiges Wachstum hatte der Stadt nicht nur teure Geschäfte und *fashion victims*, sondern auch Überbevölkerung, Elend und Verbrechen beschert. Nach einer Inkubationszeit voller drohender Anzeichen, die niemand wahrhaben wollte, ließ sich das Problem irgendwann nicht länger leugnen: Im berüchtigten East End fiel die englische Zivilisation in einen Grauen erregenden Naturzustand zurück. »Slumming« hieß der neue Zeitvertreib des Londoner Bürgertums, seinen Zeitungen, seinem Gaslicht und seiner Mode für einen Nachmittag den Rücken zu kehren, um in den

Quartieren der Arbeiterklasse ein Elend zu bestaunen, das von den Annehmlichkeiten der City so weit entfernt schien wie das dunkelste Afrika.

Da für Petermann solch ein Ausflug schon aus beruflichen Gründen nahe lag, haben wir gute Gründe, um ihm für einen Augenblick in eine Szenerie zu folgen, wie sie Charles Dickens und Henry Mayhew geschildert haben, die Reporter aus dem Herzen der heimischen Finsternis: Es gab zehnköpfige Familien in einem einzigen unmöblierten Zimmer, auf dem Boden schlafend und essend, der Bereich des Vaters mit einem Kreidekreis markiert. Es gab minderjährige Prostituierte, die ihre Nächte in einem Erdloch im Park verbrachten. Es gab Kühe in lichtlosen Hinterhöfen. Es gab die unaussprechliche Schattenökonomie der »night-soil men« schließlich, denen die Fäkalien der Metropole einen niemals versiegenden Überlebensquell sicherten.

Denn was es nicht gab, war ein funktionierendes Abwassersystem. Um 1850 hatte London zweieinhalb Millionen Einwohner, die in einer kollabierenden Infrastruktur aus der Zeit Shakespeares hausten. Nicht umsonst kam die Stadt skeptischen Zeitgenossen wie eine schwelende Apokalypse vor, die früher oder später in Flammen aufgehen müsse. Wobei das Bild der Sintflut die Sache besser trifft. Die Elendsquartiere quollen buchstäblich über vor Exkrementen, die auf den Straßen, in Kellern und Sickergruben schwappten und, sofern sie keinen direkten Weg in die Themse fanden, nachts von den »night-soil-men« auf Karren geschaufelt und an den Stadtrand gefahren wurden. Der Gestank muss unerträglich gewesen sein. Er verlieh der Theorie der »Miasmen« ihre unabweisbare Evidenz. Bis weit in die zweite Hälfte des 19. Jahrhunderts glaubten Ärzte, Politiker und Gesundheitsreformer nämlich, dass die Krankheiten, die in den Vierteln der Arbeiterklasse grassierten, nicht durch direkte Ansteckung – von mikroskopisch kleinen Erregern ganz zu schweigen –, sondern durch giftige Ausdünstungen aus Wasser und Boden verursacht würden. Auch die bedrohlichste Seuche der Zeit, die Cholera, schien miasmatischen Ursprungs zu sein.

Im Sommer 1847, als August Petermann nach London kam, war eine neue Cholerawelle im Anmarsch. Langsam, aber unaufhaltsam rückte die Seuche auf dem europäischen Kontinent vor: Warschau und Prag waren schon betroffen; Hamburg und München machten sich bereit. Im Jahr 1832 hatte Londons erste Choleraepidemie in wenigen Tagen fünftausend Tote gekostet. Weil den Politikern damals nichts Besseres eingefallen war, als einen landesweiten Gebets- und Fastentag auszurufen, befürchtete die Bevölkerung auch diesmal das Schlimmste. »Wir leben in Schmutz und Dreck«, lautet eine verzweifelte Bittschrift, die, von 54 Armen unterzeichnet, in unbeholfenem Englisch in der *Times* erschien. »Wir haben keine Abfalleimer, keine Abflussrohre, keine Wasserversorgung und nirgends eine Kanalisation. Der Gestank aus den Gullys ist widerlich. All unsere Leute leiden, und viele sind krank, und wenn die Cholera kommt, helfe uns Gott.«

Die Politiker, an die diese Adresse gerichtet war, entfalteten diesmal jedoch eine fieberhafte Aktivität. Im September 1847 wurde eine Regierungskommission beauftragt zu prüfen, »welche speziellen Mittel erforderlich sind, um die Gesundheit der Metropole zu sichern«. Es folgten Denkschriften und Gesetze, eine öffentliche Gesundheitsbehörde und schließlich, nach fast drei Jahrzehnten, zwei weiteren Choleraepidemien und dem üblichen Zusammenspiel von idealistischen Philanthropen, nüchternen Pragmatikern und skrupellosen Spekulanten, eine moderne Kanalisation, die zum Teil bis heute im Einsatz ist. »Die Themse«, notierte August Petermann bei seinem letzten Londonbesuch im Jahr 1877, »die früher nicht gerade einen erfreulichen Anblick bot, ist enorm verbessert worden.« Sogar die Londoner selbst schienen ihm feinere Umgangsformen als früher an den Tag zu legen. Was um 1850 so aussah, als wäre es ein neues babylonisches Verbrechen gegen Gott und die Natur – eine Stadt mit mehreren Millionen Einwohnern –, erwies sich gegen alle Erwartungen doch als funktionstüchtig.

Am Beginn dieses großen Reinemachens stand ein unstillbarer Hunger nach Daten. Da niemand genau wusste, welche Ursache die Cholera hatte und unter welchen Bedingungen sie sich am schnellsten ausbreitete, hatte die erste Epidemie im Jahr 1832 – abgesehen von der hilflosen Verfügung des Fastentages – auch eine panische, kaum koordinierte Welle von statistischen Erhebungen nach sich gezogen. Londons aufgeschreckte Administration wollte alles wissen: auf welchen Routen die Krankheit in die Stadt eingedrungen war. In welchen Quartieren sie am heftigsten gewütet hatte. Bei welcher Wetterlage. Wer ihre häufigsten Opfer waren. Die großen Choleraepidemien in der ersten Hälfte des 19. Jahrhunderts stellen nicht nur in England die Geburtsstunde der modernen Gesundheitsstatistik dar. Als die Seuche 1847 erneut vor der Tür stand, lagen daher Berge von gedruckten Zahlen in den Archiven, die jetzt, in Ermangelung einer besseren Strategie, hervorgeholt, kombiniert und verglichen wurden. Um wirkungsvoll handeln zu können, hing alles davon ab, ein Muster oder besser: eine Verteilung zu erkennen. Das war die Chance der Kartografen.

August Petermann scheint diese Chance sofort gewittert zu haben. Offensichtlich besaß er ein ausgeprägtes Gespür für die wechselnden Launen des Marktes. Nur wenige Monate nach seinem Umzug bot er Londons nervösen Gesundheitsreformern zuerst eine Cholera- und wenig später eine Bevölkerungskarte der Britischen Inseln und ihrer Hauptstadt an: die Verteilung von toten und lebenden Briten, nach den Daten der Katastrophe von 1832 und der Volkszählung von 1841 dargestellt. Anders als die nackten Zahlen machten die Karten die Tatsache augenfällig, dass die Cholera zunächst nur die Hafenstädte befallen hatte und dann von der Küste ins höher gelegene Inland vorgedrungen war. Dabei sah es zunächst so aus, als habe die tödliche Wirkung der Seuche in dem Maß abgenommen, wie sie höher gelegenes Terrain erreichte. Das sprach für die gängige Theorie der Miasmen, die die Ursache der Cholera in den fauligen Dünsten der Ebenen suchte. Aber Petermann wusste es besser. Hielt man die Cholera- und die Bevölkerungskarte nebeneinander, ergab sich nämlich ein ganz anderer Verdacht: »Es scheint ziemlich sicher«, erläuterte er im Begleittext zu seinen Karten, »dass diese Gebiete weniger aufgrund ihrer niedrigen Lage als wegen ihrer großen Bevölkerungsmenge angegriffen wurden.« Mit dieser Annahme war er auf dem richtigen Weg. John Snow, ein Arzt aus Soho, der zur selben Zeit mit Karten hantierte, hat mit seiner Choleratheorie Geschichte gemacht. Er fand heraus, dass die Seuche nicht durch giftige Dämpfe, sondern durch direkte Ansteckung verursacht wird und daher in dicht bevölkerten Gebieten am gefährlichsten ist. Im Gegensatz zu

Snow ließ Petermann das Thema aber bald wieder fallen. An der Cholera selbst hatte er kein Interesse. Sie war nicht mehr und nicht weniger als eine Gelegenheit, seine Expertise für geografische Muster auszuspielen und Karten zu zeichnen, für die es Abnehmer gab.

Es waren die ersten Blätter, die Petermann unter eigenem Namen veröffentlichte. Sie verraten seine große Ambition. Mit den Mitteln, die ihm Berghaus und Johnston beigebracht hatten, ging er kühn auf die Zahlen der Sozialstatistik los und zeichnete prächtige Karten, deren Datenfülle seinen Lehrmeistern alle Ehre machte. Choleratote ließen sich nämlich genauso darstellen wie Niederschlagsmengen, Nutzpflanzen oder Fleisch fressende Tiere: Am Ende waren alles nur Zahlen. Besonders aufgrund ihrer innovativen Schattierungstechnik ernteten Petermanns Karten großes Lob. Alexander von Humboldt applaudierte schriftlich vom Kontinent: »Mein teurer Herr Petermann«, ließ er wissen, »zweifeln Sie nicht daran, dass ich Ihre physikalisch-geografischen Unternehmungen zu jeder Zeit mit lebhaftem Interesse verfolge. Es hat mich besonders erfreut, Ihre wunderschöne und gut ausgeführte Karte der Bevölkerungsdichte der Britischen Inseln zu sehen. Machen Sie übrigens, wenn immer Ihnen das nützlich erscheint, gern öffentlichen Gebrauch von dieser meiner Ansicht.« Auch die zweite Instanz der deutschen Erdkunde, der Berliner Professor Carl Ritter, spendete Lob. Komplimente von höchster Stelle also. Sicherlich trugen sie dazu bei, Petermanns Überzeugung zu nähren, dass die Kartografie der Verteilungen ein Feld unbegrenzter Möglichkeiten bot. Ähnlich wie der Vortrag in Birmingham geriet ihm daher auch der Begleittext seiner Cholerakarte zu einem Plädoyer für sein Metier an sich. Nur

Karten seien in der Lage, schrieb er, statistische Messwerte so zu präsentieren, dass deren Bedeutung auf einen Blick sichtbar werde. Daher seien sie nicht nur im Bereich der Gesundheitsfürsorge das neue Mittel der Wahl. »Eine Karte«, erklärte Petermann, »wird die Entwicklung und Natur eines beliebigen Phänomens in Bezug auf seine geografische Verteilung sichtbar machen.«

Unter den beliebigen Phänomenen, die er in diesen Jahren in Bezug auf ihre geografische Verteilung sichtbar machte, befanden sich illegitime Kinder, Schiffswracks vor der englischen Küste, die Exponate der Londoner Weltausstellung – und schließlich das Packeis, das im Polarmeer trieb.

7. DER ENTDECKER-CLUB

Umtriebig, wie er war, tat Petermann alles, um seine Blätter an den Mann zu bringen. Vor den versammelten Mitgliedern der statistischen Sektion der British Association for the Advancement of Science führte er seine Bevölkerungskarte vor. Man kann davon ausgehen, dass er es sich bei dieser Gelegenheit nicht nehmen ließ, aus Humboldts schmeichelhaftem Brief zu zitieren – wozu ihn der große alte Mann ja ausdrücklich ermutigt hatte. Die versammelten Autoritäten quittierten Petermanns Arbeit jedenfalls mit wohlwollendem Kopfnicken: Nach der britischen Volkszählung von 1851 wurde er dazu ausersehen, die offizielle Karte der Bevölkerungsverteilung zu zeichnen. Und noch dreißig Jahre später erklärte ein Referent vor der Association, man habe »aus Petermanns Karte einen klareren Eindruck von der relativen Bevölkerungsdichte in den verschiedenen Teilen des Vereinigten Königreichs gewinnen können als aus allem, was seither publiziert worden ist«. Bis heute gelten seine Blätter als Meilensteine der thematischen Kartografie. Beflügelt vom raschen Erfolg, ging Petermann daran, einen Kundenstamm aufzubauen. Um sich erfolgreich in der teuren Hauptstadt etablieren zu können, brauchte er Subskribenten, die bereit waren, seine kartografische Kunstfertigkeit im Voraus zu honorieren. Vor allem aber brauchte er die Unterstützung jener unumgänglichen Institution, die allen Abenteurern, Forschungsreisenden und

Kartenmachern in London als gesellschaftlicher Mittelpunkt diente: der Royal Geographical Society.

Die Royal Geographical Society war 1830 gegründet worden, nach dem Vorbild einer ähnlichen Gesellschaft in Paris. Wie die meisten der *learned societies*, die in der ersten Hälfte des 19. Jahrhunderts wie Pilze aus dem Boden der englischen Hauptstadt schossen, ging auch die Geografische Gesellschaft aus einem distinguierten *dining club* hervor. In den behaglich getäfelten Räumen des Raleigh Traveller's Club hatten sich Gentlemen getroffen, die ein besonderes Faible für Weltreisen verband. Man erzählte von neuen Abenteuern, tauschte Routen und Ratschläge aus, und damit das Gefühl für die Fremde nicht allzu abstrakt blieb, bekochte man sich gegenseitig mit exotischen Gerichten: Leckerbissen von den Fronten des Empire. Dass eine Truppe von chauvinistischen Welteroberern, denen jede multikulturelle Gesinnung von vornherein abgesprochen werden muss, ihr indisches Curry, ihren Maniokbrei und ihre Kochbananen anständig aufgegessen hätte, kann man sich allerdings nur schwer vorstellen. Vielleicht gab es Roastbeef und Plumpudding zur Sicherheit. Vielleicht ging es vor allem um die exotischen Branntweine.

Indes blieb es beim fröhlichen Gelage nicht lange. Im London der Regency-Zeit gehörte es zum guten Ton, den Dingen einen wissenschaftlichen Anstrich zu geben. Nach dem langen Krieg gegen Napoleon warteten trocken liegende Schlachtschiffe und arbeitslose Seeoffiziere darauf, eine neue Aufgabe zu bekommen. Und Alexander von Humboldt hatte auch in England die Vermessung der Welt populär gemacht. Kapitäne, die jahrelang nichts anderes getan hatten, als französische

Schiffe zu versenken und französische Häfen zu blockieren, hörten auf, ihrem Kriegshelden Nelson nachzueifern, und besannen sich stattdessen auf James Cook zurück, dessen große Entdeckungsfahrten in den Jahren des Pulverdampfs in Vergessenheit geraten waren. Statt an exotischen Ankerplätzen nur nonchalant eine britische Flagge zu hissen, ließen sie neuerdings auch ein paar Messinstrumente in einem Steinhaufen zurück – »damit jeder zukünftige Besucher sich mit dem Klima vertraut machen kann«. So steht es im Bericht eines jungen Kapitäns über dessen Landung auf den Südlichen Shetlandinseln.

Nach der Rückkehr las dieser Kapitän seinen Bericht in der Royal Geographical Society vor, die in der Zwischenzeit aus dem Raleigh Traveller's Club geschlüpft war. Aus den Kochorgien waren Vortragsabende geworden. Das zwanglose Beisammensein hatte einem satzungsgemäßen Auftrag zur Förderung der Geografie Platz gemacht. Alle, die die Erforschung und Eroberung der Welt zu ihrer Sache machten – neben sturmerprobten Kapitänen und adligen Abenteurern auch die neuen Experten des Empire wie Geografen, Botaniker, Vermessungsingenieure und Kartografen –, sahen die Gesellschaft bald als ihr Londoner Flaggschiff an. Ihre wöchentlichen Treffen waren die Börse, an der die weißen Flecken der Landkarte gehandelt wurden. Wer hatte den Oberlauf welches Flusses erreicht? Gab es im Südatlantik noch eine unbekannte Inselgruppe? Wie sah das Innere von Australien aus? Allerdings traf man sich nicht nur, um zu renommieren und zu diskutieren. Die Society, deren Mitglieder über beste Verbindungen zur Politik und zur Royal Navy verfügten, betrachtete es von Anfang an als ihre Aufgabe, auch auf eigene Faust geografische

Expeditionen ins Leben zu rufen. Und es gab ein weiteres, in der Satzung von 1830 festgeschriebenes Ziel. Die Geografische Gesellschaft hatte sich den Auftrag erteilt, »eine vollständige Sammlung von Land- und Seekarten von der Frühzeit bis in die Gegenwart anzulegen«.

Daher stellte sie für Englands Kartenmacher eine hochinteressante Adresse dar. August Petermann machte bald nach der Ankunft in London seinen Antrittsbesuch. Zwischen Vorträgen, in denen es um Livingstones Fortschritte in Afrika oder die Korrektur des Längengrades von Dublin ging, buhlte er mit seinen kartografischen Experimenten um Aufmerksamkeit. Ein Brief in Schönschrift, den er 1849 an die »Lords and Gentlemen« der Society adressierte, verrät viel über die Tonlage, in der er für seine Sache warb: »Ich bitte um Erlaubnis«, heißt es darin, »Ihrer Aufmerksamkeit zwei unfertige Kartenentwürfe zu empfehlen, die Teil eines Atlasses des Britischen Empire sind, den ich vorhabe, im Laufe des Jahres zu veröffentlichen. Das große Ziel dieses Werkes besteht darin, bei der Einführung einer breiteren Anwendung von Karten für die Darstellung der geografischen Wissenschaft behilflich zu sein.« Das ist ziemlich geschraubt formuliert. Was Petermann im Sinn hatte, waren die neuen Verteilungskarten und die unabsehbaren Möglichkeiten, die er in ihnen sah. Im Bewusstsein, eine Pioniertat zu vollbringen, bat er die Herren der Geographical Society um ihr Vertrauen als werbewirksame Subskriptionspartner. »Es ist meine große Liebe zur kartografischen Wissenschaft, die mich bewogen hat, solch ein Risiko auf mich zu nehmen, das große Opfer erfordert.« Nur wenn die Unterstützung der wissenschaftlichen Öffentlichkeit groß genug sei, dürfe er die Hoffnung nähren, »meine ganze

Lebenszeit auf die Forschung und die Zeichenarbeit zu verwenden, die für solche Karten erforderlich sind«.

Liebe, Leben, Arbeit, Opfer: Man kann davon ausgehen, dass Petermanns Pathos durchaus ernst gemeint war. Keith Johnston mochte ihn in Edinburgh als berechnenden Angestellten erlebt haben, der nur auf persönlichen Vorteil bedacht war. In London stürzte sich der Kartenmacher mit Feuereifer in sein Geschäft. Und, für die bevorstehenden Ereignisse entscheidend: Petermann reüssierte in der Hauptstadt der Geografie. Er hatte sich rasch einen guten Namen und die thematische Kartografie, diese Goldmine, zu seinem Spezialgebiet gemacht. Seine Zuversicht, die Welt in Karten verwandeln zu können, muss grenzenlos gewesen sein.

8. INDIEN

Nicht nur für Londons Gesundheitspolitiker, auch für die Royal Geographical Society war 1847 ein sorgenvolles Jahr. Noch zeigte sich allerdings erst ein Wölkchen am Horizont. Es stand nicht im Südosten, wo die Cholera bereits auf dem europäischen Kontinent wütete. Die bevorstehende Katastrophe vor der eigenen Haustür konnte den tellurisch operierenden Entdecker-Club nur beiläufig beunruhigen. Die Augen der Geografen waren nach Nordwesten gerichtet, wo zwischen Grönland und Kanada vor mehr als zwei Jahren die Expedition von John Franklin verschwunden war. Seitdem gab es keine Nachrichten mehr. Keiner der Walfänger, die jedes Jahr in der Baffin Bay kreuzten, hatte eine Spur der beiden Schiffe gesehen. Bisher war es jeder Expedition gelungen, auf die eine oder andere Weise eine Flaschenpost in die Heimat zu schicken. Diesmal hingegen kein Lebenszeichen. Lord Colchester, der Präsident der Royal Geographical Society, erinnerte die Fellows in seiner Jahresansprache daran, dass kein Grund zur Panik bestehe – im Gegenteil. »Nach wie vor haben wir keine Nachrichten von Sir John Franklin und seinen abenteuerlustigen Begleitern, aber da seine Schiffe für drei Jahre ausgerüstet sind und da wir der Überzeugung sind, dass alles getan wird, was die vereinte Anstrengung von Können, Wissenschaft und Wagemut vermag, dürfen wir weiterhin hoffen, dass ihre mühsamen Anstrengungen am

Ende von Erfolg gekrönt sein werden.« Auch alle anderen Arktisautoritäten äußerten sich beschwichtigend. Nur John Ross sah das anders. In dem Sommer, in dem August Petermann den Boden der Hauptstadt betrat, äußerte der Kapitän zum ersten Mal öffentliche Bedenken. Und er musste wissen, wovon er sprach. Neben Franklin selbst und Edward Parry war er der größte unter den lebenden Polarhelden. Er hatte viermal am Stück in der Arktis überwintert. Und er hatte sein hoffnungslos im Eis eingefrorenes Schiff am Ende aufgeben müssen.

1845 war John Franklin mit dem Auftrag in See gestochen, endlich die Nordwestpassage zu entdecken. Die Möglichkeit eines Seewegs nach Indien im Norden von Amerika ließ den Engländern seit dem 16. Jahrhundert keine Ruhe. Die alte Gewürzroute ums Kap der Guten Hoffnung befand sich damals fest in der Hand der Holländer. Und die Seidenstraße wurde von den Türken blockiert. Im Westen, wo Kolumbus neues Land entdeckt hatte, gab die Großmacht Spanien den Ton an. Die Spanier beuteten das Gold der Inkas aus. Und kontrollierten die südlichen Seewege. Für die aufstrebende Seemacht England, die in den lukrativen Ostindienhandel drängte, war der amerikanische Kontinent daher vor allem ein Ärgernis. Von Feuerland im Süden bis Labrador im Norden bot dieses Land kein Durchkommen. Alle Buchten und Flussmündungen, in die man hoffnungsvoll hineinsegelte, erwiesen sich als Sackgassen. Und der Panamakanal musste erst noch gegraben werden.

Freibeuter wie Francis Drake suchten ihr Glück in der Piraterie. Mit einem königlichen Kaperbrief ausgestattet, fingen sie die goldbeladenen spanischen Galeonen ab. Ihre nachhaltiger denkenden Kollegen machten sich derweil auf die Suche nach der Nordwestpassage. John Davis, Martin Frobisher, Henry Hudson und William Baffin sind die berühmtesten unter den elisabethanischen Kapitänen, die entlang der unwirtlichen amerikanischen Küste nach Norden segelten. Mit Ausnahme von Frobisher endeten sie alle glücklos – Henry Hudson in einem Beiboot, in dem ihn seine meuternde Besatzung ausgesetzt hatte. Nach zahllosen Rückschlägen dieser Art kam die Suche während des 17. und 18. Jahrhunderts lange zum Erliegen. Im Auftrag der Hudson Bay Company, die das Monopol auf den kanadischen Fellhandel innehatte, fanden vereinzelte Überlandexpeditionen statt. Erst James Cook suchte auf seiner letzten Weltreise wieder nach einer Salzwasserpassage, diesmal allerdings vom Pazifik aus. Undurchdringliche Eisfelder zwangen seine Schiffe schon in der Beringstraße zum Umkehren. Die britische Regierung hatte inzwischen ein Preisgeld von 5000 £ ausgesetzt.

Während des anschließenden Kriegs gegen Napoleon konzentrierte sich Englands Flotte ganz auf ihren Gegner. Die zweite Ära der Nordwestpassage begann erst in dem Moment, als nach Trafalgar und Waterloo die Franzosen endgültig geschlagen waren. Der Stein des Anstoßes ging diesmal von William Scoresby, Englands erfolgreichstem Walfänger, aus, der später, als Ruheständler, in Oxford Theologie studierte. In der Fangsaison 1817 war ihm aufgefallen, dass das Eismeer zwischen Grönland und Spitzbergen auftaute. Riesige Eisfelder rissen sich los, trieben schmelzend nach Süden und ließen große offene Wasserflächen zurück. Jetzt oder nie, so Scoresby in seinem Brief an die Royal Society, sei die Zeit gekommen, um die lange gesuchte Nordwestpassage zu entdecken. Was den ökonomischen Nutzen dieser Seewege anging, hielt er sich freilich bedeckt. Vermutlich liege die Route zu weit im Norden, als dass ein reger Handelsverkehr absehbar sei.

John Barrow, der Sekretär der Admiralität der Royal Navy, ließ sich von solchen Bedenken nicht abhalten. Er las die Zeichen der Zeit, veröffentlichte Scoresbys Überlegungen unter eigenem Namen in der *Quarterly Review* und trat eine beispiellose Kampagne los. Die englische Flotte brauchte nämlich eine neue Aufgabe. Während der endlosen Kontinentalsperre gegen Napoleon war sie exorbitant angeschwollen. Doch die große Armada wurde im Vakuum des neuen Friedens nicht mehr gebraucht. Die einfachen Matrosen konnte man fristlos entlassen. Im Fall der unzähligen Offiziere, darunter viele hoch dekorierte Helden des Vaterlands, verbot das jedoch die politische Vernunft. Also setzte man die Heroen auf Halbsold – und ließ sie dort. Die Jahrzehnte nach Napoleon sind die Zeit der blockierten Karrieren und der überalterten Admirale. Niemand konnte befördert werden, weil im ewigen Frieden niemand starb. Im elfbändigen Leben des literarischen Seehelden Horatio Hornblower ist der Halbsold mit Abstand die härteste Zeit. Gegen die taten- und hoffnungslosen Tage in der düsteren Londoner Vorstadtpension nehmen sich die Seeschlachten geradezu harmlos aus. Aus purer Verzweiflung heiratet Hornblower hier die falsche Frau. Und nur seiner geistigen Stabilität ist es zu verdanken, dass er nicht, wie so viele seiner Kollegen, dem Alkohol verfällt.

John Barrow hätte Hornblower helfen können. Er initiierte ein großes Arbeitsbeschaffungsprogramm. Seine Idee, auf die ihn Scoresby gebracht hatte, bestand darin, die untätigen Seeoffiziere und ihre aufgedockten Dreidecker erneut auf die Suche nach der Nordwestpassage zu schicken. Schwerter zu Pflugscharen!, lautete seine Devise, aus schwimmenden Festungen sollten Expeditionsschiffe werden. Und obwohl die Zeichen der Nachkriegszeit auf Sparsamkeit standen, war Barrow rasch erfolgreich. Schon 1818 erklärten sich die gepuderten, zögerlichen, ewig gelangweilten Lords der Admiralität bereit, Kapitän John Ross mit der *Isabella* und der *Alexander* in Richtung Nordwestpassage zu schicken. Es war die erste einer langen Reihe von britischen Polarexpeditionen. Die Namen der Helden und die arktischen Leitmotive waren bald etabliert: Ross' Eskimos und ihre niedlichen Iglus, die die Schiffe der Europäer für geflügelte Wesen hielten und die nicht glauben wollten, sie seien von Süden gekommen, denn in dieser Richtung gebe es nichts als Eis. Edward Parrys heitere Schiffsroutine während des dunklen Polarwinters, die eine Bordzeitung, musikalische Gottesdienste und das Royal Arctic Theatre beinhaltete. John Franklins epische Leiden auf dem kanadischen Festland schließlich, die das Geschäft der Polarfahrer als eine Tätigkeit etablierten, die zugleich bedrohlich und moralisch erbaulich war. Die Nordwestpassage entdeckte keiner der drei und auch keiner ihrer weniger namhaften Kollegen. Nachdem George Back 1837 »tief erschüttert« von seiner strapaziösen Mission in die Repulse Bay zurückkehrte, kam der Eifer bis auf weiteres zum Erliegen.

Doch John Barrow, der Marinesekretär, ließ auch jetzt nicht locker. Im biblischen Alter von achtzig unternahm er in den 1840er Jahren einen letzten Versuch. Er spannte die Royal Society und die Royal Geographical Society als verbündete Lobbyisten ein und konnte die Regierung zur Bewilligung einer weiteren Schiffsexpedition bewegen. Der Erfolgsdruck war diesmal hoch. Seit drei Jahrzehnten rannte England inzwischen gegen das Eis der Nordwestpassage an. Daher musste es endlich klappen. Die Expedition, die im Sommer 1845 in See stechen sollte, war als Vorzeigeunternehmen angelegt. Das fing schon bei ihrem Kommandanten an. Wie Sir Roderick Murchison, der Präsident der Royal Geographical Society, in seiner Jahresansprache an die Fellows versicherte, war »Franklins Name allein« eine »nationale Garantie«. Der Ruf dieses Namens gründete auf Zuverlässigkeit, frommer Sanftmut und den erstaunlichen Nehmerqualitäten, die Franklin zwischen 1819 und 1821 in Nordkanada unter Beweis gestellt hatte. Sein Bericht vom Versuch, die Küste des Eismeers über Land zu erreichen, ist ein arktischer Alptraum: Von Hunger und schrecklichen Erfrierungen bis zu einem mordlüsternen frankokanadischen Führer blieb den Männern nichts erspart. Der Kanadier aß sogar Menschenfleisch. Doch der stoische Franklin hatte Ruhe bewahrt. Fünf Jahre später erklärte er sich sogar bereit, unter ähnlichen Bedingungen in dieselbe Gegend zurückzukehren, um die Erkundung der kanadischen Küste nach Westen fortzusetzen.

Was für Franklin galt, galt auch für seine Schiffe. Die *Erebus* und die *Terror*, deren martialische Namen ihre Vergangenheit als Kriegsschiffe verraten, hatten sich auf einer dreijährigen Antarktisfahrt gerade als zähe Eismeerpersönlichkeiten etabliert. Rundum überholt, doppelt verstärkt und mit Eisenbahnmotoren nachgerüstet, waren sie das Beste, was die Königliche Marine zu bieten hatte. Auf ihre Decks und in ihre Laderäume wanderte eine erlesene Ausrüstung. Damit sind weder Pelzanoraks, noch Hundeschlitten oder Schneeschuhe gemeint. Diese arktischen Requisiten, die erst nachgeborene Polarfahrer von den Eskimos abschauen sollten, kamen im Denken der Royal Navy nicht vor. Deren Schiffe waren Bastionen englischer Lebensweise: von der zwölfhundert Bände umfassenden Bibliothek – darunter Shakespeares gesammelte Werke, Traktate über Dampfmaschinen und die letzten Jahrgänge des *Punch* – über feines Porzellan und Tafelsilber bis zu einer Drehorgel, die vierzig weltliche und zehn geistliche Lieder spielen konnte. Die Fleischvorräte kamen zum ersten Mal in bleiverlöteten Konservendosen an Bord. Wie man heute weiß, war das eine fatale Entscheidung: Franklin und seine Begleiter litten bald unter Bleivergiftung. Aber damals, im Jahr 1845, schien auch das *corned beef* eine Erfolgsgarantie zu sein. Genau wie die mit Wolle gefütterten Winteruniformen der Königlichen Marine. Der Zuschnitt der Franklinexpedition offenbart die ganze Hybris des viktorianischen Weltprojekts.

Im Frühjahr 1845 gingen die *Erebus* und die *Terror* in See. An der Westküste von Grönland nahmen sie letzten Proviant an Bord. Ende Juli wurden sie in der Baffin Bay von zwei englischen Walfängern gesichtet. Danach trafen keine verlässlichen Nachrichten mehr ein – bis 1854. Was sich in der Zwischenzeit in der Eislandschaft westlich des Lancaster Sound ereignete, gehört zu den großen Tragödien der Polarfahrt. Das Drama, das sich zur selben Zeit in England abspielte, war aus anderem Stoff gemacht. Es machte die Arktis berühmt. Es besetzte eine Frau für die Hauptrolle. Am Ende prägte es sich tief in den englischen Seelenhaushalt ein, der nach Franklin nie wieder so sein sollte wie davor. Vielleicht ist es kein Zufall, dass Joseph Conrads *Herz der Finsternis*, das erste Schwarzbuch des Kolonialismus, mit einer Reverenz an John Franklin beginnt. So wie Conrad über das europäische Welteroberungsprojekt schrieb, konnte man in England nur nach Franklin schreiben. Das Grauen, das Colonel Kurtz im afrikanischen Dschungel überfällt: Es kam mit Franklins Verhängnis in die heile britische Empire-Welt.

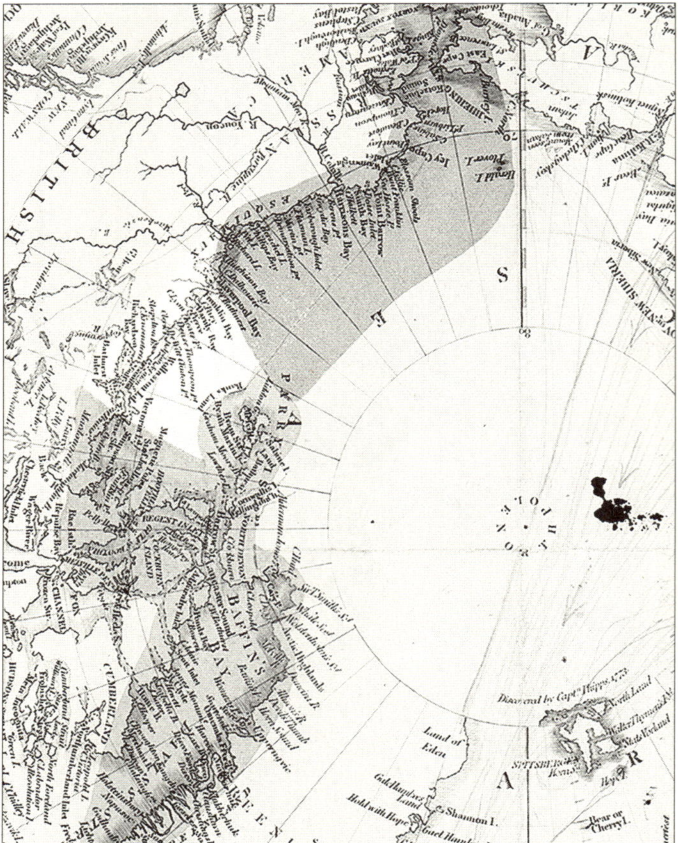

Stand der Franklinsuche im Jahr 1850.
Das Gebiet, das in Frage kam, war so groß wie Europa. Die dunkel hinterlegten Gegenden waren schon abgesucht.

9. FRANKLINS GEIST

Während August Petermann seine Zelte in Westminster aufschlug, während er statistische Karten entwarf und die Abendveranstaltungen der Royal Geographical Society besuchte, klang die Zuversicht in den Jahresansprachen der Präsidenten von Jahr zu Jahr halbherziger. Lord Colchester, oben zitiert, gab sich 1847 noch unbeirrt: Für ihn bestand die Frage nicht darin, ob Franklin in Schwierigkeiten war, sondern ob er seinen Auftrag, die Nordwestpassage zu durchsegeln, ausführen würde. Dass das unter zwei Jahren nicht zu schaffen war, darin stimmten alle, die auch nur das Geringste von der Arktis verstanden, überein. Wenn überhaupt, dann gab das Fehlen von Lebenszeichen Grund zur Besorgnis. Aber dafür konnte es viele Gründe geben. Man vertagte eventuelle Rettungsmaßnahmen auf das kommende Jahr – in der stillen Hoffnung, dass Franklin bis dahin von selbst auftauchen werde.

Kapitän William Hamilton, dem neuen Präsidenten der Royal Geographical Society, oblag es 1848, die versammelten Fellows vom Scheitern dieser Hoffung zu unterrichten. »Mit Bedauern muss ich die Worte meines Vorgängers vom letzten Jahr wiederholen, dass wir, was den Fortschritt der Expedition unter Sir John Franklin angeht, noch immer ohne Nachrichten sind. Es ist wahrscheinlich, dass die Schiffe sich irgendwo nördlich oder westlich der Barrow Strait befinden. Lassen Sie uns jedoch hoffen, dass diese Frage noch vor dem Herbst durch die Rückkehr unserer lange abwesenden Landsmänner geklärt wird.« Doch auch dem neuen Ultimatum kamen die Vermissten nicht nach. Die englische Regierung hatte sich in der Zwischenzeit tatsächlich zu Rettungsmaßnahmen durchgerungen. Da das Gebiet, das in Frage kam, so groß wie Europa war – ein Labyrinth aus Eisbergen, Inseln und Wasserstraßen – und da sich die Theorien über den genauen Aufenthaltsort der *Erebus* und der *Terror* wie Kaninchen vermehrten, beschloss man, das Feld von den Rändern her aufzurollen. James Ross, der Neffe von John, sollte Franklin von der Baffin Bay aus in den Lancaster Sound folgen. Kapitän Moore stieß mit der *Plover* durch die Beringstraße vor. Und John Richardson suchte die kanadische Eismeerküste in der Gegend der Mackenzie-Mündung ab. Flottillen von Flaschenpost wanderten ins Meer, Kanonen und Leuchtraketen wurden abgefeuert, und Ross fing Polarfüchse ein, um ihnen Kupfermünzen um den Hals zu hängen, auf denen die Position seiner Schiffe eingraviert war. John Richardson befragte Hunderte von Eskimos.

Ein Angestellter der Hudson Bay Company erzählte ihm, Indianer hätten vor zwei Jahren von fernem Kanonendonner berichtet und später zwei Boote mit weißen Männern gesehen. Für »Boot« und »Schiff«, erläuterte der Hudson-Bay-Mann, hätten die Eingeborenen nur ein Wort. Von daher könne es sich um die *Erebus* und die *Terror* handeln. Allerdings müsse man den Charakter der Informanten berücksichtigen. Es könne gut sein, dass der Bericht frei erfunden sei. John Richardson, der den Hinweis nach England weiterleitete, empfahl der Admiralität, die Sache geheim zu halten, da sie wenig vertrauenswürdig und möglicherweise aus dem Wunsch der Indianer geboren sei, sich wichtig zu machen.

Natürlich stand all das ein paar Tage später doch in der *Times*. Das englische Publikum hatte die Franklinaffäre längst zu seiner Sache gemacht, denn sie besaß alles, was ein öffentliches Drama braucht: einen tapferen, frommen Helden; seine treue, in der Heimat wartende Frau sowie die besten Männer und Schiffe im Kampf mit den übelsten Elementen. Dazu lag über allem ein Hauch von Mysterium, denn noch nie war in Englands ruhmreicher Entdeckungsgeschichte eine so große Expedition so spurlos vom Erdboden verschluckt worden. Schon zehn Jahre früher hatte die viktorianische Unterhaltungsindustrie die Arktis für sich entdeckt. Zu Beginn der 1830er Jahre, als John Ross nach vier Wintern im Eis in die Heimat zurückgekehrt war, hatten am Leicester Square und in Vauxhall Gardens große Polar-Panoramen aufgemacht: die Arktis auf Leinwandkulissen, vor denen Ross' Schiff bei wechselndem Licht durch eine enge Wasserstraße dampfte, während bewegliche Eisbären auf Robbenjagd gingen und Wale »von zufrieden stellenden Dimensionen« Fontänen aus echtem Wasser in die Luft bliesen. Am Ende der Vorführung gab es Feuerwerksraketen, und John Ross schwebte höchstpersönlich als überlebensgroße Figur im Polarkostüm ein. Der Reporter, der das Spektakel für die *Times* besprach, wusste nicht recht, was er davon zu halten hatte. Eine Gegend, »die wir mit Finsternis und Verzweiflung verbinden«, als Sujet einer vergnüglichen Abendveranstaltung? Warum hielt sich der Veranstalter nicht an das Bewährte und zeigte eine malerische Tropenlandschaft, eine Stadtansicht oder einen in dämmriges Zwielicht getauchten orientalischen Basar?

Zu Franklins Zeit fragte das niemand mehr. Sein rätselhaftes Verschwinden machte die Arktis endgültig zum Publikumsrenner, heizte den Markt für Polarliteratur an und pflasterte London mit neuen Polar-Panoramen, Eskimo-Revuen und Tableaux Vivants. Die im Schnelldurchgang »zivilisierte« Inuit-Familie, von geschäftstüchtigen Walfängern als philanthropisches Lehrstück zur Schau gestellt, gehört sicher zu den traurigsten Kapiteln der Arktisbegeisterung. Doch die glitzernde Eislandschaft, deren Iglus und Eisbären so rein und so unschuldig ausgesehen hatten, bekam plötzlich einen hinterhältig lauernden Zug. Schaudernd malten sich sonntäglich gekleidete Familienväter aus, welche rätselhaften Unbilden ihre Landsleute wohl gerade erdulden mochten. Die Kinder, die vorlaut den Wunsch äußerten, bald selbst einmal zu den Eskimos zu fahren, wurden neuerdings mit einem vorwurfsvollen Zeigefinger auf den Lippen zum Schweigen gebracht, während ihre Mütter ein paar heimliche Tränen verdrückten. Was war, um Himmels willen, mit Franklin passiert?

1849, nachdem wieder niemand etwas gehört hatte, trat William Hamilton, der Präsident, wie jedes Jahr vor die Fellows der Royal Geographical Society: »Mit einem Gefühl des Bedauerns, das nicht mehr frei von Sorge ist, muss ich feststellen, dass im vergangenen Jahr keine Nachrichten über John Franklin und seine Expedition eingetroffen sind. Da die Zeit naht, in der die Vorräte der *Erebus* und der *Terror* zur Neige gehen müssen, wird unser Interesse an ihrem Schicksal in schmerzhafte Erregung versetzt, und wir vertrauen innig darauf, dass die glückliche Nachricht von der Sicherheit ihrer tapferen Mannschaften das Ohr unserer ängstlichen Landsleute erreicht, bevor das Jahr zu Ende geht.« Während auf dem europäischen Kontinent die Revolution umging, waren weitere Suchexpeditionen ausgeschickt worden. Und während die Regierung für die Rettung von Franklin eine Belohnung von 10 000 £ aussetzte, wuchs die Überzeugung, dass die Suchenden irgendwann auf die Spuren einer schaurigen Tragödie stoßen würden. Im Dezember 1849 meldete die *Times*, unter Marineoffizieren in Portsmouth kursiere inzwischen die Meinung, jeder weitere Einsatz von Geld und Menschenleben sei sinnlos – und sah sich wenige Tage später gezwungen, ein entrüstetes Dementi abzudrucken. »Zu den Marinekreisen in Portsmouth gehören Sir Edward Parry und Sir John Richardson«, schrieb der anonyme Verfasser. »Zufällig habe ich die Ehre, diese Offiziere zu kennen, und ich weiß, dass das nicht ihre Meinung ist.« Wer obendrein Franklin selbst kenne, der müsse wissen, dass er sich strikt an Befehle halte und daher mit seinen Schiffen südwestlich der Melville Insel eingefroren sei – sonst hätte er längst das rettende Festland erreicht. Fazit: »*Il faut faire l'impossible*, wie unsere Nachbarn sagen, um unsere Landsleute zu retten.«

Auf dem Höhepunkt der Suche waren 15 Rettungsmannschaften im Eis, acht von der Baffin Bay, vier von der Beringstraße aus und drei weitere auf dem kanadischen Festland. Unzählige Inseln, Fjorde und Wasserstraßen wurden kartiert; eine Flotte von Schiffen fror im Eis ein, wurde freigesprengt oder dem Untergang überlassen; es gab Skorbut, Tote, einige wenige Fälle von Meuterei und jede Menge Heldentum. Wie durch ein Wunder suchten sich die *Resolution* und die *Investigator* dieselbe Bucht an der Küste der Melville Insel zum Überwintern aus. Und wie nebenbei entdeckte Robert McClure 1854 die Nordwestpassage. Die »sogenannte Nordwestpassage«, wie es in seinem Bericht heißt, denn für den Schiffsverkehr war sie völlig unbrauchbar. Der Traum vom

Schleichweg nach Indien, dem auch Franklin – womöglich – sein Leben geopfert hatte, war damit endgültig ausgeträumt. Trotz allem durfte McClure seinen Namen mit einem »Sir« ausstaffieren und die vor einem halben Jahrhundert ausgesetzte Belohnung von 5000 £ einstreichen. Das höher dotierte Franklinpreisgeld blieb dagegen auf der Bank. Nach all den Torturen war am Ende nämlich nicht die geringste Spur von der *Erebus* oder der *Terror* aufgetaucht.

Den wechselnden Präsidenten der Royal Geographical Society blieb nichts anderes übrig, als trotz wachsender Verzweiflung die Contenance zu bewahren. Captain William Henry Smyth, 1850: »Noch immer schimmert Hoffnung durch die düstere Ungewissheit, die über dem Schicksal des kühnen Sir John Franklin und seiner tapferen Begleiter liegt, obwohl sie nun seit fünf Jahren in jenen unwirtlichen Meeren verschwunden sind.« Wieder Smyth, 1851: »Es ist eine schwere Enttäuschung, nicht in der Lage zu sein, der Geographischen Gesellschaft zur Rettung ihres tapferen Mitglieds Sir John Franklin und seiner verdienstvollen Begleiter gratulieren zu können.« Roderick Murchison, 1852: »Als ich das Präsidentenamt der Society im Frühjahr 1845 niederlegte, gab ich den Aufbruch meines teuren Freundes Sir John Franklin bekannt. Ich hatte damals das vollste Vertrauen, dass alles, was menschliches Können zu leisten im Stande ist, von diesem überragenden Navigator und seinen Gefährten bewerkstelligt werden würde. Ach! Dass sieben Jahre verstreichen sollten ohne Nachrichten von ihnen; aber Ehre gebührt allen Engländern, die nach wie vor an der Hoffnung festhalten, dass diese tapferen Männer, oder ein Teil von ihnen, doch noch entdeckt werden.« Wie so oft starb die Hoffnung auch hier zuletzt.

Das gilt in besonderer, an Verkennung der Tatsachen grenzender Weise für Lady Franklin. Ohne seine Frau – oder Witwe, darauf wollte sich seit Anbruch der Fünfzigerjahre niemand mehr festlegen – hätte es Franklin niemals zum Mythos gebracht. Er wäre nicht mehr als ein weiterer Name auf der langen Liste von Namen verschollener Seeoffiziere geworden – und seine wenig rühmliche Expedition ein Opfer schnellst möglicher Verdrängung. Mit Lady Franklin war das nicht zu machen. Die charismatische, kluge Jane, die mit Benjamin Disraeli verkehrte, sich von einem berühmten Phrenologen den Kopf hatte abtasten lassen und schon in jungen Jahren weit gereist war, verwandelte die Prosa der unsichtbaren Suche am Ende der Welt in ein viktorianisches Rühr- und Sittenstück. Sie war die ständige Botschafterin ihres abwesenden Gatten in England. Sie jagte jedem neuen Franklingerücht hinterher, mochte es auch noch so zweifelhaft sein. Als »englische Penelope«, wie der *Daily Telegraph* schrieb, die ihrem verschollenen Odysseus unverbrüchlich die Treue hielt, rührte sie eine ganze Nation zu Tränen – und das über Jahre.

Schon 1847, als fast noch niemand beunruhigt war, ließ sie sich von der Admiralität die Instruktionen ihres Mannes aushändigen, um selbst beurteilen zu können, wo er am besten zu finden war. Lady Franklins eigentliche Stunde schlug aber erst zwei Jahre später, als die ersten von der Regierung ausgeschickten Rettungsexpeditionen zurückkehrten – ergebnislos. Während die allgemeine Hoffnung schwand, die Besatzungen der *Erebus* und der *Terror* jemals lebend wieder zu sehen, mietete sich Jane mit ihrer Nichte Sophy Cracroft als ständiger Begleiterin an der Seite in der Nähe der Admiralität ein und bombardierte die Lords mit einem Trommelfeuer aus

Bittschriften, Vorschlägen und Aufrufen. Dabei waren ihr die Waffen der Frauen und der Druck einer Zeitung lesenden Öffentlichkeit durchaus bewusst: »Ich hoffe und bete demütig, dass die Regierung meines Landes das Werk, das sie begonnen hat, auch vollendet und es nicht einer schwachen und hilflosen Frau überlässt, das zu versuchen, was der Staat so viel besser und einfacher kann«, schrieb sie zu einem Zeitpunkt, als die verantwortlichen Politiker im Begriff standen, Franklin für tot zu erklären und die Rettungsaktion abzublasen. Eine Kopie ihres Briefes ging an die Presse. Kein Wunder, dass sich ganz England auf die Seite seiner Penelope schlug. Die Lords müssen sich schwarz geärgert haben, dass sie der damals noch harmlos erscheinenden Lady Einblick in ihre Karten gewährt hatten. Inzwischen waren sie nämlich zum hektischen Reagieren gezwungen – und die gut informierte Jane figurierte als treibende Kraft der weiteren Suchaktion. Sie erhöhte das staatliche Preisgeld aus eigener Tasche und rüstete auf eigene Faust Rettungsexpeditionen aus. Auch in diesem Metier blieb sie ihrer Rolle als moralisches Vorbild treu: Ihr Schiff, die *Prince Albert*, segelte ohne Alkohol an Bord.

Spätestens seit 1850 befand sich England im Franklinfieber. Wo Lady Jane Station machte, stand selbst der Adel Schlange, um eine Audienz zu bekommen. Ständig kursierten neue Gerüchte über die vermissten Schiffe und ihre Insassen. An der Westküste von Grönland waren weiße Männer von Eskimos umgebracht worden. Sollten Franklin und seine Polarfahrer schon ganz zu Beginn ihrer Reise auf so grausame Weise den Tod gefunden haben? Gerade rechtzeitig traf die Meldung von der *Prince Albert* ein, sie sei viel weiter westlich auf drei Gräber und einen Haufen verrosteter Konservendosen im Schnee gestoßen. Also mussten die Vermissten doch über Grönland hinaus gekommen sein. Aber warum die drei Gräber? Und warum der merkwürdige Dosenhaufen? Vor Franklin hatte sich noch keine Expedition auf die neu patentierten Fleischkonserven verlassen. Konnte es sein, dass das *corned beef* frühzeitig verdorben und die Crew auf einer mageren Schiffszwiebacksdiät längst verhungert war? Mitten in diese Diskussion platzte Kapitän Robert Martin hinein, ein Walfänger, der der *Erebus* und der *Terror* 1845 in der Baffin Bay begegnet war, und behauptete, Franklin, der zum Teetrinken auf sein Schiff gekommen sei, habe von Vorräten für sieben Jahre berichtet. Großes Aufatmen, nächste Hiobsbotschaft: Die *Renovation*, ein Handelsschiff, hatte vor Neufundland zwei verlassene Dreimaster auf einem Eisberg nach Süden treiben sehen. Lady Franklin, die ihr Bestes tat, um all diese Meldungen auf ihren Wahrheitskern zu prüfen, hatte alle Hände voll zu tun.

Als die Verzweiflung wuchs und alle anderen Mittel zu versagen schienen, streckte sie ihre Hände auch nach letzten Strohhalmen aus. Franklin, der spurlos Verschwundene, besuchte England nämlich bei Nacht. Von Brighton bis Edinburgh begannen die *Erebus* und die *Terror*, durch die guten und schlechten Träume von britischen Frauen zu geistern: Teils dampften die Schiffe fröhlich voran, teils saßen sie im Eis fest, teils waren Tote im Schnee zu sehen. Solche Visionen, in denen sich zukünftige oder weit entfernte Ereignisse mitteilen konnten, erachteten die Viktorianer als Frauensache, als eine Angelegenheit sensibler, nervöser Körper, die von Natur aus geschaffen waren, um mit der Geisterwelt zu kommunizieren. Deshalb durften ihre Meldungen auch nicht leichtfertig als Hokuspokus abgetan werden. Lady Jane, die als Dame von

Welt skeptisch, als verzweifelnde Ehefrau jedoch kompromissbereit war, brauchte nur ihre Zeitung zu lesen und ihre Post durchzusehen, um von den nächtlichen Erscheinungen ihres Mannes Kenntnis zu nehmen. Die Presse meldete alles, was sie zu Franklin in die Finger bekommen konnte, und Englands Träumerinnen zögerten nicht, sich auch direkt an die bewunderte, bemitleidete Heroine in London zu wenden.

Beim Träumen allein blieb es nicht. Gerade jetzt, in den Fünfzigerjahren, kam der Spiritismus in England an. Genau wie die Amerikaner begannen auch die Briten, durch Klopfzeichen, mittels rückender Gläser und wandernder Tische mit den Seelen der Toten zu kommunizieren, und übersinnlich begabte Medien, junge Frauen zumeist, erwarben sich einen zweifelhaften Ruf. Auf der Liste ihrer Lieblingssujets rangierte das Franklinmysterium weit oben. Eine inkognito bleibende Frau aus Manchester hatte ihren Finger in Trance auf eine Admiralitätskarte gelegt: Demnach schien die Nordwestseite der Hudson Bay ein neuralgisches Gebiet zu sein. In der Vision, die die Geste begleitete, hatte das Medium Franklin lebend, seine Mannschaft jedoch verstreut auf dem Eis gesehen: Tote, »in verschiedenen Stellungen unter dem Schnee«. Das war keine gute Nachricht. Zum Glück gab es bessere.

Ellen Dawson, einer jungen Epileptikerin, und ihrem halbseidenen Hypnotiseur gelang es, Lady Franklin persönlich zu einer spiritistischen Séance zu locken. Im Dämmerlicht eines ärmlichen Wohnzimmers durfte Sophy Cracroft, die Nichte, die entscheidenden Fragen stellen. Ms. Dawson, in tiefer Hypnose, erblickte ein Schiff im Eis, mit englischen Gentlemen darauf, darunter ein kleiner, untersetzter, sehr liebenswürdiger. Das konnte nur Franklin sein. »Geht es ihm gut, oder sieht er unglücklich aus?«, wollte Sophy wissen. »O nein! Es geht ihm gut, und er sieht glücklich und zufrieden aus.« Doch plötzlich zog sich Franklins Stirn in Sorgenfalten. Ein weiteres Schiff tauchte auf und dann noch zwei Schiffe, deren Kapitän Sir James Ross auffallend ähnlich sah. Tatsächlich durchforstete Ross auf der Suche nach Franklin gerade den Lancaster Sound. Ob sich die Schiffe allerdings begegneten, war nicht zu erkennen, denn plötzlich wanderte eine Wolke durchs Bild. Aber zumindest gab es Salzfleisch und Schiffszwieback an Bord, und der freundliche Gentleman roch sogar ein wenig nach Brandy. »Erzählen Sie der anderen Lady alles, was ich Ihnen berichtet habe«, gab die Hellseherin Sophy Cracroft mit auf den Weg. »Bleiben Sie immer an ihrer Seite und tun Sie alles, um sie zu beruhigen. Dann wird alles gut.« In den Augen von Frances Woodward, der Biografin Jane Franklins, muss es sich bei Ellen Dawson um eine »erstaunlich clevere und gut informierte junge Person« gehandelt haben. Ob sie die Franklin beruhigen konnte, ist ungewiss. Aber angesichts völligen Stillschweigens von Seiten der offiziellen Retter waren Nachrichten, welcher Art auch immer, zumindest ermutigend.

Auch der Geist von Louisa Coppin hatte Gutes zu melden. Kapitän Coppin, ein Angehöriger der Handelsmarine, schrieb einen langen Brief an Jane Franklin, weil er das, was in seinem Kinderzimmer vor sich ging, für bedeutsam hielt. Seine kleine Tochter Louisa, berichtete er, sei vor gut einem Jahr an der Cholera gestorben. Seither erscheine sie ihren älteren Geschwistern. Als Bewohner einer Zeit, in der Gespenster etwas beinah Alltägliches waren, wussten die Kinder mit der Situation umzugehen und spannten Louisas Geist als Orakel ein: Er musste von Schulnoten, Liebesglück und bevorstehenden Todesfällen berichten. Und irgendwann kamen die Geschwister auf die Idee, das Gespenst nach dem Schicksal von Englands berühmtestem Vermissten zu fragen. Auf dem Boden des Kinderzimmers erscheint daraufhin eine rudimentäre Karte, auf der zwei Schiffe zu sehen sind, die in einem engen Eiskanal navigieren. Den Kindern reicht das nicht, sie wollen wissen, ob Franklin am Leben ist. Zu ihrer Erleichterung klettert ein Mann auf den Mast und winkt ihnen freudig mit seinem Hut zu. Auf die Frage, ob der Proviant ausreicht, zeigt er Mehlvorräte. Zuletzt wollen die Geschwister wissen, wo sich Franklin befindet. Worauf die Szene von Geisterhand verschwindet und zwei Reihen von Buchstaben auf der Wand erscheinen, die für Kapitän Coppin, den Vater, leicht zu entschlüsseln sind: »Diese Buchstaben«, unterrichtete er Lady Jane, »lassen mich vermuten, dass Sir John im Prince Regent's Inlet ist, das von der Barrow Strait abzweigt, vielleicht in der Nähe von Felix Harbour.«

Der Reverend Henry Skewes, der den Vorfall gegen Ende des 19. Jahrhunderts in seinem Buch *Sir John Franklin: A Revelation* als göttlichen Eingriff überliefert hat, lässt Lady Franklin an dieser Stelle in Freudentränen ausbrechen. »Es ist alles wahr! Es ist alles wahr!«, ruft sie schluchzend in Skewes' religiösem Erweckungsbericht. Das klingt dann doch verdächtig. Erst der nachgeborene Autor konnte nämlich wissen, dass Louisas Geist ins Schwarze getroffen hatte, dass Franklins letzte Expedition tatsächlich südwestlich des Prince Regent's Inlet zu Ende gegangen war.

10. DIE ERFINDUNG DES NORDPOLS

Zu Beginn des Jahres 1852, als August Petermann die Bühne des Franklindramas betrat, wusste das noch niemand. Die jahrelange Suche hatte nur eines ergeben: dass die *Erebus* und die *Terror* nicht dort waren, wo man sie bisher vermutet hatte. Weder hatten sie sich gleich zu Beginn ihrer Reise im Packeis des Lancaster Sound oder der Barrow Strait verrannt. Noch waren sie bis zur Beringstraße vorgestoßen. Und wie die Schlittenexpeditionen von John Richardson und dem schottischen Polarfahrer John Rae zeigten, war auch die kanadische Küste »nicht die Gegend, wo die Lösung der Frage ›Was ist aus John Franklin geworden?‹ gesucht werden muss«. Das befand im November 1851 die *Times*. In der folgenden Franklinsaison drehte die Stimmung daher auf Nord. Genau wie das viktorianische Publikum, das mit kaum nachlassendem Eifer über den möglichen Aufenthaltsort der Vermissten diskutierte, sollte sich der Leser spätestens an dieser Stelle über die Karte beugen, die am Anfang des vorigen Kapitels abgedruckt ist. Sie zeigt das unübersichtliche Gebiet, das zwischen der Baffin Bay und der Beringstraße liegt, und den Stand der Franklinsuche am Vorabend ihrer theoretischen Hysterisierung.

Seitdem die Gräber und die Konservendosen bei Cape Riley aufgetaucht waren – darüber hinaus aber keine einzige weitere Spur –, ergriff der Verdacht von den Köpfen der Suchenden Besitz, dass alle bisherigen Rettungsaktionen vielleicht

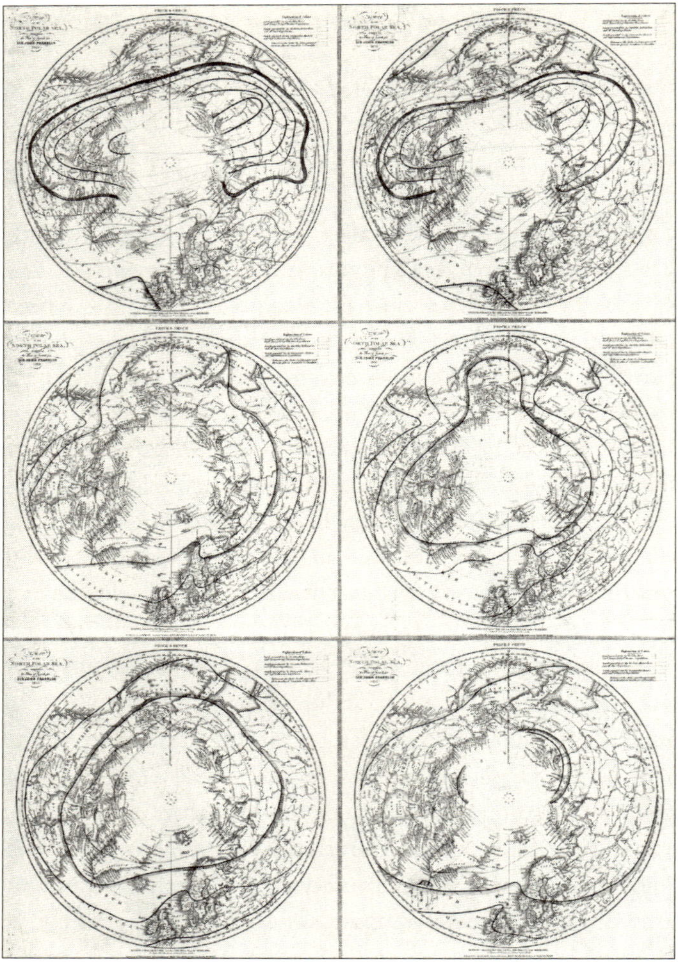

»Der Rettungsplan enthält so viele physikalische Daten und stützt sich auf so viele wissenschaftliche Überlegungen, dass wir Mr. Petermann selbst zu Wort kommen lassen müssen.«

komplett in die falsche Richtung gelaufen waren. Was, wenn Franklin nicht nach Süden, in Richtung kanadische Küste, von seinem durch Packeis blockierten Westkurs abgebogen war, sondern in die Richtung, die dem gesunden Menschenverstand am fernsten lag – nach Norden? Hatte er, befehlswidrig, seine Schiffe in den nach Norden führenden Wellington Channel gelotst? Cape Riley mit den Relikten der Überwinterung lag genau an der Einfahrt zu diesem Kanal. Aber andererseits galt Franklin als besonders gewissenhafter Kapitän. Er hätte, wie es üblich war, eine Nachricht zurück gelassen, um mögliche Retter über seine Planänderung zu informieren – außer, das Eis des Wellington Channels war plötzlich, über Nacht aufgebrochen und hatte einen überstürzten Aufbruch nötig gemacht. In solchen und ähnlichen Überlegungen schwelgten die Presse und die immer üppiger erscheinende Franklinliteratur.

Nordhypothesen, die ähnlich wie die Nachrichten aus der Geisterwelt als letzte Hoffnungsschimmer aufflackerten, waren gewagter und spekulativer als alle bisherigen Annahmen. Damit verstießen sie gegen den gerade in England verehrten *common sense.* Sie dehnten das Gebiet möglicher Suchaktionen, das nach den letzten erfolglosen Unternehmungen beunruhigend zusammengeschrumpft war, in buchstäblich sibirische Weiten aus. Leutnant Bedford Pim, der bereits an einer Rettungsexpedition in der Beringstraße teilgenommen hatte, befand sich im Winter 1851 auf der Suche nach Geldgebern für eine Schlittenreise entlang der Nordküste Russlands. Während der fruchtlosen Suche in amerikanischen Gewässern war ihm nämlich irgendwann die Idee gekommen, dass Franklins Schiffe vielleicht geradewegs nach Norden gesegelt waren und sich dann quer durchs Polarbecken bis zur sibirischen Küste durchgeschlagen hatten. Hier, wo noch kein Fingerbreit Boden abgesucht war, hoffte Pim auf die Lösung des Rätsels. Sein Plan ging allerdings von einer gewagten Annahme aus: Im arktischen Ozean musste es schiffbares Wasser geben.

In den Augen John Browns, eines Fellows der Royal Geographical Society, der sich später als nüchterner Chronist der Franklinsuche betätigte, argumentierte Pim »unter dem mystischen Einfluss des Nordens«. Die Idee, dass es eine Mauer aus Packeis gebe, dass Franklin diese Mauer durchbrochen habe und dahinter auf navigierbares Wasser gestoßen sei, besaß laut Brown eine »magische Kraft«, der sich niemand entziehen konnte, der einmal in ihren Bannkreis geraten war. Denn nach fünf Jahren intensiver, erfolgloser Suche waren die Experten der Royal Navy mit ihrem konventionellen Latein am Ende. In der Franklinsaison 1852 konnte nur der »arktische Ozean« die Debatte mit neuer Hoffnung speisen. Henry Kellett, ein weiterer Marineoffizier, der sich von der Nordvariante anstecken ließ, vermutete die Vermissten an der Nordküste von Grönland, während sein Kollege Donald Beatson mit Hilfe von Lady Jane daran arbeitete, ein Dampfschiff auszurüsten, das die Packeismauer im Norden der Beringstraße durchstoßen sollte.

Die spektakulärste und folgenreichste Theorie des eisfreien Polarmeeres stammte jedoch von August Petermann. Seit Jahren verfolgte er die Franklinsuche und die zunehmende Ratlosigkeit ihrer Protagonisten aus allergrößter Nähe. Kaum eine neue Wendung, eine aufkeimende oder enttäuschte Hoffung, die nicht im gediegenen Sitzungssaal der Royal Geographical Society erörtert wurde. Aber der junge Kartograf verhielt sich lange Zeit ruhig. Er zeichnete Cholera- und Bevölkerungskarten, und wenn er sich mit der Vermessung der Welt beschäftigte, dann galt sein Interesse Afrika. Erst als ein Haufen verrosteter Konservendosen auf Cape Riley den Lockruf des äußersten Nordens erklingen ließ, gab er diese Zurückhaltung auf. Im Januar 1852 adressierte Petermann einen Brief an die Lords der Admiralität und spielte ihn im selben Atemzug der Presse zu. Wer im Chor von Franklinflüsterern Gehör finden wollte, das hatte Lady Jane vorgemacht, musste die öffentliche Meinung auf seine Seite ziehen. Und nichts zog im Jahr 1852 besser als die Idee vom eisfreien Polarmeer.

»Es ist eine wohlbekannte Tatsache«, fing Petermann an, »dass im Norden der sibirischen Küste ein Meer existiert, das zu allen Jahreszeiten offen ist; es besteht kein Zweifel, dass ein ebensolches offenes Meer auch auf der amerikanischen Seite existiert; es ist sehr wahrscheinlich, dass diese beiden offenen Meere einen großen, schiffbaren Arktischen Ozean bilden.« So weit, so gut. Mit seiner Versicherung, dass all das nicht neu, sondern hinlänglich bekannt sei, hatte der Autor recht. Die Idee eines warmen Polarmeeres – oder -kontinents – scheint tatsächlich uralt zu sein. »Hyperborea« hieß das milde Land hinter den kalten Nordwinden, auf dem der griechische Mythos Oliven und glückliche Menschen gedeihen ließ. Und auch für die britischen Seefahrer, die sich im 16. Jahrhundert auf die Suche nach der Nordwestpassage machten, war die Idee viel zu verführerisch, als dass sie nicht immer wieder mit ihr geliebäugelt hätten. Um ein Gefühl für die Verbreitung des Motivs zu bekommen, braucht man nur *Frankenstein* aufzuschlagen, Mary Shelleys 1818 unter dem Eindruck der ersten postnapoleonischen Polarexpeditionen entstandenen Schauerroman. Robert Walton, der Held der Rahmenhandlung, träumt vom Nordpol, und natürlich träumt er von einer »ruhigen See«, in deren Mitte ein Land liegt, »das an Wundern und Schönheit jeden bewohnten Teil der Erde übertrifft«. Er sticht in See, gelangt jedoch nicht in die stillen Wasser seiner Tagträume, sondern friert im Eis ein und fischt durch Zufall Victor Frankenstein, den gescheiterten Wissenschaftler, von einer treibenden Scholle, der ihm seine tragische Geschichte erzählt und zuletzt, aus eigener Erfahrung sozusagen, davon abrät, die größenwahnsinnige Nordpolfahrt fortzusetzen.

Natürlich berief sich Petermann nicht auf ein Schauermärchen. Das war auch nicht nötig. Er tat das, was er von nun an für den Rest seines Lebens tun sollte: Er trug Berge von Arktisliteratur zusammen, die einschlägige ebenso wie die abseitige, und prüfte sie sorgsam auf alle Hinweise, die seiner Sache Vorschub leisten konnten. Als Kronzeuge des eisfreien Polarmeeres ließ er den baltischen Naturforscher Ferdinand von Wrangel auftreten. Baron von Wrangel, zwischen 1820 und 1824 im Auftrag des russischen Zaren an der sibirischen Küste unterwegs, hatte nördlich des Festlandes, bei klirrender Kälte, eine große offene Wasserfläche gesichtet – die seither sagenumwobene »Polinya«. Wrangels Reisebericht, der 1839 in deutscher Sprache erschienen war, enthielt eine Stelle, an der sich die Fantasien seiner Leser entzündeten: »Wir betrachteten den großen unermesslichen Ozean, der sich vor unseren Augen ausdehnte. Es war ein Furcht erregendes, großartiges Schauspiel, das für uns jedoch melancholische Züge trug.« Die Melancholie erklärt sich daraus, dass Wrangel per Hundeschlitten unterwegs war und dass das Wasser ihm seinen Weg versperrte. Ein elektrisierter August Petermann übersetzte den Vorfall in die Perspektive der Gegenwart: Als Kapitän eines kräftigen Dampfers hätte der Baron keine Trübsal geblasen, sondern sich direkt nach Norden zu Franklins Rettung eingeschifft. Der Kartograf machte hier zum ersten Mal von einer Form Gebrauch, ohne die der Wettlauf zum Nordpol wohl niemals zustande gekommen wäre: von der Form des arktischen Konjunktivs. Um ein nicht existierendes Dampfschiff ergänzt, enthielt Wrangels Beobachtung ein verlockendes Versprechen.

Vom offenen Polarmeer hatten allerdings auch schon andere Polarfahrer berichtet. Ein wichtiger Gewährsmann, auf den sich Petermann immer wieder berufen sollte, war der holländische Kapitän Willem Barents, der im ausgehenden 16. Jahrhundert in die missliche Lage geraten war, auf der trostlosen Insel Nowaja Semlja überwintern zu müssen. Für alle, die sich der Vorstellung widersetzten, im äußersten Norden gebe es nichts als Eis, bot Barents' Tagebuch eine reiche Fundgrube. »Es war schönes Wetter und die Sonne schien, der mäßige Wind kam aus Westen, und das Meer war offen«: Solche Sätze hatte der Holländer mitten im arktischen Winter notiert. Das klang fast schon nach einem hyperboreischen Paradies. Petermann verwendete die Passage in seinem Appell an die Admiralität.

Darüber hinaus lieferte ihm Barents auch gleich ein weiteres Argument. Wer ins offene Polarmeer – und damit zu Franklin – vordringen wolle, schrieb der Kartograf, dürfe Franklin nicht direkt hinterherfahren, weder durch den Wellington Channel noch durch die Beringstraße. Beide Durchfahrten seien, eng wie sie waren, nämlich meistens von Eis blockiert. Der niemals erprobte Königsweg ins Polarbecken, und für diese Idee beanspruchte Petermann volle Urheberschaft, sei das Meer auf der Ostseite Grönlands, jene »weite Öffnung« zwischen Spitzbergen und Nowaja Semlja, die, neunmal breiter als die Beringstraße und von mächtigen Strömungen durchzogen, so gut wie immer schiffbar sei. Willem Barents, »dieser fähige, verwegene und ehrliche Seemann«, hatte das im 16. Jahrhundert einen ganzen Winter lang beobachten können. Und auch Edward Parry, der englische Arktisveteran, war 1827 in der Spitzbergensee auf wenig Eis und viel offenes Wasser gestoßen. »Wird die englische Nation fortfahren, auf der Suche nach Sir John Franklin Expedition auf Expedition in die schwierigsten und gefährlichsten Gewässer zu senden und die gangbarste Suchrichtung unversucht zu lassen?«, fragte Petermann suggestiv auf der Titelseite seines *Vorschlags an die britische Öffentlichkeit*, den er im Frühjahr 1852 auf eigene Kosten drucken ließ, um der »Nowaja-Semlja-Route« noch einmal Nachdruck zu verleihen. Dieser Route haftete insofern etwas Unerhörtes an, als sie Franklins letzten bekannten Aufenthaltsort um Tausende von Seemeilen verfehlte. Beinah noch unerhörter war allerdings Petermanns jahreszeitliche Präferenz: Eine Rettungsexpedition, die endlich zu Franklin vordringen wolle, dürfe nicht, wie bisher, im Sommer, sondern müsse im kältesten arktischen Winter in See stechen.

Der Redakteur des *Athenaeum*, der Petermanns Brief an die Admiralität zunächst in eigenen Worten wiedergegeben hatte, zog sich an diesem Punkt aus der Rolle des Übersetzers zurück. »Der Rettungsplan«, schrieb er, »enthält so viele physikalische Daten und stützt sich auf so viele wissenschaftliche Überlegungen, dass wir Mr. Petermann selbst zu Wort kommen lassen müssen.« Für das Aufsehen, das Petermanns Theorie erregte, und für die Wirkung, die sie entfaltete, ist diese Zurückhaltung symptomatisch. Der Kartograf spielte auf der Klaviatur, die ihm als Deutschem und als Landratte unter englischen Nautikern die einzig gemäße war: auf der Klaviatur der Wissenschaft. Man braucht sich nur den Satz anzuhören, mit dem er im *Athenaeum* das ihm erteilte Wort ergriff: Das Franklinproblem müsse, schrieb Petermann, »mit den Prinzipien, die die Verteilung der gasförmigen und flüssigen Hülle der Erde regulieren, in Verbindung gebracht werden«. So hatte sich zu Franklin noch niemand geäußert. Noch niemand war auf die Idee gekommen, Englands größtes Mysterium als Frage einer physikalischen Verteilung zu behandeln. Das Humboldtsche Zauberwort! Das Wort, das auf Wirbelstürme und Säugetiere ebenso passte wie auf den Alphabetisierungsgrad der Briten oder ihre letzte Choleraepidemie. Das Wort, dem Keith Johnston in Edinburgh eine ganze bunt schillernde Kartenwelt gewidmet hatte – mit mehr oder weniger tatkräftiger Unterstützung seines Zöglings Petermann. Der Zögling, zum weltläufigen Wahllondoner mutiert, schloss diese Kartenwelt 1852 mit der Suche nach Franklin kurz und setzte die englische Öffentlichkeit eine kleine, entscheidende Weile lang unter Strom. Er verwandelte den Mythos vom offenen Polarmeer in eine exakte Theorie und machte ihn damit für das wissenschaftsgläubige 19. Jahrhundert haltbar.

In der Sache bestand Petermanns Vorschlag aus einer detaillierten Erörterung der Strömungs- und Temperaturverhältnisse in der Arktis, deren Tenor sich in etwa folgendermaßen wiedergeben lässt: Stellen wir uns eine kalte arktische Strömung vor, die von der sibirischen Küste in den Atlantischen Ozean drückt. Im Sommer blockiert sie das ganze Meer zwischen Grönland und Nowaja Semlja mit Eis. Westlich von Spitzbergen kann dieses Eis ungehindert bis weit über Island hinaus nach Süden treiben, im Osten stößt es jedoch auf den warmen, nach Norden gerichteten Golfstrom – weshalb am europäischen Nordkap noch niemals Eisschollen gesichtet worden sind. Und jetzt kommt der Clou: Wie Wrangel und andere beobachtet haben, verliert die kalte Polarströmung im Winter ihre Kraft. Ihre »Motoren«, so Petermann, die großen sibirischen Flüsse, stehen still, weil sie zugefroren sind. Der Golfstrom, von seinen Eisfesseln befreit, kann seinen Weg nach Norden fortsetzen, schwemmt das übrig gebliebene Treibeis fort »und macht dadurch den Weg für eine einfache Schiffspassage frei«.

Um dieser durchaus plausiblen Schlussfolgerung wissenschaftlichen Glanz zu verleihen, bot Petermann sein ganzes Arsenal an Humboldtschen Kartenkünsten auf. »Auf der Basis der unschätzbaren Daten von Prof. Dove«, eines bekannten Berliner Meteorologen, den er als weiteren Gewährsmann herbeizitierte, habe er die Verteilung der Temperatur im Polarbecken für jeden Monat des Jahres gezeichnet und dabei festgestellt, dass der kälteste Punkt im Januar zwischen der Melville Insel und dem Lenadelta liege – aus Sicht seiner östlichen Lieblingsroute also genau auf der anderen Seite des Eismeers. Diese ungleiche Wärmeverteilung biete ein weiteres Indiz für den Einfluss des Golfstroms, und zeige, warum Willem Barents auf Nowaja Semlja einen relativ milden Winter verlebt habe. Der Redakteur des *Athenaeum*, der sich abschließend zutraute, noch einmal das Wort zu ergreifen, erklärte, Petermanns Karten begutachtet zu haben, und pries den Kurs auf dem Rücken des Golfstroms als Route an, »auf die die Natur selbst uns zu stoßen scheint«. Petermann erklärte sich für seinen Teil bereit, die Karten »jedem« zur Verfügung zu stellen, »der weitere Erklärungen und Details verlangt«.

Die nüchterne Magie der Isothermen war damit aber noch lange nicht erschöpft. Als Nächstes schaltete sich Petermann in die Proviantdebatte ein, die Anfang Januar 1852 plötzlich aufgeflackert war. Nach sieben Jahren im Eis mussten die Verschollenen eigentlich längst verhungert sein. Doch Robert Martin, der bereits erwähnte Walfängerkapitän, behauptete hartnäckig, im Juli 1845 habe Franklin seine Vorräte ausreichend aufgestockt. Seine Mannschaft habe Seevögel gejagt und eingesalzen, Seevögel, die in der Baffin Bay zu dieser Jahreszeit so zahlreich gewesen seien, dass Martin selbst ganze Schwärme »mit einem Schuss« erlegen konnte. War das öde Polarmeer in Wirklichkeit eine Art Schlaraffenland? Ein anonymer *Times*-Leser verglich den Walfänger mit dem Lügenbaron Münchhausen – und schon war die nächste hitzige Franklindebatte im Gang.

Voller Elan für seinen neuen Plan meldete sich an dieser Stelle August Petermann zu Wort. Die Verteilung von Pflanzen und Tieren auf dem Globus war ja eines seiner Lieblingsthemen. »Die Temperatur der britischen Inseln und ihre Einflüsse auf die Verteilung der Pflanzen« – das Thema seines Birminghamer Vortrags von 1849 eignete sich wunderbar dazu, auf den Fall Franklin übertragen zu werden. Am 9. Februar 1852 leuchtete Petermann allen Skeptikern unter den Fellows der Royal Geographical Society mit der Fackel der Wissenschaft heim. Sein Vortrag hieß »Anmerkungen zur Verteilung der als Nahrung geeigneten Tiere in der Arktis« und räumte mit dem Irrglauben auf, im Eismeer sei weniger organisches Leben als in den Tropen anzutreffen. Der Geograf erinnerte an das alljährliche Schlachtfest der Robbenfänger, an den Exodus der Lemminge und die riesigen Heringszüge die sibirischen Flüsse hinauf. Danach präsentierte er seine Isothermenkarten. Die gewaltigsten Nahrungsressourcen existierten erfahrungsgemäß dort, wo die Temperatur in den Sommermonaten ihre höchsten Werte erreiche, und wie »die Richtung der Isothermen bestätigt«, sei das im Nordosten des sibirischen Festlandes der Fall. Auf seinem Kurs Richtung Beringstraße musste Franklin daher geradewegs in die Speisekammer der Arktis hineingesegelt sein. Nach Petermanns Berechnungen schwammen seine Schiffe buchstäblich in Proviant. Dieser hoffnungsvollen Schlussfolgerung schickte der Kartograf rasch etwas Grundlegendes hinterher: »Es wird üblicherweise angenommen«, erklärte er, »dass mit zunehmender geografischer Breite die Temperatur abnimmt und mit ihr das Pflanzen- und Tierleben. Sein Minimum erreicht es demnach am Pol. Für eine Region, in der die Temperatur weniger von der Breite abhängt als in jeder anderen Gegend der Welt, könnte nichts falscher sein als eine solche Hypothese.« Mit anderen Worten: »Nördlicher« hieß im Eismeer keineswegs zwangsläufig »kälter«, sondern konnte auch das Gegenteil bedeuten. Robert Walton, Mary Shelleys Polarfahrer, hatte von einem milden arktischen Arkadien geträumt. An der langen Leine seiner Isothermen und im nüchternen Duktus der Wissenschaft tat August Petermann etwas sehr Ähnliches. Er machte das gefrorene Dach der Welt zu einer Gegend voll herzerwärmender Verheißungen.

Lady Franklin, die ein häufiger Gast in der Geografischen Gesellschaft und für jede Schützenhilfe dankbar war, muss dem jungen Kartografen zumindest innerlich um den Hals gefallen sein. Nachdem sie selbst schon die Geister zu Rate gezogen hatte, brachte der Deutsche nun auch die Wissenschaft ins Boot. Dass trotzdem kein Kriegsrat zwischen den beiden überliefert ist, hat vermutlich folgenden Grund: Jane Franklin hatte sich gerade dafür entschieden, auf Kapitän Beatson zu setzen, der die Route durch die Beringstraße propagierte. Daher scheint es, als wären August Petermann und sie knapp aneinander vorbeigesegelt.

Dafür hallte seine Theorie ins populäre Schrifttum zurück. Welche grellen Farben sie annehmen konnte, zeigt der Bestseller eines Londoner Journalisten, der sonst vor allem über exotische Essgewohnheiten schrieb. *Sir John Franklin and the Arctic Regions*, Peter Lund Simmonds historischer Abriss der epischen Suchaktion, verstieg sich schon auf den ersten Seiten zu einem verlockenden Ausblick und zu einer hyperboreischen Kolonialfantasie: »Wer weiß, ob die verlorene Gesellschaft nicht gerade auf einer Insel jenes unbekannten Meeres verweilt, wo ein verändertes Klima und ein fruchtbarer Boden alle Notwendigkeiten des Lebens bereitstellen?«, mutmaßte der Autor unter Berufung auf Petermann. »Sollte es sich herausstellen, dass ein Land wie der Garten Eden hinter dem Reich des Frostes liegt, wie könnte es praktisch zugänglich gemacht oder für das Wohl der Menschheit benutzt werden?«

Petermann selbst, ungleich zurückhaltender, beschränkte sich am Ende seines Referats vor der Geografischen Gesellschaft darauf, wie nebenbei die Prioritäten der Polarfahrt auf den Kopf zu stellen. Es sei bedauerlich, erklärte er, dass beinahe alle britischen Arktisexpeditionen »in der Hoffnung, die so genannte Nordwestpassage zu finden«, in die Inselwelt westlich der Baffin Bay geschickt worden seien – die »trostloseste, gefährlichste und uninteressanteste« Gegend des gesamten Eismeeres. Die uninteressanteste! Es musste seinen Zuhörern inzwischen bekannt sein, dass er eine Abneigung gegen die amerikanische Arktis verspürte und stattdessen auf die Gebiete im Osten von Grönland schwor. In der Provokation steckte diesmal aber noch ein weiterer Seitenhieb, und zwar gegen die »so genannte« Nordwestpassage. Zwei Jahre bevor Robert McClure mit einer guten und einer schlechten Nachricht nach England zurückkehrte – er habe endlich den Seeweg nach Indien entdeckt und dabei festgestellt, dass dieser Seeweg vollkommen nutzlos sei –, erledigte Petermann den jahrhundertealten Traum englischer Handlungsreisender in einem Nebensatz. »Von rein imaginärem Wert« sei die Nordwestpassage und »ohne großes geografisches Interesse«, verkündete er selbstgewiss in der *Times*.

Sein Abgesang hat Geschichte gemacht, denn er steht am Beginn des modernen Nordpolfiebers. Erst als der Seeweg nach Indien obsolet wurde, trat der Pol, wie ein illegitimer Verwandter, aus dessen Schatten. Natürlich passierte das nicht über Nacht. Dass die Nordwestpassage, vereist wie sie war, nicht das Zeug besaß, eine florierende Handelsroute zu werden, hatte sich schon länger abgezeichnet. Die kommerzielle Motivation, die britische Schiffe seit dem 16. Jahrhundert ins Eismeer trieb, löste sich nicht schlagartig in Luft auf, sondern ging allmählich an Unterkühlung zugrunde. Schon Franklin hatte die Nordwestpassage mehr um ihrer selbst willen denn als Königsweg für den britischen Ostindienhandel gesucht.

Aber er hatte sie noch gesucht. Damit sollte in Petermanns Augen endgültig Schluss sein. Der Seeweg nach Indien sei nicht mehr als eine »blosse geographische Curiosität«. Was den Aufwand von weiteren Arktisexpeditionen rechtfertigte, war – abgesehen von der Verpflichtung, Franklin zu retten – einzig und allein das offene Polarmeer, in dessen Mitte, noch unausgesprochen, der Nordpol lag.

August Petermann war nicht der erste Nordpoladept. Das »ganze grosse unbekannte geheimnisvolle Gebiet am nördlichen Ende unserer Erde«, wie der Kartograf einmal mit stolpernden Adjektiven notierte, scheint schon immer ein natürlicher Kristallisationskern für Mythen gewesen zu sein, ob sie nun von Magnetbergen, Löchern ins Erdinnere oder paradiesischen Wärmeinseln handelten. Ihre Ursprünge verlieren sich im grauen Dämmer der Vorzeit. Bei den pragmatischen Engländern fiel aber zusätzlich noch ein weiterer Grund ins Gewicht: Im 16. Jahrhundert, als auf Kolumbus' Entdeckung die Suche nach der Nordwestpassage folgte, begannen unternehmungslustige britische Kapitäne auch über die rechnerisch kürzeste Route nach Asien zu spekulieren, die so genannte Nordpassage, die geradewegs über den Pol führen würde. Robert Thorne und Roger Barlow, zwei Kaufleute aus Bristol, sollen die Ersten gewesen sein, die König Heinrich VIII. im Jahr 1527 den Plan unterbreiteten, direkt nach Norden zu segeln, um in Indien herauszukommen. Der Plan, heißt es, wurde ernsthaft erwogen, aber nie in die Tat umgesetzt.

Im späten 18. Jahrhundert bekam er einen imposanten Nachfolger. *The Possibility of Approaching the North Pole Asserted* heißt Daines Barringtons Buch von 1775 – zu deutsch also etwa »Versicherung der Möglichkeit, den Nordpol zu erreichen«. Es ist das fundierteste Werk seiner Art vor August Petermann, motiviert von der Hoffnung auf eine nördliche Schifffahrtsroute. Barrington, ein Jurist, Historiker und intellektueller Tausendsassa, dessen gelehrte Interessen von der Sprache der Vögel bis zu den Wunderkindern reichten – darunter Mozart, dem er als Achtjährigem in London begegnet war –, hatte »mit unermüdlichem Fleiß« alle Fakten zusammen getragen, die dafür sprachen, dass der Pol mit dem Schiff zu erreichen sei. Aus heutiger Sicht wirken seine Argumente wie Kraut und Rüben: Gottes Vorsehung wird in seinem Buch ebenso bemüht wie das Seemannsgarn holländischer Walfänger nebst Experimenten, die der Autor eigenhändig zum Gefrieren von Meerwasser angestellt hatte. Selbst aus dem Aberglauben englischer Matrosen, dass Schiffe, die sich dem Nordpol näherten, unweigerlich sinken müssten, weil der Magnetberg am Pol ihnen die Nägel aus den Planken zöge, gewann Barrington ein Argument für seine Sache: Wenn die Furcht, unter vollen Segeln in Einzelteile zerlegt zu werden, so verbreitet war, dann mussten die Seeleute davon ausgehen, dass der Pol prinzipiell erreichbar war, in der Mitte eines offenen Meeres ohne Eis.

Mythische, wirtschaftliche und wissenschaftliche Motive verbanden sich in Barringtons Buch zu einer überzeugenden Mischung. Die Royal Navy schickte 1773 sogar ein Schiff in die Arktis, um seine Thesen zu überprüfen – vergeblich. Für die Übersegelung des Nordpols wurde eine Prämie von 5000 £ ausgesetzt. Als John Barrow eine gute Generation später seine Polarkampagne startete, unternahm Kapitän David Buchan daher einen zweiten Versuch. Insgesamt stand Barringtons nördliche Route aber im Schatten der mit ungleich größerem

Aufwand betriebenen Suche nach der Nordwestpassage. Dem Nordpol haftete eben immer auch etwas Unseriöses an: ein utopischer Ort, an dem sich die Fantasien von Spinnern entzündeten.

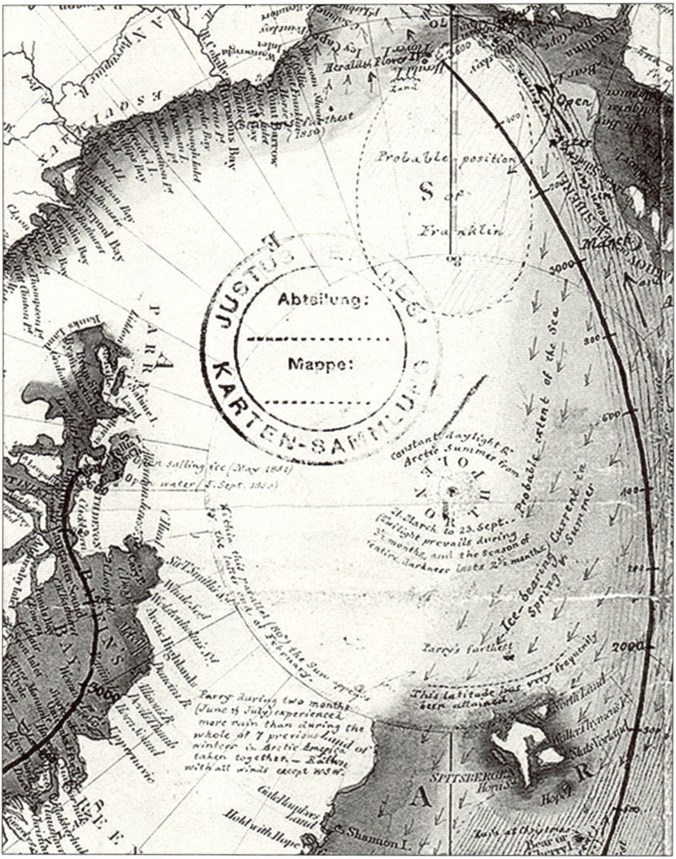

Petermanns Franklinplan: ein Unfall der Kartografie.

11. DER TALENTIERTE MR. PETERMANN

Abgesehen davon, dass sich niemand fand, der seinen Nordpolplan in die Tat umgesetzt hätte, segelte Petermann auf Erfolgskurs. Sir Roderick Murchison, der Präsident der Royal Geographical Society, hielt sich zwei Manuskriptseiten lang mit dem »fleißigen jungen deutschen Geografen« und dessen »raffinierter Hypothese« auf, als er im Mai 1852 seine Jahresbilanz zog: »Es ist durchaus möglich, dass wir vor unserem nächsten Jahrestag von einer Dampfschifffahrt zum Nordpol und zurück hören«, waren seine begeisterten letzten Worte. Fünf Jahre nachdem er in Euston Station mit spärlichem Gepäck aus dem Zug geklettert war, hatte Petermann es in London geschafft. Seine geografischen Gedankenspiele erschienen im *Athenaeum* und in der *Times*. Er war Autor der *Encyclopedia Britannica*, bekleidete einen der begehrten Sekretärsposten der Royal Geographical Society und hatte sich mitten in Westminster über einem Friseursalon selbständig gemacht. Die Werbebroschüre, die er 1852 in hoher Auflage drucken ließ, zeigt die Eröffnung von »A. Petermann's Geographical Establishment« an. Sie erwähnt die vorzüglichen hauptstädtischen Verbindungen des Inhabers, stellt pünktliche Auftragserfüllung in Aussicht, und erklärt, dass die zur Anwendung kommenden Reproduktionsverfahren – selbstverständlich – auf »wissenschaftliche Prinzipien« gegründet seien.

Petermann stand auf eigenen Beinen und genoss die Freuden einer wachsenden geografischen Prominenz. In gesellschaftlicher Hinsicht, die im mondänen London alles zählte, sah es auch nicht schlecht aus. Ein Tor zu den besseren Kreisen der Hauptstadt hatte sich im Haus Christian Karl Josias von Bunsens, des Preußischen Gesandten, für ihn aufgetan. Bei den Bunsens, die einen großen Salon führten, ging er ein und aus, knüpfte einflussreiche Bekanntschaften und trainierte seine Parkettsicherheit. Vielleicht ist er hier Clara Mildred Leslie begegnet, seiner späteren Frau, über deren Herkunft sich wenig herausfinden lässt. In jedem Fall war es Bunsens Empfehlung zu verdanken, dass Petermann 1852, auf dem Höhepunkt seiner Arktiskampagne, von Victoria persönlich zum »Physical Geographer and Engraver on Stone to the Queen« ernannt wurde. Viel weiter konnte es ein deutscher Kartograf in England nicht bringen. Petermann fing an, ins Theater und in die Oper zu gehen, er kultivierte seine »heiteren Talente«, wie es heißt, und wusste den von der »Fortepiano-Krankheit« gepackten Engländern mit anmutigem Klavierspiel zu gefallen. Keith Johnston, der alte Chef, beklagte sich 1854 bitter darüber, wie schmerzhaft es gewesen sei, »einen solchen Emporkömmling wie Petermann soviel Aufmerksamkeit bekommen zu sehen«, und riet dazu, in die Royal Geographical Society künftig keine Ausländer mehr aufzunehmen: »Sie haben fast immer ein finsteres Motiv.«

Welches Motiv hatte Petermann? War er wirklich so skrupellos, wie ihn Johnston ausmalte, ein Karrierist und Hochstapler, der vor nichts zurückschreckte, was dem eigenen Erfolg förderlich war? Ohne flammenden Ehrgeiz, in der Tat, kann man sich Petermann schwerlich vorstellen. Schon die skurrile Liste seiner prominenten Briefpartner, die er – wohl zur eigenen Erbauung – in London anlegte, spricht Bände, was seine Eitelkeit angeht. Allerdings hatte er durchaus auch Grund, stolz zu sein: Von Alexander von Humboldt bis Charles Darwin gruppieren sich Petermanns Korrespondenten zum *Who is who* der viktorianischen Geografie. Das Hauptstadtgefühl, der professionelle Erfolg, die bessere Gesellschaft und der Appetit des kartografischen Marktes: Sie alle dürften ihren Teil dazu beigetragen haben, ihn in die Rolle des geografischen Heißsporns schlüpfen und sich in ein publicityträchtiges Nordpolprojekt verstricken zu lassen, das ihn für den Rest seines Lebens begleiten sollte. Petermanns Theorie vom offenen Polarmeer war von Londons vielfältigen Reizen gesättigt.

Theodor Fontane, der die Stadt zur selben Zeit kennen lernte und der dem deutschen Kartenmacher auf einem der Empfänge im Hause Bunsen durchaus begegnet sein mag, hat eine wenig schmeichelhafte Figur skizziert, die in vielem auf Petermann zu passen scheint: die Figur des »verengländerten Deutschen«. Für den aufrechten Fontane, der Deutschland trotz dessen politischer Misere immer noch für ein »herrliches Vaterland« hielt, war diese Figur der Gipfel der Trostlosigkeit. Der verengländerte Deutsche retuschierte seinen Namen – »My name is Miller« –, er tat so, als könne er kein Deutsch, und machte sich gern über seine verleugnete Heimat lustig. Allem Englischen – und vor allem der englischen Geschäftstüchtigkeit – frönte er mit dem sprichwörtlichen Übereifer des Konvertiten. Gieriger, geiziger und rücksichtsloser als der verengländerte Deutsche konnte kein englischer Kaufmann je sein. Wir haben es mit einer zugleich tragischen und lächerlichen Figur, der Karikatur des Kapitalisten zu tun. Besonders unangenehm stieß sie Fontane dort auf, wo es nicht vorrangig ums Geldverdienen ging: Verengländerte Künstler, Schriftsteller und Gelehrte waren die schlimmsten ihrer Art.

Von außen war der verengländerte Deutsche leicht zu erkennen: »Er spricht alle Sprachen mit Ausnahme des Deutschen. In seiner Tracht und Haltung überengländert er den Engländer. Er hat beständig schwarzen Flor um den Hut, exzelliert in buntfarbigen Sommerkrawatten, scheitelt sein Haar in der Mitte des Kopfes und verwendet alle möglichen Pasten und Schönheitswässer zur Herstellung des ›egalen Teints‹, dieses entscheidenden Kennzeichens des echten Gentleman.« Fällt der Londoner Petermann unter Fontanes schonungsloses Verdikt? Tatsächlich gab er akute Anzeichen von Verengländerung zu erkennen. Ein Foto, das ihn in den 1850er Jahren zeigt, trägt eitle, verbissene Züge, die erst später in der deutschen Provinz unter einem wallenden Gelehrtenbart verschwinden sollten. Er versuchte, modisch zu sein. Er ließ sich einbürgern und anglisierte seinen Namen zu »Augustus« Petermann, Esq., was den unangenehm überraschten Humboldt zu der Bemerkung veranlasste, weder stehe ihm, Petermann, der englische Vorname gut zu Gesicht, noch sei er berechtigt, den Esquiretitel zu tragen. Mit Heinrich »Henry« Lange, seinem deutschen Mitstreiter in Edinburgh, kam er überein, in Zukunft nur noch englisch zu kommunizieren, eine Abmachung, an die sich die beiden Überengländer auch dann noch hielten, als Augustus längst zurück in Gotha und Henry in Leipzig war. Mit England, das steht außer Frage, hat sich Petermann stürmisch identifiziert.

Das macht seinen Weggang von dort umso rätselhafter. 1854, am Zenit seines neuen Erfolgs, verließ er das »Centrum der Welt« – so Petermann an den Verleger Bernhard Perthes –, um eine vergleichsweise bescheidene Stelle als Kartograf in dessen Geographischer Anstalt anzunehmen – in Gotha, tief in der deutschen Provinz. Der Schritt ist ihm alles andere als leicht gefallen. Welche Umstände waren es, die ihn dazu bewogen? Mit seinem beruflichen und gesellschaftlichen Erfolg und seinem großspurigen Auftreten in der Franklinfrage hatte sich Petermann in London nicht nur Freunde gemacht. Statt des gewünschten »Esquire« blieb letztlich ein Titel an ihm hängen, den die Engländer zumindest in seinem Fall nicht ohne eine gewisse Abschätzigkeit benutzten: »Professor« Petermann. Es sieht danach aus, als sei der Kartograf unter anderem über den Stein eines kulturellen Vorurteils gestolpert. Für die Engländer war er ein typischer »armchair geographer«, also einer, der es vorzog, die Welt vom Lehnstuhl aus zu erobern. Man braucht nicht viel Fantasie, um sich auszumalen, mit welchen Tücken diese Rolle auf der Insel behaftet war. »Armchair people« – der begriffliche Rundumschlag findet sich als düsteres Gegenbild in Joseph Conrads bereits zitierter Eloge auf die großen Entdeckerfiguren des 19. Jahrhunderts – standen grundsätzlich im Verdacht, ihr Gebiet nur vom Hörensagen zu kennen, ihren Hirngespinsten zu folgen und überhaupt alles viel zu verkopft anzugehen. Man kann diesen Verdacht bis ins England des 17. Jahrhunderts zurück verfolgen, wenn man will: Schon damals, als die Papierwelt der mittelalterlichen Gelehrsamkeit plötzlich verstaubt wirkte, entschieden sich die Briten dafür, auch in der Wissenschaft lieber weltzugewandte *gentlemen* als vergrübelte *scholars* zu sein. Samuel Butlers Karikatur der Büchermenschen – »Their Poring upon Black and White too subtly / Has turn'd the Insides of their Brains to Motley« – lässt an Deutlichkeit nichts zu wünschen übrig. August Petermann, der Bücherwurm, der so tat, als könne er die Arktis am Schreibtisch ausrechnen, obwohl er nie weiter nach Norden als bis Edinburgh gekommen war, hatte es hundert Jahre nach Butler nicht leicht. Er war kein Entdecker. Er war Theoretiker und bot seinen Kritikern bereits als solcher eine offene Flanke.

Die Royal Navy, zu deren Selbstverständnis es gehörte, das Deutungsmonopol über arktische Fragen innezuhaben, schickte ihren ergrauten Kapitän Frederick Beechey nach vorn, um die Landratte öffentlich in ihre Schranken zu weisen: eine Maßnahme, der die *Times* bereitwillig ihre Spalten lieh. Für Beechey, der anonym auftrat, handelte es sich bei der Nowaja-Semlja-Route und den sie stützenden Annahmen von vornherein nicht um eine ernst zu nehmende Theorie, sondern um Petermanns »pet theory«, was in diesem Zusammenhang so viel wie Steckenpferd oder private Marotte bedeutet. »Wir wollen von keiner Suchexpedition für John Franklin mehr hören«, begann er in deutlichen Worten und ließ keinen Zweifel daran, dass die Besatzungen der *Erebus* und der *Terror* längst ihrem Schicksal begegnet sein mussten. Sollten sie dennoch, wider alle Erwartung, am Leben sein, dann sicher nicht dort, wo der deutsche Kartograf sie vermutete. »Die Idee, dass Franklin und seine Begleiter ihre Zeit in der Nähe des Nordpols vertrödeln, ist zu absurd, um die geringste Erwägung zu verdienen.« Punkt. Auf Petermanns »physikalische Wissenschaft« ließ es der Kapitän gar nicht erst ankommen. Davon verstehe er nichts – und davon wolle er auch nichts verstehen, denn die Möglichkeit, »dass Mr. Petermann in irgend einer Weise besser informiert ist als wir selbst«, hielt er für ausgeschlossen. Insgesamt krankte der Plan für Beechey genau an dem, was ihn ausmachen sollte: »Er steht und fällt mit wissenschaftlichen Mutmaßungen und steht im Widerspruch zum *common sense*.«

Angesichts solcher Attacken geriet Petermann rasch in die Defensive. Was für ihn, als Deutschen, eine fraglose Auszeichnung war – »die Wissenschaft« –, betrachteten die Engländer eher mit Skepsis. Kein englisches Wort hätte das Pathos übersetzen können, das im deutschen Begriff »der Wissenschaft« lag. »Science« jedenfalls war eine sehr viel nüchternere Angelegenheit. Anstatt mit seinem größten Pfund, der Humboldtschen Wissenschaft, wuchern zu können, sah sich Petermann daher gezwungen, strategisch von ihr abzurücken: »Als ein so genannter Theoretiker«, schrieb er kleinlaut im *Athenaeum*, »bin ich den Männern der Praxis gegenüber, die das Polarmeer tatsächlich gesehen haben, im Hintertreffen.« Und weiter, in gewisser Weise das Vorhergehende konterkarierend: »Meine Ansichten beruhen keineswegs nur auf ›isothermischen Linien‹ und physikalischen Hypothesen. Ich erbitte nicht mehr als die unvoreingenommene Prüfung der *Fakten*, die ich angeführt habe.« Fakten. Das war das entscheidende, von Petermann selbst kursiv gesetzte Wort. In den Grabenkämpfen, die um seine Theorie entbrannten, stritten die Gegner letztlich um deren Faktizität. Natürlich sind Fakten der Fetisch jeder modernen Wissenschaft. Nirgendwo aber wurden sie glühender als in England verehrt. Seit Francis Bacon, dem Lordsiegelbewahrer der modernen Wissenschaft, seit dem eben erwähnten 17. Jahrhundert also, war der Stoff, aus dem englisches Wissen gemacht sein musste, das so genannte *matter of fact*: ein kleiner, kompakter Wissensbaustein, der nach Möglichkeit auf direkter Beobachtung beruht. Alles andere geriet leicht in den Verdacht, bloße Spekulation zu sein – so wie Petermanns Hypothesen, in denen die *Times* nicht mehr als »vage Vermutungen im Gewand der Wissenschaft« sah.

Es war sicher wenig hilfreich, dass Petermann gerade jetzt in den Ruch mangelnder Seriosität geriet. Wie wir wissen, war es Keith Johnston, sein einstiger Arbeitgeber, der aus dem weit entfernten Edinburgh geradezu ungeheuerliche Anschuldigungen erhob: Faulheit, Schnorrerei, »jesuitische« Hinterhältigkeit, Unwissen und Unverschämtheit, um nur einen unvollständigen Eindruck der Johnstonschen Mängelliste zu geben. Am schwersten wog freilich der Vorwurf des gezielten Betrugs: »Ich hätte ihn schon vor Jahren als Hochstapler entlarven können«, erboste sich Johnston gegenüber dem Sekretär der Royal Geographical Society Norton Shaw, »aber ich hege keine Rachegefühle und ging davon aus, dass man ihm in London rasch auf die Schliche kommen würde. Wie konnte er Sie alle nur so lange hinters Licht führen?« Was den bedächtigen Schotten derart in Rage versetzt hatte, war der Eindruck, dass Petermanns steile Karriere in London auf seine Kosten verlief: Laut Johnston hatte der Deutsche sich als sein ehemaliger »Assistent« ausgegeben, obwohl er nur »einer von vielen Arbeitern« war. Entgegen ihrer Abmachung hatte er einen Physikalischen Atlas veröffentlicht, der Johnstons eigenem Werk direkte Konkurrenz machte. Vor allem aber hatte er Daten, Materialien und Skizzen mitgenommen und in London zu Karten weiter verarbeitet, die er unter eigenem Namen vertrieb. Für Johnston war das »Diebstahl in großem Stil« und mithin »ein Fall fürs Copyright«. Und er vergaß nicht hinzuzufügen, dass Petermanns Hang, »die Arbeit anderer für die eigene auszugeben«, auch für dessen Franklinplan in Betracht gezogen werden müsse: »Niemand hier glaubt, dass er die Artikel zur Arktisdebatte, die er unter seinem Namen veröffentlichte, auch selber geschrieben hat. Er war sehr ungebildet (besonders für einen Preußen), und als er ankam, konnte er kein Wort Englisch. Seine Versuche, die Sprache zu schreiben, waren lächerlich.« Was aber letztlich als nicht zu entkräftender Vorwurf im Raum stehen blieb, war die schlichte Tatsache, dass Petermann Ausländer war – eine Spezies, der Johnston grundsätzlich üble Absichten unterstellt.

Es ist dieser letzte, beinahe unkontrolliert wirkende Ausfall, der verrät, dass Johnstons Anschuldigungen auch vor dem Hintergrund wachsender Fremdenfeindlichkeit gesehen werden müssen. Fontane, der England noch aus den 1840er Jahren kannte, erschrak 1852 darüber, wie frostig das Klima für Kontinentaleuropäer geworden war. »Ein Fremder sein heißt verdächtig sein«, schrieb er jetzt bitter enttäuscht. Der Verfall der sprichwörtlichen englischen Gastfreundschaft hatte in seinen Augen eine einfache Erklärung: Er stellte die Reaktion der Briten auf den großen europäischen Flüchtlingsstrom nach der Revolution von 1848 dar. Die gescheiterten Republikaner – darunter, dem konservativen Fontane zufolge, unvermeidlich viele zwielichtige Elemente – hätten die vormals so weltoffenen Engländer teils mit und teils ohne Grund zu Ausländerfeinden gemacht. Der Krimkrieg, so lässt sich aus heutiger Sicht hinzufügen, in den das Land seit 1853 verwickelt war, trug seinen Teil dazu bei, um nationalistische Ressentiments zu schüren. Von diesem Stimmungswandel blieb auch die Szene der Geografen und Forschungsreisenden nicht verschont. Dass die in aller Munde befindliche englische Expedition zur Erforschung Zentralafrikas zu zwei Dritteln aus August Petermanns deutschen Kandidaten bestand, erschien plötzlich als unzumutbarer Skandal. Dass eben dieser Petermann obendrein die Dreistigkeit besaß, die Expeditionsergebnisse auf eigene Faust zu veröffentlichen, nicht minder. Deutsche Naturforscher hatten es schwer. Bis dato gern gesehenes Personal für englische Forschungsreisen, waren sie plötzlich untragbar geworden.

In diesem Klima wachsender Xenophobie kündigte zu allem Überfluss auch noch der Freiherr von Bunsen seine Demission an. Bunsen, der Petermanns wichtigster Gönner und Förderer gewesen war, kehrte nach Preußen zurück, was den Status der ganzen deutschen Exilgemeinde in London schlagartig verschlechtern musste. Niemand verfügte über so gute Verbindungen, einen so guten Ruf und so viel diplomatisches Geschick wie der langjährige Preußische Gesandte, und Petermann hatte als jugendlicher Hausfreund besonders von Bunsen profitiert. Im Sommer 1853 begann er daher – schweren Herzens – mit dem Gedanken zu spielen, das geliebte England zu verlassen. Aus der deutschen Provinz kamen unmissverständliche Signale. Bernhard Perthes, der Gothaer Verleger, der sein Unternehmen in eine rein geografische Anstalt umwandeln wollte, hatte Petermann schon seit längerem als den richtigen Mann für diese Aufgabe im Blick.

Im Stil der Epoche setzte er seinem Wunschkandidaten mit patriotischen Nadelstichen zu: »Es ist mir gar nicht bekannt, welche Art von Stellung Sie in England einnehmen«, schrieb Perthes Anfang 1853, »nur das ist mir leid, daß ein deutscher Geograph von Auszeichnung für lange oder für immer dem

Vaterland entfremdet bleiben soll.« Petermann, fraglos geschmeichelt, zierte sich lange, dem Lockruf nach Deutschland zu folgen. Seine Briefe an Perthes sprechen die Sprache eines Mannes, der in London viel erreicht hatte, sich zugleich jedoch eingestehen musste, dass sein Stern im Sinken begriffen war. »Mein hiesiger Wirkungskreis ist gegenwärtig noch nicht in jeder Beziehung meinen Kräften und Ansprüchen angemessen«, heißt es im Februar 1853, »obschon es auf der andern Seite wohl ersichtlich sein muß, dass London als das Centrum der Welt und geographischer Neuigkeiten, einem Mann von Fach, der der geographischen Wissenschaft ausschließlich lebt, einen Werth darbietet, wie kein anderer Ort der Welt.« Auch ein Besuch in der Gothaer Anstalt machte diese Unentschlossenheit nicht besser. Im Juni, nach der Rückkehr aus Deutschland und eingehender Beratung mit dem Freiherrn von Bunsen, schob Petermann die Sache auf die lange Bank: »Übereilung wünsche ich, unter obwaltenden Verhältnissen, vor allen Dingen zu vermeiden. Sollten über ein Jahr meine Dienste Ihnen noch wünschenswert sein, und sollte ich dann Gründe haben zu wünschen, den Rest meines Lebens in Gotha zuzubringen, so würde ich solche Änderung meiner Carriere als den Willen Gottes erkennen, und mit vollkommener Seelenruhe und ohne die geringste Furcht etwa zukünftiger Reue, den Wechsel sofort beschleunigen.« Auf diesen Deal wollte sich Perthes nicht einlassen. Und Petermann gab nach. »Ich beeile mich, Ihnen mitzutheilen, dass ich mich entschlossen habe, zu Ihnen zu kommen und mich nach Gotha überzusiedeln«, meldete er im Herbst 1853, just als die *Times* ihn wegen seines Franklinplans aufs Korn genommen hatte. Seine »sauer errungene ehrenvolle Stellung« vollkommen aufzugeben war er aber immer noch nicht bereit. »Ich würde es für nöthig halten, dass es mir gestattet sein würde, von Zeit zu Zeit, etwa einmal in jedem Jahre, nach London zu reisen um in eigener Person mich mit allen hierselbst zu findenden Neuigkeiten im Geographischen Fach genau bekannt zu machen.« Im März 1854, als sich nach einer weiteren Rücksprache mit Bunsen erneut »ernstere Bedenken« gemeldet hatten, reichte Petermann dieses Zugeständnis jedoch plötzlich nicht mehr aus. »Ich fühle es erst jetzt, was es heißt, London nach einem 7-jährigen thätigen Aufenthalt und Wirken daselbst mit einer kleinen Stadt in Deutschland zu vertauschen«, teilte er dem erstaunten Perthes mit. »Um alle die mit meinem Namen hierselbst errungenen Vortheile behaupten zu können«, heißt es weiter, schlug er Perthes vor, eine Zweigstelle in London zu eröffnen, so »dass ich alsdann – wenigstens für einen Theil des Jahres – hier selbst an Ort und Stelle thätig bliebe«. Das ging dem Verleger zu weit. In beschwichtigendem Ton sah sich Petermann gezwungen, seinen Stimmungswandel, der wie ein Wortbruch aussah, zu erklären. »Ich muss wiederholen, dass meine jetzige Stimmung und Lage über den bevorstehenden Wechsel eine unangenehme und peinliche ist, eine Stimmung, die der Gedanke an meine zukünftige angenehme Stellung bei Ihnen schwerlich eher verwischen wird, bis ich selbst bei Ihnen sein werde. Dieses werden Sie begreiflich finden, zumal wenn Sie wüssten wie sehr ich Wechsel und Veränderungen der Art hasse.« Nicht ohne einen allerletzten kleinen Haken zu schlagen, teilte Petermann seinem zukünftigen Arbeitgeber im Juli 1854 in knappen Worten seinen Umzug mit: »Endlich nächste Woche werde ich bei Ihnen in Gotha eintreffen; ich würde schon diese Woche gekommen sein, wenn nicht ein intimer Freund in Schottland, der auf dem Sterbebett liegt, mich dringend zu sehen wünschte, ehe ich England verlasse, die Erfüllung welches Wunsches mich beinahe eine Woche aufhält.«

Was am Ende den Ausschlag gab, lässt sich nicht mit Sicherheit sagen. Vermutlich kam alles zusammen: der schleppende geschäftliche Erfolg, die Polemik aus den Kreisen der Royal Navy und der Geographical Society, und vielleicht, ja vielleicht auch ein nicht ganz lupenreines Gewissen. Im Juli 1854 sagte Petermann London jedenfalls Lebewohl. Der Zeitpunkt war genau richtig gewählt. Wenig später, im Oktober nämlich, kehrte der schottische Polarfahrer John Rae, der sich seit Jahren an der Suche nach Franklin beteiligte, mit einer schrecklichen Meldung nach England zurück. Im Mündungsgebiet des Großen Fischflusses war er endlich auf Spuren gestoßen – Spuren, die »keinen Zweifel daran lassen, dass die schlimmsten Vermutungen über Franklins Schicksal vom ganzen Grauen der Katastrophe noch übertroffen wurden«, wie die *Times* befand.

12. WAS IN DEN KESSELN WAR

Eskimos hatten Rae erzählt, dass eine Gruppe von weißen Männern im Frühjahr 1850 in Richtung Süden gestolpert war, schwer entkräftet und ganz offensichtlich dem Verhungern nah. Die Eingeborenen hatten ihnen eine kleine Robbe verkauft. Wenig später waren sie dann auf die Leichen der Weißen gestoßen. Sie lagen teils in Zelten, teils wild im Schnee verstreut auf einem trostlosen Küstenstreifen westlich der Flussmündung. »Wie es scheint, war ein großer Vorrat an Munition vorhanden«, berichtete Rae. »Es muss eine Reihe von Uhren, Kompassen, Fernrohren und Gewehren gegeben haben, da ich Teile dieser Gegenstände bei den Eskimos sah. Zusammen mit einigen Silberlöffeln und Gabeln kaufte ich davon so viele wie möglich.« Das Tafelsilber, das Rae bei der Admiralität abgab, ließ keinen Zweifel bestehen: Auf den Gabeln und Löffeln waren die Initialen von Besatzungsmitgliedern der *Erebus* und der *Terror* eingraviert, auf der Unterseite eines kleinen Silbertellers fand sich sogar John Franklins Name selbst. Das Rätsel, das die Briten seit Jahren in Atem hielt, war zumindest in seinen groben Umrissen gelöst: Franklins Schiffe mussten schon vor Jahren untergegangen sein, seine Männer, zumindest ein Teil von ihnen, waren auf dem Weg nach Süden verhungert.

Die bestürzten Viktorianer hätten den grausigen Fund wohl hingenommen, wenn nicht diese eine Bemerkung gewesen wäre, die das Maß des Erträglichen sprengte: »Aus dem verstümmelten Zustand vieler Körper und dem Inhalt der Kessel«, so Raes Bericht in der Presse, »geht hervor, dass unsere bemitleidenswerten Landsmänner zum letzten Ausweg – Kannibalismus – Zuflucht nehmen mussten, um ihr Leben zu fristen.« Für die Leser der *Times* bedeutete das den größten anzunehmenden Unfall: Sie mussten sich mit der Vorstellung vertraut machen, dass aus Franklin, dem Frommen, ein verwahrloster Menschenfresser geworden war. Ein Landsmann, der rülpsend am Unterarm eines Kameraden nagte? Das konnte und wollte kein Engländer wahr haben. In Wochenfrist fand sich der Überbringer der schlechten Nachricht im Kreuzfeuer öffentlicher Kritik. »Es scheint mir«, schrieb ein anonymer Empörter, der angab, sein Bruder sei an Bord der *Terror* gewesen, in der *Times*, »dass Dr. Rae sehr verwerflich gehandelt hat, indem er weder den Bericht der Eskimos überprüft, noch, falls das nicht in Frage kam, die Details dieses Berichts veröffentlicht hat.« Die Mehrzahl der Kritiker zielte jedoch weniger auf den Entdecker selbst als auf dessen eingeborenen Informanten ab: »Es ist schwer zu glauben, dass verhungernde Männer ihre Nahrung wie beschrieben zubereiten würden, um sich dann hinzulegen und zu sterben, ohne davon zu essen; und sicherlich ist es unwahrscheinlich, dass sie gleich mehrere Körper verstümmeln würden«, heißt es in einem anderen Leserbrief. Doch damit nicht genug. Der Autor fand den Bericht der Eskimos nicht nur unglaubwürdig, er machte sie selbst für das Ende seiner Landsleute verantwortlich: »Aufgrund aller Hinweise ist es vernünftiger anzunehmen, dass unsere Männer ermordet wurden und dass es die Besitzer des Tellers waren, die diese schreckliche Tat verübt haben.«

Lady Franklin, die Rae bisher als arktischen Helden hofiert hatte, ließ ihn fallen wie eine heiße Kartoffel. Sie versuchte sogar zu verhindern, dass er die 10 000 £ Belohnung bekam, die für die Aufklärung von Franklins Schicksal ausgesetzt waren. Außerdem gelang es ihr, Charles Dickens, den viktorianischen Erfolgsautor, für ihre Sache zu gewinnen. In den Spalten seiner eigenen Zeitschrift, den *Household Words*, machte sich der ehemalige Gerichtsreporter daran, John Rae in Widersprüche zu verwickeln. Zwischen Folgen von *Hard Times*, Dickens' aktuellem Fortsetzungsroman, und kritischen Berichten über den Krimkrieg konnten sich die Leser mit den problematischen Details von Raes Bericht auseinandersetzen: Was war von den berüchtigten Kesseln zu halten, die der Entdecker selbst ja gar nicht gesehen hatte? Verfügten Franklins Männer etwa über geeignetes Brennmaterial, um den angeblichen »Inhalt« dieser Kessel zum Kochen zu bringen? Oder hatten sie das Fleisch ihrer Kameraden auf den Flammen ihrer winzigen Spirituslampen gegart? Und waren Angehörige eines Volkes, das sich bekanntermaßen von rohem Fleisch ernährte, überhaupt in der Lage, einen – wie auch immer gearteten – Kochakt zu beurteilen? Raes Unkenntnis der Eskimosprache bot Dickens' journalistischer Eloquenz eine weitere Angriffsfläche. Dass der Informant so getan hatte, als beiße er in seinen eigenen Arm, musste keinesfalls die von Rae unterstellte Bedeutung besitzen. Es konnte ebenso heißen, dass die Eskimos Franklins Männer selber verspeist hatten. Den Tod ihrer tapferen Landsleute den Eingeborenen anzulasten scheint den meisten Engländern die liebste Erklärung gewesen zu sein. Für Dickens, das machte er abschließend klar, schloss es die »habgierige, heimtückische und grausame« Natur der

Eskimos von vornherein aus, ihren unerhörten Behauptungen Glauben zu schenken: »Wir halten fest«, schrieb er, »dass das edle Gebaren der untergegangenen arktischen Reisenden das Geplapper einer rohen Horde Unzivilisierter, deren Heimstätten vor Blut und Walfischtran triefen, mit dem Gewicht des ganzen Universums überwiegt.« Auch die *Times* stimmte apodiktisch in diesen Chor pauschaler Verdammung ein: »Alle Wilden sind Lügner.« John Rae, der das Pech hatte, kein Kapitän der Royal Navy, sondern ein Angestellter der Hudson Bay Company und obendrein noch Schotte, in englischen Augen also beinah selbst ein Wilder zu sein, sah sich dem Vorwurf der Naivität und dem Verdacht ausgesetzt, den Eskimos insgesamt zu nahe zu stehen. Zwar bekam er das Preisgeld der Admiralität ausgezahlt, aber auf vergleichbare Würden, wie sie die anderen Arktishelden erfahren hatten – den beinahe schon obligatorischen Ritterschlag etwa –, wartete er vergeblich. An August Petermann, dem er sich wohl als einem Schicksalsgenossen verbunden fühlte, der ebenfalls vom Establishment abserviert worden war, schrieb er bei einer späteren Gelegenheit: »Seien Sie nicht überrascht, was unsere Marineleute bezüglich arktischer Entdeckungen behaupten – einige von ihnen werden niemals zugeben und vielleicht auch niemals glauben, dass Männer aus anderen Nationen als der ihrigen, ja selbst Männer aus England, Schottland oder Irland, die nicht der Royal Navy angehören, in der Lage sind, gute Arbeit im Polarmeer zu leisten.«

Mochten der preußische Kartograf und der schottische Abenteurer sich auch später als Underdogs zusammentun: Für Petermanns Theorie, nach der Franklin wohl genährt in der Nähe des Nordpols schipperte, bedeutete Raes schrecklicher

Fund 1854 das Aus. Blind aus der Hüfte schießend, konterte er mit einem Flugblatt, das die Entdeckung des Schotten in Zweifel zog. Aber weder in der alten noch in der neuen Heimat scheint das Pamphlet viel Eindruck gemacht zu haben: Zwar wehrten sich die Viktorianer mit Händen und Füßen gegen den moralischen Abgrund des Kannibalismus – dass Rae auf die Reste von Franklins Expedition gestoßen war, bezweifelte jedoch nicht einmal Lady Jane. Daher wollte niemand mehr Geschichten vom offenen Polarmeer hören. Die Vorstellung, es gebe »fröhliche Jagdgründe in der Nähe des Pols«, schrieb die *Times*, sei schon immer absurd gewesen. Ein englischer Freund ließ den in Gotha von der Welt abgeschnittenen Petermann wissen, dass dieser hämische Abgesang auf keinen anderen als ihn gemünzt war. Petermanns Antwort ist nicht überliefert. Spätestens an diesem Punkt stellte er sein arktisches Steckenpferd jedoch in den Schrank.

13. ZENTRALBÜRO GOTHA

Es fällt nicht schwer, sich Petermanns Ankunft in Gotha auszumalen. Er war in England heimisch geworden, er hatte sich lange gegen den Umzug gesträubt und zuletzt nur den schwierigen Umständen nachgegeben. Jetzt sah er seine neue Heimat durch das Fenster des Zugabteils: den Berg mit dem wuchtigen Schloss Friedenstein, die üppigen Parkanlagen und das Städtchen, das ein heimischer Chronist als »freundlich« beschrieb. Den winzigen Bahnhof gab es seit 1847. Kuhweiden und Kornfelder bestimmten die nähere Umgebung, am Horizont begrenzte der dunkle Streifen des Thüringer Waldes das Bild. Der Kontrast zu London wird damals nicht weniger groß gewesen sein als heute. »Diejenige Frage«, hatte Petermann noch kurz vor der Abreise an seinen zukünftigen Arbeitgeber Bernhard Perthes geschrieben, »welche sich nur durch Erfahrung und Wirklichkeit entscheiden kann, ist, ob ein Wechsel von London nach Gotha überhaupt zu ertragen sein wird.« Auf den ersten Blick sicher nicht. Und der Kartograf hat sich lange gegen Thüringen gewehrt. Noch zwanzig Jahre nach seinem Umzug beklagte er sich darüber, zu einem Leben in der deutschen Provinz verurteilt zu sein.

Allerdings war Gotha eine blühende Residenzstadt. Im politisch zersplitterten Deutschland, das damals aus lauter Kleinstaaten bestand, bedeutete das viel. Man braucht nur an Weimar zu denken. Weimar, das kaum größer als Gotha war, hatte gerade die Goethezeit erlebt. Und Gotha galt als »Weimar der Naturwissenschaften«. Während Herzog Carl August Goethe und Schiller an seinen Hof gelockt hatte, erbaute Herzog Ernst eine Sternwarte und machte sein Städtchen zu einem Zentrum der Astronomie und der Landesvermessung. Auch in Gotha gab es den Mikrokosmos einer kleinen Hofgesellschaft, in der sich Aristokraten, Dichter und Denker mischten. Es gab Bälle, es gab eine ägyptische Sammlung, es gab Bibliotheken, ein Theater und ein Orchester. Und jeder halbwegs namhafte Neuankömmling stattete dem Landesvater seinen Antrittsbesuch ab. Der amtierende Herzog von Sachsen-Coburg und Gotha, Ernst II., fühlte sich eher zur Kunst als zur Wissenschaft hingezogen, weshalb er schauspielerte, am Theater inszenierte und Opern schrieb. Er verbreitete ein gemäßigtes liberales Klima, hatte sich im Revolutionsjahr 1848 zu einer Verfassung breitschlagen lassen und förderte die progressive deutsche Nationalbewegung. Zugleich verfügte er aber auch über beste Verbindungen in die Zentren monarchischer Macht: König Leopold II. von Belgien, dem später der Kongo gehörte, war sein Cousin. Queen Victoria war seine Cousine.

Als erstes holte Herzog Ernst ein Versäumnis nach: Er ernannte seinen neuen Untertanen zum Professor. Was die Engländer schon immer unterstellt hatten, wurde durch fürstliche Allgewalt endlich Wirklichkeit. Im Jahr darauf legte die Universität Göttingen sogar noch einen Doktortitel drauf. Petermann ließ sich derweil einen professoralen Vollbart wachsen, wie das in der zweiten Jahrhunderthälfte üblich war. Außerdem startete er in eine bürgerliche Existenz: arrangierte sich mit dem Leben im kleinen Fürstenstaat, heiratete Clara Mildred Leslie, eine junge Engländerin, zeugte Kinder und überwachte eine neue Auflage von *Stielers Geographischem Handatlas.* Vor allem aber gründete er eine Zeitschrift.

Petermanns Geographische Mitteilungen, deren erstes Heft 1855 erschien, machte ihren Herausgeber innerhalb weniger Jahre berühmt. Bis heute bleibt sein Name vor allem mit diesem Periodikum verbunden, das zum Zentralorgan der Geografie in der zweiten Hälfte des 19. Jahrhunderts wurde und erst vor wenigen Jahren, nachdem es zwei deutsche Reiche und die DDR überlebt hatte, wieder von der Bildfläche verschwand. Mit den *Mitteilungen* schuf sich der Kartograf jene Bühne, die er dringend benötigte, um auch aus der thüringischen Provinz Gehör zu finden – und zwar nicht nur auf deutschem Parkett. Die Zeitschrift machte Gotha zu einer geografischen Marke. Denn Petermann gelang es, seine kartografische Leidenschaft in ein Alleinstellungsmerkmal zu verwandeln. Für ihn waren Karten nicht weniger als der Endzweck der Geografie, ein Medium, das der Eroberung der Welt ihren definitiven Ausdruck verlieh. Und er verstand seine Zeitschrift als ein Organ, das beliebige geografische Informationen in Karten verwandelte. Im Editorial der Nullnummer heißt es: »Unsere ›Mittheilungen‹ sollen sich dadurch von allen ähnlichen Schriften unterscheiden, dass sie auf sorgfältig bearbeiteten und sauber ausgeführten Karten das Endresultat neuer geographischer Forschungen zusammenfassen und graphisch veranschaulichen.«

Eine hervorragende Geschäftsidee. Wer immer aus exotischen Weltgegenden zurückkehrte – Entdecker, Eroberer, Forschungsreisende –, konnte seine fleckigen Aufzeichnungen und verregneten Feldtagebücher an Petermann schicken, der sie umgehend publik machte und in saubere Kartenbilder übertrug. Oft trat der Kartograf schon im Vorfeld von Expeditionen als Inspirationsquelle, Logistiker und Vermittler auf. Dafür sicherte er sich im Gegenzug die exklusive Berichterstattung. Das ganze Modell funktionierte so gut, dass Gotha zum »Zentralbüro« für die Vermessung der Welt wurde, wie der amerikanische Reiseschriftsteller Bayard Taylor formulierte, zu einem Generalstab, dessen internationale Bedeutung zeitweilig sogar die der Royal Geographical Society überstieg. Taylor, der Petermann 1876 als Ehrenmitglied der Amerikanischen Geografischen Gesellschaft in New York empfing, brachte dessen Gothaer Lebenswerk auf einen eindrücklichen Begriff: »In der geografischen Wissenschaft ist Dr. Petermann der würdige Nachfolger von Alexander von Humboldt und Karl Ritter, auch wenn er keine Expeditionen unternommen und keine Reiseberichte veröffentlicht hat. Aber was er vollbracht hat, war in ihren Tagen kaum möglich: Er hat in diesem großen Wissensgebiet eine neue Betätigung geschaffen, die ich sinngemäß als Organisation der Entdeckung bezeichnen würde.«

Das Organisationstalent der Entdeckung der Welt: Nicht für alle war das ein Ehrentitel. Im Zeitalter viriler Abenteurer wurde Petermann den alten Vorwurf nie los, ein Lehnstuhlerоberer und ein Feigling zu sein. Gegner seiner geografischen Theorien gefielen sich darin, ihn zum Selbermachen aufzufordern – was er natürlich niemals tat. Und die Nachwelt hielt ihm später vor, er habe Geografie mit dem Zeichnen von Karten verwechselt. Das ist nicht von der Hand zu weisen. Ein Kartograf, der die Ansicht vertrat, seine Blätter sprächen

»auf einen Blick mehr als ganze Bände«, mag sein Handwerk überschätzt haben. Auf der anderen Seite lag er damit genau richtig. Petermanns Gothaer Kartenstil hat das Gesicht der kolonisierten Erde geprägt. Auf längst vergilbtem Papier ist diese Erde in gedeckten Farbtönen gehalten. Rote, blaue und grüne Linien künden von der fortschreitenden Aufteilung der Welt. Seit den amerikanischen Mondmissionen kennen wir unseren Globus als blauen Planeten, der heimelig und verloren im Weltall schwimmt. In der zweiten Hälfte des 19. Jahrhunderts nahm er vorübergehend das Aussehen von Karten an, die aus einer kleinen Residenzstadt in Thüringen stammten.

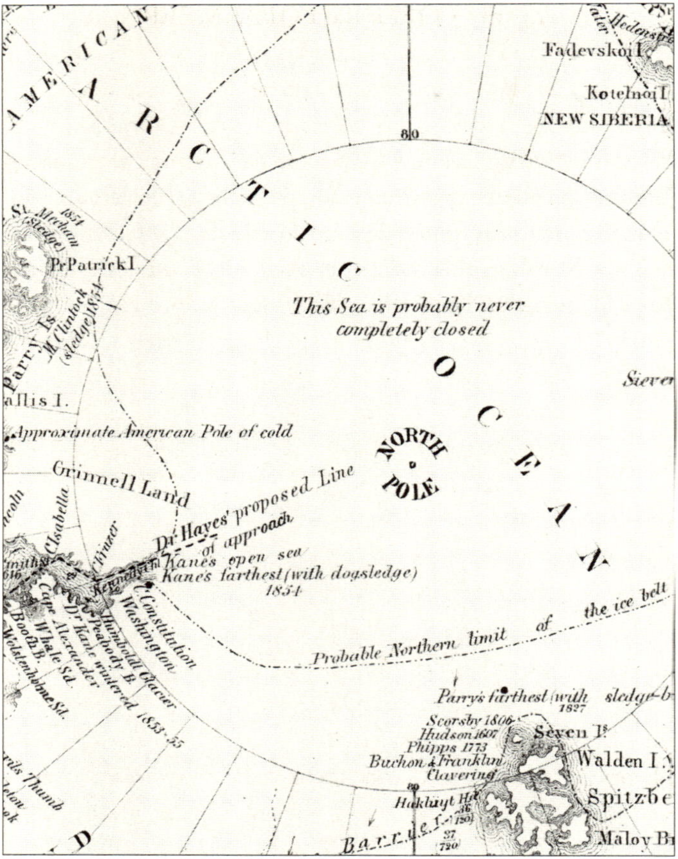

»Kein Stückchen Eis war zu sehen. Soweit ich ausmachen konnte, war das Meer offen, mit einer Dünung, die von Norden kam. Die Brandung brach sich an den Felsen.«

14. DAS OFFENE POLARMEER

Als Spinne im weltweiten Gitternetz der Kartografie kann es Petermann nicht entgangen sein, dass sich die Regeln des arktischen Eroberungsspiels veränderten. Durch John Raes Entdeckung war die Franklinsuche an ihr Ende gekommen: In der Royal Geographical Society, seit Jahren ein Ort verzweifelter Zuversicht, wurde 1855 Sir Johns Nachruf verlesen. Nur Lady Jane schickte weiterhin Suchmannschaften aus, um über das Ende ihres Mannes volle Klarheit zu gewinnen. Geografisch war das aber nicht mehr von Belang. An der Börse der weißen Flecken hatten die verstörten Engländer ihre Initiative verloren. Dafür mischte sich ein neuer Mitspieler ein. Die Rede ist von den Amerikanern, der ersten unter den neuen Polarnationen in der zweiten Hälfte des 19. Jahrhunderts.

Von der Presse als Signal der Völkerfreundschaft gefeiert, hatten sich amerikanische Schiffe in den frühen 1850er Jahren an der Franklinsuche beteiligt. Es war die Zeit, als das Raunen von Wrangels Polynia umging, als August Petermann seine Theorie vom offenen Polarmeer entwickelte und der Nordpol am Sinnhorizont arktischer Expeditionen erschien. Die Amerikaner zeigten die kürzesten Reaktionszeiten. Elisha Kent Kane, der Schiffsarzt der von Henry Grinnell finanzierten Rettungsexpedition von 1850, kehrte nur in die USA zurück, um Mittel für eine weitere Eismeerfahrt aufzutreiben, und machte sich dann sogleich auf die Suche nach dem offenen Polarmeer.

»Die Theorie hat ergeben«, so Kane im Dezember 1852 vor der American Geographical and Statistical Society über die arktische Eisdecke, »dass es sich um einen Kranz handelt, einen Ring, der eine offene Wasserfläche umgibt.« Ausdrücklich bezog er sich auf Petermann. Der Smith Sound, die nördlichste unter den Wasserstraßen, die von der Baffin Bay abzweigten und die als einzige noch nicht gründlich durchsucht worden war, sollte ihn geradewegs in dieses eisfreie Meer führen.

Kanes Expedition, die von 1853 bis 1855 dauerte, gehört zu den arktischen Härtefällen – mit Skorbut, Befehlsverweigerung und einer heroischen Rückfahrt in offenen Rettungsbooten, als sich abzeichnete, dass die *Advance*, die im Smith Sound festsaß, nicht wieder freikommen würde. Die eigentliche Sensation bestand aber darin, dass es William Morton, Kanes Steward, und dem Eskimojäger Hans Hendrik gelang, mit einem Hundeschlitten bis ans Ufer des offenen Polarmeers vorzustoßen: »Kein Stückchen Eis war zu sehen. Soweit ich ausmachen konnte, war das Meer offen, mit einer Dünung, die von Norden kam. Die Brandung brach sich an den Felsen.« In Nortons Worten klingt das beinah lapidar. An Bord der *Advance*, die weiter südlich im Eis eingeschlossen lag, sorgte seine Meldung jedoch für Feierstimmung. Dem Blitz der Theorie war der Donner der Tat gefolgt: Den arktischen Ozean gab es in Wirklichkeit! Nicht ohne die Aura dieses Befundes zu beschwören, spielte ihn Expeditionsleiter Kane an die Männer der Wissenschaft zurück: »Welche Bewandtniß es mit diesem merkwürdigen Auftreten von freiem Wasser im höchsten Norden haben mag, überlasse ich den Gelehrten zu beurteilen. Als ein geheimnißvolles Fluidum inmitten ungeheurer eisbedeckter Breiten war es jedenfalls geeignet, das Gemüth mächtig zu bewegen, und schwerlich war Einer unter uns, der sich nicht nach den Mitteln gesehnt hätte, sich auf diesen glitzernden, einsamen Gewässern einzuschiffen.«

Für August Petermann, der nach Kanes Rückkehr im Herbst 1855 von Gotha aus sofort in Kontakt mit ihm trat, gab es keinen Zweifel: »Diese Expedition«, schrieb er im ersten Heft seiner *Geographischen Mitteilungen* voller Genugtuung, »hat den interessantesten Streitpunkt, den es in der ganzen Geographie der Polargegenden geben dürfte, zur Entscheidung gebracht. Die Wahrheit der Tatsache, dass ein nie ganz zufrierendes Polar-Meer existirt, kann keinen Augenblick bezweifelt werden.« Daher schien es auch mehr als gerechtfertigt, die zugehörige Karte mit einer Vignette des geheimnisvoll strahlenden Polarozeans zu verzieren: Kanes Entdeckung kassierte das Bilderverbot. Dem Kartografen, der in Thüringen auf dem Trockenen saß, muss diese Entdeckung wie ein Wunder vorgekommen sein. Es hätte keinen besseren Zeitpunkt geben können. Nachdem seiner Franklinhypothese erst im Vorjahr durch John Raes Fund über Nacht der Boden entzogen worden war, brachten ihn die Amerikaner nun zurück ins Spiel. Allerdings konnte er das Nordpolfieber, das nach Kanes Expedition in den USA ausbrach, nur als interessierter Beobachter verfolgen. Auf der anderen Seite des Atlantiks fehlten ihm die Verbindungen, die notwendig gewesen wären, um irgendwie selbst in die Diskussion einzugreifen. Und das deutsche Publikum interessierte sich für die ganze Angelegenheit nur aus zweiter Hand. »Kaum, dass man dann und wann einer abgerissenen Zeitungsnotiz begegnet«, wie Petermann ernüchtert feststellen musste. Mit dem Nordpol war in Gotha kein Staat zu machen.

Dafür ließen die Amerikaner nicht locker. Elisha Kane wurde nach seiner Rückkehr berühmt – und starb zwei Jahre später an den Folgen der strapaziösen Reise. Seine Begräbnisprozession, die 1857 drei Wochen lang durch die USA tourte, erregte beinah so viel Interesse wie der Leichenzug Abraham Lincolns acht Jahre später. Das kam nicht von ungefähr: Anders als die herkömmlichen britischen Polarfahrer, Marinekapitäne, die auf Staatskosten segelten, war Kane schon zu Lebzeiten zu Publicity gezwungen. Durch landesweite Vortragstourneen hatte er die Mittel für seine Expedition zum großen Teil selbst akquiriert, und auch nach der Rückkehr ließ er sein Publikum nicht im Stich. Er erfand die Rolle des professionellen Abenteurers, der bis heute durch unsere Vorstadthallen tourt. Noch ohne Diaprojektor, aber mit großem Publikumsgespür begründete Kane dabei seinen Ruhm. Für Amerikaner aller Schichten und Landesteile repräsentierte er eine unwiderstehliche Mischung aus Forscherdrang, Tapfer- und Menschlichkeit. Dass er in den besten gesellschaftlichen Kreisen verkehrte und intime Beziehungen zu der bekannten Geisterseherin Margaret Fox unterhielt, verlieh seiner Berühmtheit zusätzlich eine schillernde Note.

Natürlich strahlte Kanes Prominenz auf das offene Polarmeer ab. Anerkannte Experten wie Alexander Dallas Bache, der Direktor des United States Coast Survey, und Matthew Maury, der »Pfadfinder der Meere« vom Naval Observatory, machten sich die Polynia-Theorie zu eigen und würzten die Debatte mit dem Salz der Wissenschaft. In seinem Pionierwerk der Ozeanografie, der *Physical Geography of the Sea* von 1855, widmete Maury dem eisfreien Ozean ein ganzes Kapitel. Seit Jahren in die Logbücher von Walfängern vertieft – und

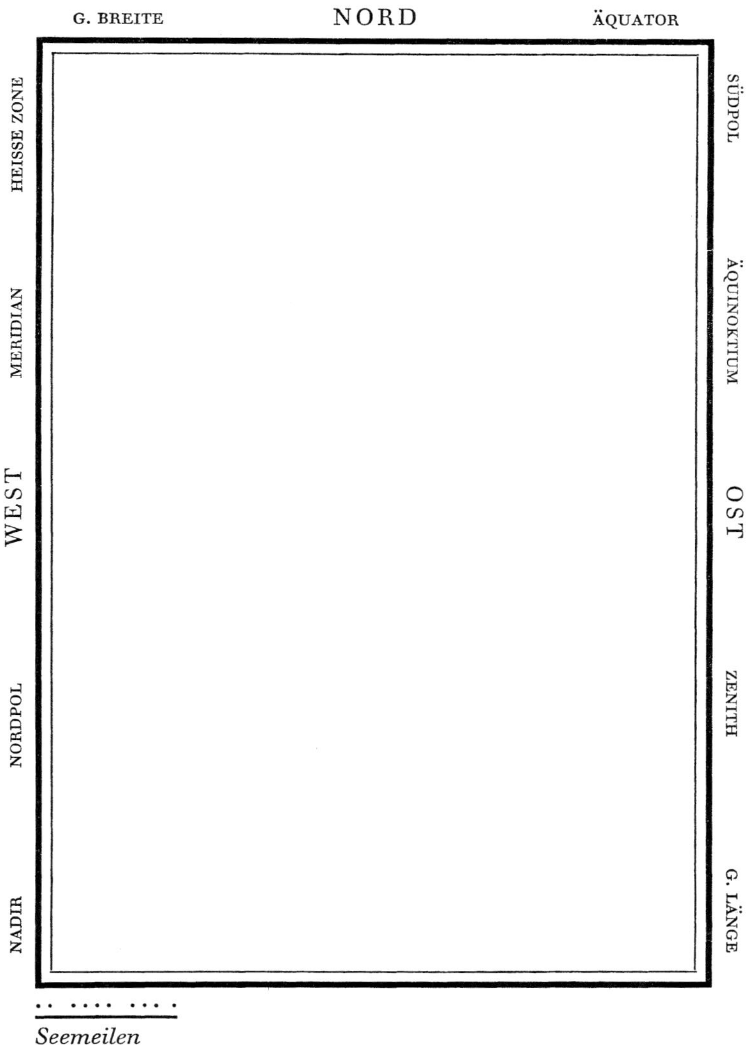

Lewis Carroll, Meereskarte, 1876.

SPEZIAL-CHARTE
vom
HARZGEBIRGE.
Zeichen- und Farben-Erklärung.
Chausséen
Seen, Teiche
Wald
Städte
Markt- und Berg-Flecken
Pfarrdörfer
Kirchdörfer
Dörfer ohne Kirche
Schlösser
Ruinen
Meiereien und einzelne Höfe
Forst- und Jagdhäuser
Hauptstrassen
Nebenstrassen
Stollen
Warten
Hämmer
Eisenhütten
Silberhütten
Bleihütten
Kupferhütten
Windmühle
Felsen, Klippen
50'
28°
10'
20'
Langelsheim
GOSLAR
Seesen
Lautenthal
Neustadt
Ilsenburg
Wildemann
Zellerfeld
Grund
Gittelde
CLAUSTHAL
Altenau
Brocken
Buntenbock
Lerbach
Osterode
Braunlage
Elend
Andreasberg
Hohegeiss
Herzberg
Lauterberg
Zorge
Gieboldehausen
Sachsa
Walkenried
Kl. Bodungen
Bleicherode
Pustleben
Lohra
Kl. Bernten

August Petermann, Spezial-Charte vom Harzgebirge, 1837.

TYPES OF THE BIRDS OF THE NEW WORLD
RAPACES
SCANSORES
OSCINES
GALLINACEAE
GRALLATORES
NATATORES
AUSTRALIA
Perpendicular distribution of Birds
Explanation of the arrows.
Rapaces
Oscines
Gallinaceae
Grallatores
Natatores
Central Europe
305 Species
Southern Europe
294 Species
GEOGRAPHICAL
DIVISION AND DISTRIBUTION
OF THE
BIRDS of EUROPE
FROM THE LATEST AUTHORITIES
BY
A.K.JOHNSTON, F.R.G.S.
TABLEAU SHOWING THE GEOGRAPHICAL DISTRIBUTION IN
Arctic Circle
RAPACES
(Birds of Prey)
SCANSORES
(Climbers)
OSCINES
(Songsters)

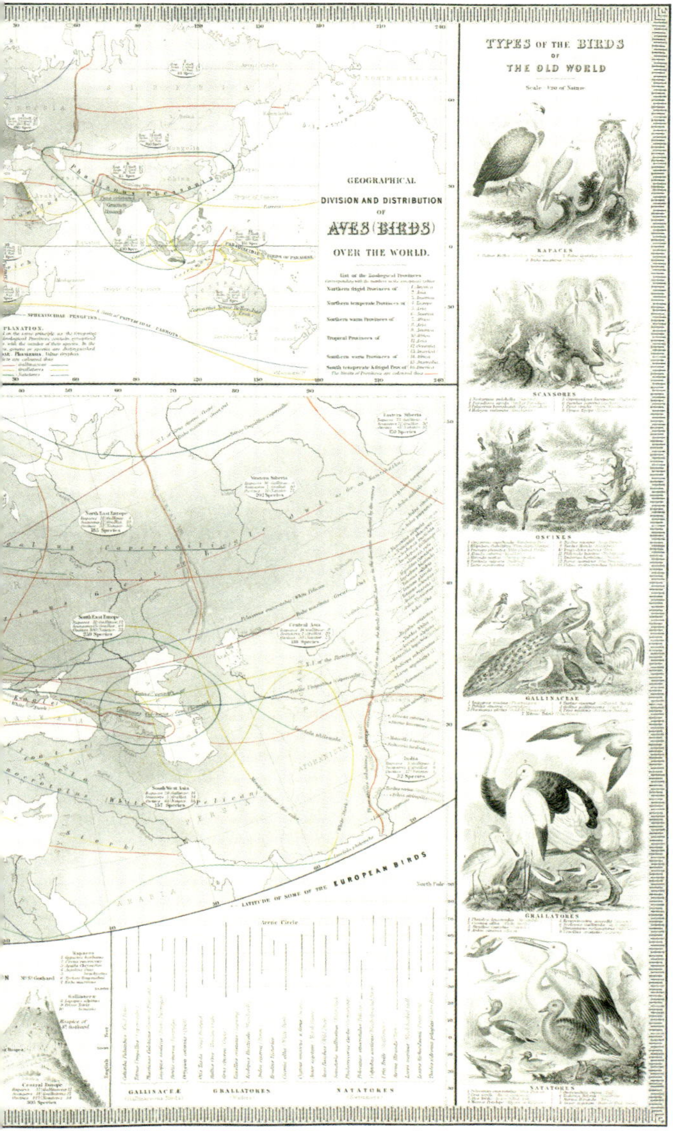

Alexander Keith Johnston, Die Verteilung der europäischen Vögel, 1850.

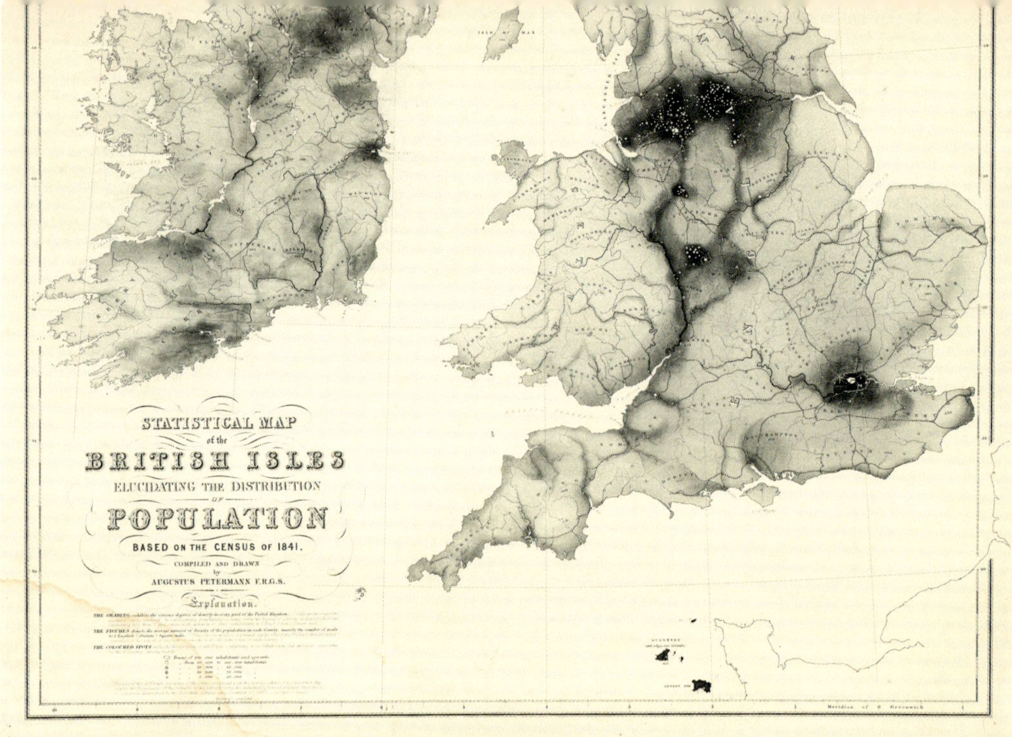
STATISTICAL MAP
of the
BRITISH ISLES
ELUCIDATING THE DISTRIBUTION
OF
POPULATION
BASED ON THE CENSUS OF 1841.
COMPILED AND DRAWN
by
AUGUSTUS PETERMANN F.R.G.S.
Explanation.
LANCASTER
Meridian of Greenwich

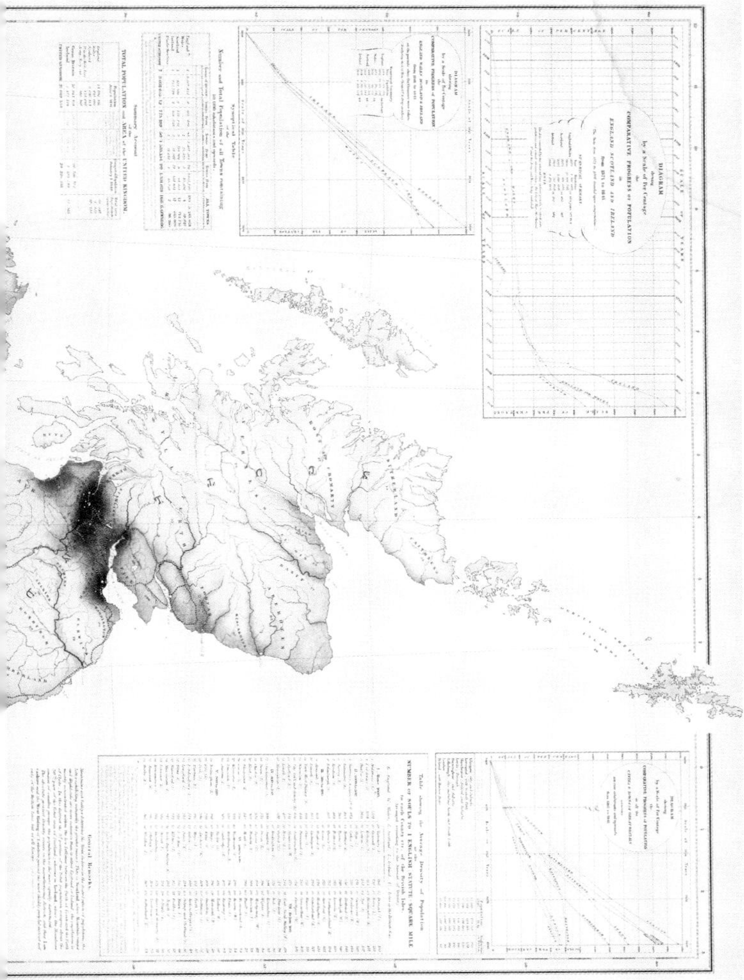

August Petermann, Bevölkerungsdichte der Britischen Inseln, 1848.

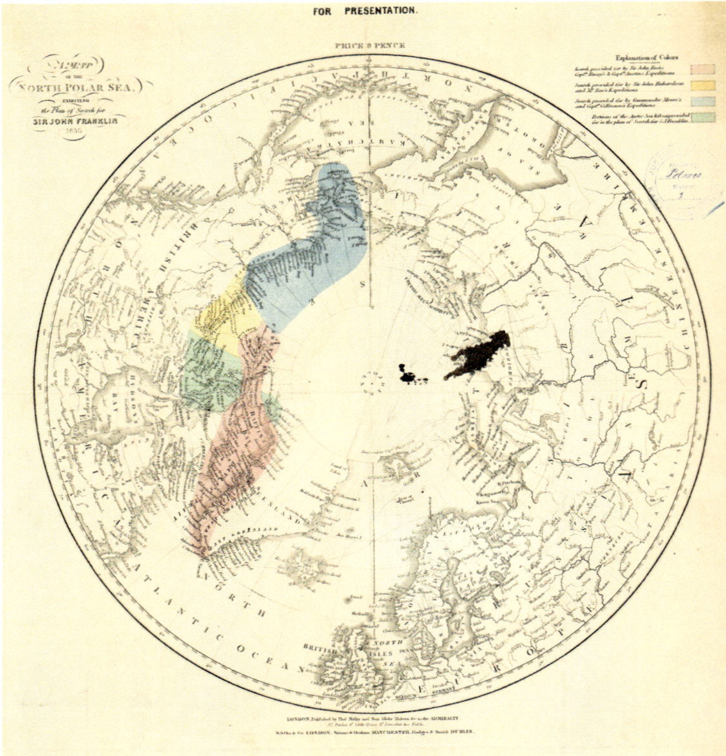

Admiralität der Royal Navy, Stand der Suche nach John Franklin, 1850.

August Petermann, John Franklin und das offene Polarmeer, 1852.

PRICE 6 PENCE
NORTH POLAR SEA
SIR JOHN FRANKLIN

August Petermann, Monatsisothermen, 1852.

Polarkarte von Gelber
([illegible] 1. April 1863.

 Festes Polareis.

 Treibeis, Eisberge und Eisinseln

 Schwimmende Erdtheile, wie sie bis zum Herbste 1861 ihre Lage hatten.

 Rest der Erdrinde, in ihrer Lage bis zum Herbste des Jahres 1861.

Bemerkungen.

1. Wie die schwimmende Erdtheile den Golfstrom hervorruft, wird auch auf dem Rest der Erdrinde, wo dieser Rest im Meere liegt, eine Strömung entstehen müssen, in einer gezähnten Linie verlaufend.

2. Die Richtung der Meeresströmungen ist auf der Karte durch Pfeile angegeben.

3. Die Anhäufung des Treibeises zwischen Spitzbergen und Nowaja-Semlja, so wie an einer entsprechenden Stelle auf dem Rest der Erdrinde, wird es bisher verhindert haben, daß man den Weg zum Nordpole gefunden hat.

4. Jetzt haben die schwimmende Erdtheile und der Rest der Erdrinde diejenige Lage, welche sich ergiebt, wenn man annimmt, die Polverkürzung sei etwas größer geworden, als auf der Zeichnung angegeben, zugleich hat sich der Polarring etwas um seine Achse in der Richtung von Osten nach Westen gedreht, die Länge der schwimmenden Erdtheile, wie der Rest der Erdrinde, sei aber dieselbe wie früher, geblieben.

Adolph Gether, Die hohle Erde, 1863.

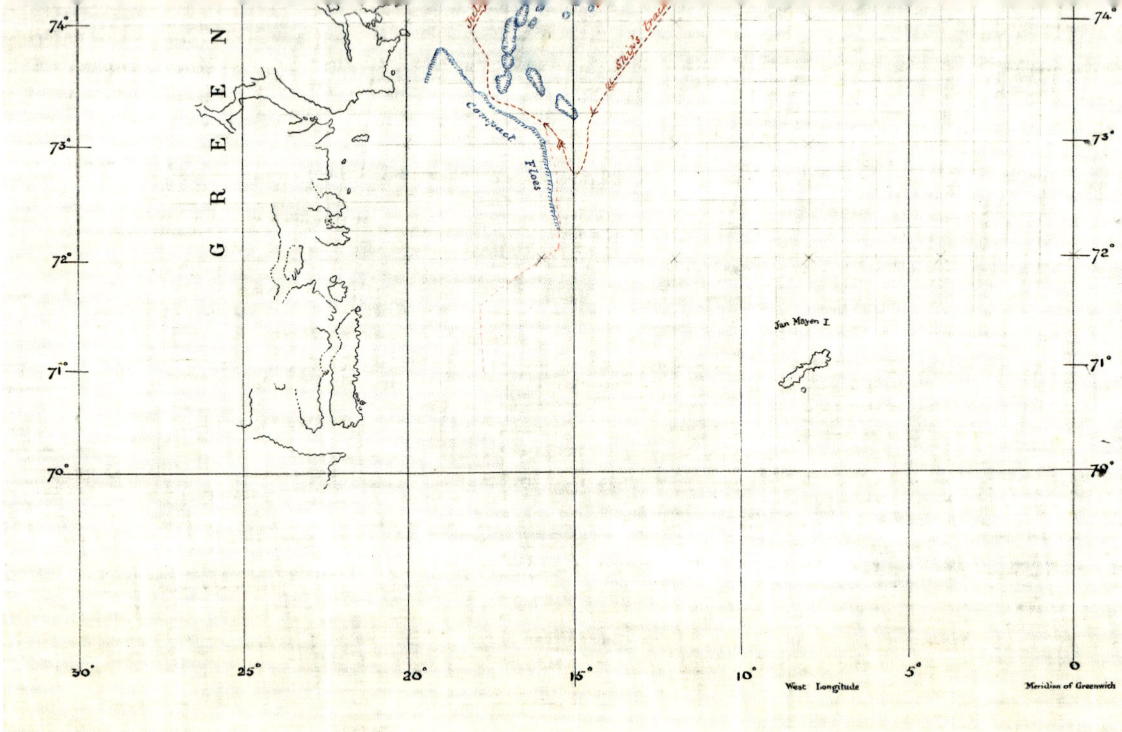

G R E E N
Compact Floes
Ship's track
Jan Mayen I.
74°
73°
72°
71°
70°
30°
25°
20°
15°
10°
5°
0
West Longitude
Meridian of Greenwich

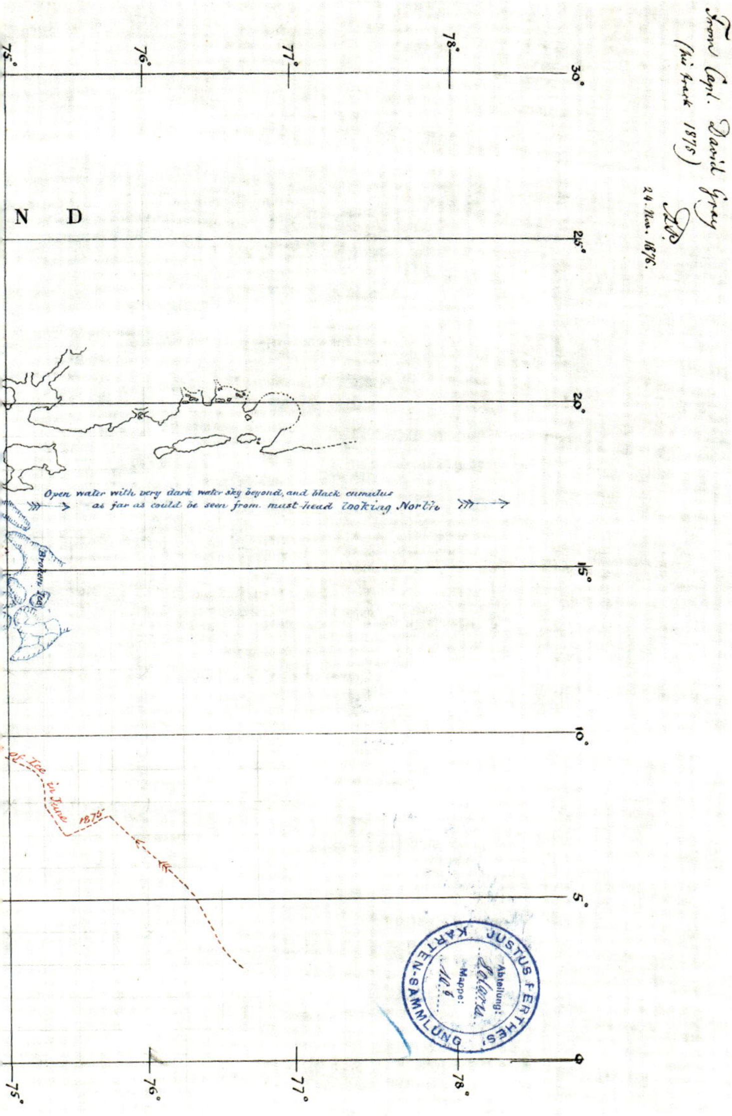

David Gray, Kurs durchs Polarmeer, 1876.

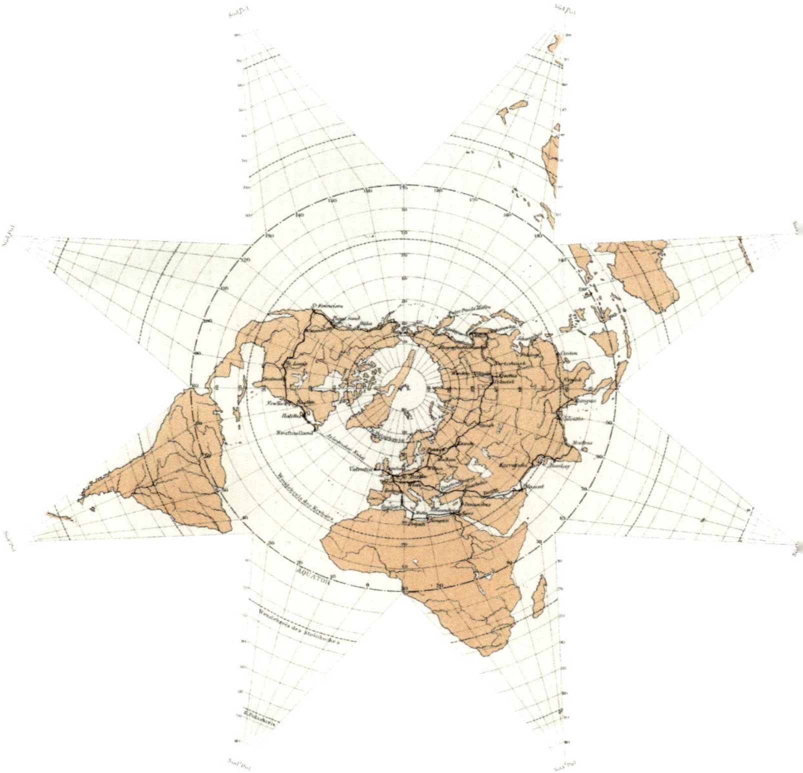

August Petermann, Weltkarte in Polarprojektion,
nach Gustav Jäger, 1865.

zwischendurch auch, wer weiß, in den *Moby Dick*, der 1851 erschienen war –, konnte er der Debatte ein weiteres Argument hinzufügen: Wale, die in der Baffin Bay harpuniert worden waren, tauchten wenig später in der Beringstraße auf – und umgekehrt. Unter dem Eis konnten sie die Strecke unmöglich zurücklegen. Daher waren sie lebende Beweise für offenes Wasser. Und nicht nur das. Aus Maurys Buchführung ergaben sich Anschlussvermutungen, die geeignet waren, das Herz jedes amerikanischen Walfängers höher schlagen zu lassen: »Säugt etwa der große Walfisch seine Jungen in diesem Polarmeere, um das sich eine undurchdringliche Schranke von Eis aufbaut, damit der Mensch die Gegend dieser Nester nie betrete?«

Auch Isaac Hayes, der Kanes Expedition als Schiffsarzt begleitet hatte, bekam den Lockruf des offenen Polarmeeres nicht mehr aus dem Kopf. Fünf Jahre nach der Rückkehr der *Advance* brach er 1860 erneut in den Smith Sound auf, um allen offenen Fragen auf den Grund zu gehen. Man kann sich des Eindrucks nicht erwehren, dass die Geschichte der amerikanischen Polarforschung aus einer Sukzession von sich gegenseitig überbietenden Schiffsärzten besteht: erst Kane, dann Hayes – und später Frederick Cook, der ehemalige Bordmediziner Robert Pearys. Hayes' Expedition geriet zur Zwillingsschwester ihrer Vorgängerin. Allerdings war sie insgesamt etwas weniger ansprechend. Schon bei der festlichen Abfahrt vom Bostoner Hafen schlief der Wind ein, so dass die *United States* zwei Tage in Sichtweite herumlungern musste, bis besseres Segelwetter kam. Dabei hatte Hayes zum Auslaufen mit Absicht den Independence Day gewählt. Das Folgende kennt man dann bereits: Einfrieren im Smith Sound, Hundeschlittenkommandos in Richtung Norden, Sichtung des offenen Polarmeers, Skorbut, Streit und Flucht. Der Klimax der Reise, der Blick auf das eisfreie Meer, klang in Hayes' Version noch eine Spur lyrischer als bei seinem alten Kommandanten: »Es waren keine gewöhnlichen Gefühle, mit denen ich meine Lage betrachtete.« Insbesondere wurde er den Gedanken nicht los, »daß diese eisumgürteten Gewässer vielleicht die Küsten ferner Inseln peitschten, wo menschliche Wesen von unbekannter Race wohnen«, und er fasste den Entschluss, »auf diesem Meere zu fahren und seine fernsten Grenzen zu erforschen«.

Im Oktober 1861, als Hayes in dichtem Nebel nach Boston zurückkehrte, wollte das jedoch niemand mehr hören. Irritiert registrierten die ahnungslosen Polarfahrer die Grabesstille in den Docks und das Ausbleiben eines wie auch immer gearteten Empfangskomitees. »Ich fühlte mich wie ein Fremder in einem fremden Lande«, schrieb Hayes, der sich schließlich allein in die Stadt hineingewagt hatte, rückblickend. »Freunde, Vaterland, Alles schien bei einem ungeheuren Unglück verschlungen worden zu sein, und zweifelhaft und unentschlossen kehrte ich traurig und niedergeschlagen um.« Was sie im Smith Sound nicht mitbekommen hatten: Die USA befanden sich mitten im Bürgerkrieg. Mit seiner Nachricht von der erneuten Sichtung des offenen Polarmeeres stand Hayes auf verlorenem Posten. Erbittert, wenn er an Elisha Kanes glorreichen Triumphzug nach dessen Rückkehr dachte, versuchte er eine Weile lang, seine Geschichte trotzdem an den Mann zu bringen. Aber als sich nach Jahresfrist wenig ergeben hatte, trat er resigniert als Feldarzt in die Unionsarmee ein.

Während der nächsten Jahre gingen alle Gedanken an polare Entdeckungsreisen im Kanonendonner unter. Noch im

Sommer 1865 griff die unter konföderierter Flagge fahrende *Shenandoah* die Walfangflotte der Nordstaaten in der Beringstraße an. Doch ihre Schüsse zielten bereits ins Leere. Als der Kapitän durch ein britisches Schiff von der Kapitulation der Südstaaten erfuhr, entschied er sich, heimatlos, nach England zu segeln. In Liverpool strich das letzte Schiff der konföderierten Marine seine Flagge.

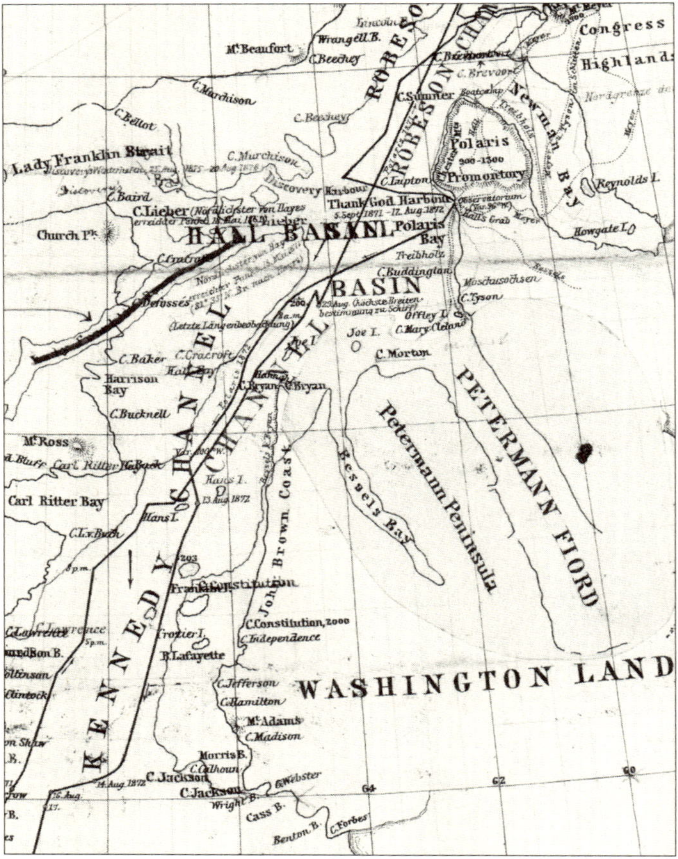

War es britische Ironie, ausgerechnet dort, wo Petermann nie hinwollte, einen Fjord nach ihm zu benennen? Karte vom Smith Sound-Gebiet aus den 1870er Jahren.

15. OSBORNS PLAN

Das hätte es auch gewesen sein können. Nach dem Ausscheiden der Briten warf sich auch die neue Polarnation Amerika sofort wieder aus dem Spiel. August Petermann, der die Amerikaner auf den Geschmack gebracht hatte, saß derweil in Thüringen und schaute aus der Ferne zu. »Ich wandte mich zuerst vor 13 Jahren dem Studium polarer Geographie zu«, erklärte er 1865 einem österreichischen Marineoffizier. »Seit ich in Gotha bin, es sind dies nun über zehn Jahre, war ich weniger mein freier Herr und musste daher immer zunächst an meine vielen Berufs-Pflichten und vorgeschriebenen Arbeiten denken, anstatt solche Lieblings-Gegenstände verfolgen und ausarbeiten zu können. Ein Mensch, der für sein tägliches Brod zu arbeiten hat, und leben will, muß solche Themata aufstecken, wenn er auch – wie es mir bei dem vorliegenden geht – von ihrer großen Wichtigkeit für die Wissenschaft aufs völligste überzeugt ist.« In Deutschland, wo die Arktis noch nicht gesellschaftsfähig war, gab es andere Prioritäten.

Kaum auf der Agenda der Entdecker aufgetaucht, hätte der Nordpol also wieder hinter dem arktischen Horizont verschwinden können. Aber er war eben immer noch nicht entdeckt. Um die Hartnäckigkeit zu verstehen, mit der sich die Arktis seit den 1860er Jahren immer wieder zurückmeldete, muss man bedenken, dass wir uns im »langen 19. Jahrhundert« befinden, in einer Epoche des politischen Gleichgewichts zwischen den europäischen Mächten, das vom Ende Napoleons bis zum Ersten Weltkrieg dauerte. In der Zwischenzeit gab es keinen »großen« Krieg. Die Englische Marine stand zwar wieder im weltweiten Feindkontakt, aber dabei handelte es sich meistens um überschaubare Unruheherde, die keine große Flotte erforderten – um das neue Genre des Kolonialkriegs eben. Das Vakuum, das der Erzfeind Napoleon hinterlassen hatte, blieb bestehen.

»Die Navy braucht eine Aufgabe, die sie aus ihrem Schlendrian weckt und vor dem Krebsgeschwür anhaltenden Friedens rettet«, rief der Fregattenkapitän Sherard Osborn in den Plenarsaal der Royal Geographical Society – während der blutige Amerikanische Bürgerkrieg gerade zu Ende ging. Wie man sieht, befanden sich die USA damals noch am Rand der westlichen Welt. Kapitän Osborn beschwor Kriegsschiffe, die in den Depots verrotteten, Matrosen, die nichts taten, außer Decks zu schrubben, und ein Offiziersproletariat ohne Hoffnung auf Karriere. Und dann verlas er ein langes Plädoyer für die Ausrüstung einer neuen englischen Arktisexpedition. Genau wie John Barrow zu seiner Zeit predigte er die Polarfahrt als Schule der englischen Flotte in Friedenszeiten. Darüber hinaus, so Osborn, sei die Entdeckung des Nordpols die »größte geografische Tat«.

Der Kapitän, der selbst Arktiserfahrung vorweisen konnte, setzte der Royal Navy ordentlich zu. Er brandmarkte ihre Untätigkeit. Und gab sich umgekehrt als Angehöriger einer Schar von Entschlossenen zu erkennen, »die genauso wenig bereit sind, der Arktis den Rücken zu kehren, weil Franklin vor King William's Land starb, wie sie vor einer feindlichen Flotte fliehen würden, weil Nelson bei Trafalgar fiel«. Die Lords mit

Nelson, dem Überhelden, bei ihrer Ehre zu packen, war sicher ein cleverer Schachzug. Genauso wie es klug war, Jane Franklin zu reaktivieren, die sich selbst längst in wärmere Gegenden abgesetzt hatte. Aus Madrid steuerte sie einen offenen Brief bei, der feierlich vor der Royal Geographical Society verlesen wurde. Englands Penelope warnte davor, das Schicksal ihres Mannes zum Vorwand zu nehmen, um auf zukünftige Polarexpeditionen zu verzichten. Gerade weil ihr Land Opfer erbracht habe, dürfe es sich sein »Geburtsrecht« auf die Entdeckung des Nordpols nicht nehmen lassen.

Sherard Osborn meinte es ernst. Was die Verwirklichung seines Polarplans anging, zeigte er sich nicht willens, auf den normalen Dienstweg zu vertrauen. Schließlich hatte Lady Franklin gezeigt, wie man die Admiralität unter Druck setzen konnte. »Als gute Diener der Öffentlichkeit«, wagte Osborn den versammelten Honoratioren der Royal Geographical Society anheim zu stellen, »werden die Lords alles tun, was die Öffentlichkeit von ihnen fordert.« Doch anstatt eine Polarexpedition zu genehmigen, kommandierten sie ihn zur Great Indian Peninsula Railway Company nach Bombay ab. Vielleicht war das eine Beförderung. Vielleicht war es aber auch ein Weg, um den Störenfried loszuwerden.

In der Sache trug Osborns Plan die Handschrift der Amerikaner. Auch für den englischen Kapitän war der Smith Sound der Königsweg zum Pol. Ausführlich zitierte er aus den Berichten seines »verstorbenen Freundes« Elisha Kent Kane. Isaac Hayes, dessen Fahrt im Getöse des Bürgerkriegs untergegangen war, widmete er immerhin eine Fußnote. Ein längst vergessener Vortrag, den Hayes nach seiner Rückkehr in New York gehalten hatte, wurde ausgegraben und in den

Proceedings der Royal Geographical Society abgedruckt. Mit Osborn, so scheint es, heftete sich die Royal Navy an die Fersen amerikanischer Zivilisten. Und doch blieb sie ihrer Linie treu: Das offene Polarmeer kaufte der Kapitän nicht mit ein. In guter englischer Tradition wies er es von sich, »auf der Grundlage unzureichender Daten zu spekulieren«, und hielt es stattdessen lieber mit dem *common sense*, der ihm sagte, dass »jede Menge Eis« im Polarbecken die weit wahrscheinlichere Alternative sei. Das adäquate Verkehrsmittel, um zum Pol zu gelangen, müsse folglich der Schlitten sein. Osborn selbst hatte mit Schlitten nach Franklin gesucht. Man könne in Zukunft auf diese Erfahrungen zurückgreifen. Der Nordpol, verkündete er abschließend, befinde sich daher »in der Reichweite dieser Generation«.

Osborns Trommelwirbel und die breite Zustimmung, die er erfuhr, hatten nicht allein mit den internen Nöten der vom Frieden geplagten Flotte zu tun. Worum es unterschwellig ging, verraten Nebentöne und verstreute Hinweise, die in den Protokollen der Royal Geographical Society auftauchen: Lady Franklins Beteuerung etwa, England besitze ein »Geburtsrecht« auf die Eroberung des Pols, oder General Sabines – von Osborn zitiertes – Eingeständnis, er würde es bedauern, wenn die größte verbleibende Herausforderung der Geografie von einem »Ausländer« bewältigt würde. Hier zeichnet sich eine vollkommen anders geartete Sorge ab: die Sorge, zu spät zu kommen. Wir befinden uns auf den ersten Metern des Wettlaufs zum Nordpol, der ein halbes Jahrhundert später – rein inneramerikanisch – mit dem Patt zwischen Robert Peary und Frederick Cook entschieden wurde.

Es scheint, als habe August Petermann auf Osborns Signal

gelauert. Seit seinem Umzug beobachtete er das Treiben der Royal Geographical Society mit Argusaugen. Er pflegte alte Bekanntschaften. Er ließ sich über die Stimmungen und Gerüchte in London auf dem Laufenden halten. Als Herausgeber der *Geographischen Mitteilungen* trieb er im Aufwind einer neuen Reputation. Mit den ersten Anzeichen eines britischen Nordpolinteresses ging sein arktischer Schlummer zu Ende. Er holte seine alten Papiere hervor. Zwei Wochen später empfing Roderick Murchison, der Präsident der Royal Geographical Society, einen offenen Brief aus Gotha.

»Sir«, heißt es darin, »es gereicht mir zur höchsten Genugthuung, aus den Verhandlungen Ihrer Sitzung vom 23. Januar zu ersehen, dass die Britischen Expeditionen nach den arktischen Regionen wieder aufgenommen werden sollen.« Nach einigen artigen Sätzen dieser Art kam der Absender jedoch rasch zur Sache: Er meldete Widerspruch an. Man muss hier kurz innehalten, um Petermanns Chuzpe zu bewundern. Mit der Theorie vom offenen Polarmeer war er in England seinerzeit grandios gescheitert. Als er London verließ, gab es wenige, die ihm eine Träne nachweinten – zu penetrant hatte der deutsche »Professor« zuletzt auf seinem Hirngespinst beharrt. Doch als sich nun, ein gutes Jahrzehnt später, die erste Gelegenheit bot, bezog er mutig die alte Stellung. Er empfahl, seine alten Schriften zu lesen, denen der Adressat, Sir Roderick, seinerzeit selbst attestiert habe, auf »völlig authentischen Fakta« zu beruhen. Was Murchison anschließend zu lesen bekam, war nichts anderes als der alte Franklinplan, nur dass Franklin in der Zwischenzeit aus der Rechnung gestrichen und eine neue Phalanx von »Tatsachen« hineingeraten war. Als gebranntes Kind des englischen Wirklichkeitssinns hatte

Petermann nicht vergessen, dass seine einzige Chance darin bestand, das Hohelied der Faktizität zu singen: Keine theoretischen Schlussfolgerungen wolle er vortragen, sondern Tatsachen, nichts als Tatsachen, zu denen er im Übrigen »durch wirkliche Erfahrung und Beobachtung fast ausschließlich Englischer Forscher« gelangt sei. Derart rhetorisch rückversichert führte der Kartograf seine alten Argumente vor: das offene Polarmeer jenseits des achtzigsten Breitengrads. Den Highway zum Pol zwischen Spitzbergen und Nowaja Semlja. Den Winter als günstigste, eisfreie Jahreszeit. Und das Dampfschiff als Waffe, um den Eisring mit roher Kraft zu durchbrechen. »Ein geeigneter Schraubendampfer könnte eine Reise von der Themse nach dem Nordpol und zurück in 2 bis 3 Monaten zurücklegen«, endete Petermann siegesgewiss. Diese Formel, in Varianten, wurde sein neuer Glaubenssatz.

Im Brief an Murchison wandte er ihn gegen Kapitän Osborn an. Dessen Annahme, man könne nördlich des Smith Sounds über glattes Eis bis zum Nordpol gelangen, sei »Nichts als eine Hypothese, die sich auf den Wunsch gründet, dass es so sein möchte«. Eine forsche Vorwärtsverteidigung für den Hypothesen-Gott Petermann! Er deklarierte den Smith Sound zu einer Sackgasse, die im Norden durch Festland blockiert sei. Den Schlitten – Osborns favorisiertes Verkehrsmittel – verwarf er in Bausch und Bogen als ungeeignet: »Verlassen Sie sich darauf«, schrieb er zu einer späteren Gelegenheit an einen Londoner Sympathisanten, »die großen Dinge in der Arktis und in der Antarktis wurden und werden niemals mit Schlitten vollbracht, und tapfere Seeleute dazu zu zwingen, Schlitten zu ziehen, erniedrigt sie zu Eskimohunden.« Ganz unrecht hatte Petermann damit nicht. Bis zu Robert Scotts fataler Antarktisexpedition von 1912 weigerte sich die Royal Navy hartnäckig gegen die leichtfüßigen Hundeschlitten der Inuit und spannte stattdessen erst Matrosen und später Ponys ins schwere Geschirr: eine Borniertheit, die sie den Nord- und den Südpol kosten sollte. Mit seiner pauschalen Absage an Schlitten lag der Kartograf natürlich trotzdem falsch. Für ihn, der das grüne Polarmeer in seinen Tagträumen wogen sah, bedeuteten Schlitten schlicht, den technischen Fortschritt zu ignorieren, der dem Menschen die Dampfkraft an die Hand gegeben hatte. Was die Mittel seiner Nordpoleroberung anging, hörte Petermann nie auf, dem Fetisch der industriellen Welt, der Maschine, zu huldigen. Seine abschließenden Worte waren schmeichelhaft. England »in dem polaren Element völlig zu Hause«, sei »das einzige Land der Welt, von dem eine solche Expedition unter guten Auspicien ausgehen könnte«.

Als versierter Publizist, der er mittlerweile war, spielte Petermann seinen Brief zugleich auch der englischen Presse zu – ein Schachzug, über den Murchison »sehr böse« sei, wie er einem Vertrauten schrieb. Seine Absicht lag auf der Hand: Er wollte sicher gehen, dass der Präsident der Royal Geographical Society seinen Arktisplan öffentlich verlesen ließ – was im Februar 1865 auch tatsächlich geschah. Aus Petermanns Korrespondenz geht hervor, wie sehr er diesem Termin entgegen fieberte. In den Tiefen der Gothaer Provinz bekam er unverhofft eine neue Chance, den Kurs des englischen Weltgeists mitzubestimmen. Cartwright, einen befreundeten Agenten von Lloyd's Schifffahrtsversicherung, bat er, die Sitzung der Geografischen Gesellschaft aufmerksam zu verfolgen, alle relevanten Zeitungsartikel nach Gotha zu schicken und ganz generell »zu sehen, woher der Wind weht«.

Wie kaum anders zu erwarten, wehte er kühl aus Nordwesten. Nach der Lesung von Petermanns Brief polterte der Polarveteran George Back in den Saal, eine Theorie, »die in einem warmen Zimmer in Berlin ausgeheckt sei«, dürfe keine Sekunde lang in Betracht gezogen werden. Auch Sherard Osborns Höflichkeit war vergiftet. Er lobte Petermann in den höchsten Tönen, bezeichnete ihn jedoch wechselweise als »gelehrten Professor« und »berühmten deutschen Philosophen«, in den Räumen der Royal Geographical Society nicht gerade eine Ehrenbezeugung. Insgesamt war die Meinung der Experten aber gespalten: Teils votierten sie für den Smith Sound und Osborns Schlitten, teils sprachen sie sich vorsichtig für die Petermannroute aus. Besonders John Rae, der Franklinfinder, der als Überbringer der schlechten Nachricht bestraft worden war, schlug sich auf Petermanns Seite und blieb dabei. »Ich bin nach wie vor für die Spitzbergenroute«, ließ er ihn noch zehn Jahre später wissen. »Ich meine immer noch, dass Parry sehr weit nach Norden gekommen wäre, wenn er Dampfkraft zu Gebot gehabt hätte.« Insgesamt ging der Ratschlag der englischen Nautiker von daher befriedigend aus. »Es ist vielleicht zu bedauern, dass Du nicht etwas länger damit gewartet hast, Kopien an die Presse zu verteilen«, lautete Cartwrights Fazit, »aber im Ganzen, glaube ich, sind die Dinge nicht allzu schlecht gelaufen.« Damit ließ sich leben. Nur der Angriff der *Times* riss mühsam verheilte Wunden auf.

Sie begnügte sich nicht mit Osborns geringschätzig schillerndem Professorentitel, sondern machte Petermann zu einem »preußischen Weisen, der sich selbst aus den Tiefen seines inneren Bewusstseins ein vollständiges System arktischer Nautik und eine Vision vom Nordpol geformt hat«. Wenn man die

Anstrengungen des Kartografen bedenkt, als Vertreter kühler Faktizität dazustehen, waren Weisheit und Innerlichkeit, diese typischen deutschen Untugenden, die letzten Attribute, die er anstrebte. Aber der Angriff der *Times* richtete sich nicht gegen ihn allein. In einem großen Rundumschlag nahm sie das Nordpolprojekt insgesamt aufs Korn. Der Vorwurf lautete auf Realitätsverlust: Clements Markham, der amtierende Sekretär der Geografischen Gesellschaft, scheine anzunehmen, auf ein asiatisches Volk zu stoßen, »das in völliger Isolation in einem Tal der Freude lebt«. Richard Owen, Darwins großer Gegenspieler im Streit um die Evolutionstheorie, hoffe, in den Tangfeldern des offenen Polarmeeres eine wunderbare Seeschweinart aufzuspüren. Und die Hinterbänkler von Burlington House treibe die »unschuldige Neugier« um, »was der Nordpol nun eigentlich ist und ob sich dort in Wirklichkeit ein magnetischer Felsen oder ein Strudel befindet«.

In den Augen der *Times* war diese Neugier in all ihren Spielarten hoffnungslos anachronistisch. Genau wie das Perpetuum Mobile und Franklins Nordwestpassage gehöre auch der Nordpol »auf das Abstellgleis alter Irrtümer«. Er sei genauso von gestern wie die Davenport Brothers, jenes amerikanische Zaubererduo, das auf der Welle des Spiritismus durch England geritten war, um die Mitte der sechziger Jahre jedoch in den Verdacht geriet, von der Leichtgläubigkeit der Leute zu leben. Das gerade noch begeisterte englische Publikum wollte plötzlich sein Geld zurück. Laut *Times* wollte es auch seine Steuergelder nicht länger im arktischen Ozean versinken sehen. Es ist merkwürdig: Von Lady Franklins spiritistischen Seancen über Elisha Kent Kanes Romanze mit der Geisterseherin Margaret Fox bis zu diesem Abgesang auf eines der erfolgreichsten

Magiergespanne seiner Zeit scheint das Interesse am Nordpol mit den wechselnden Konjunkturen des Übersinnlichen verknüpft gewesen zu sein.

Dem Spott der *Times* gab Petermann insofern recht, als er mit den Reflexen des deutschen Innerlichkeitsmenschen reagierte. In seinen eigenen *Geographischen Mitteilungen* machte er einem Ärger Luft, der offenbar schon lange schwelte: Als Feindin des Nordpolarprojekts, schrieb er, gehöre die *Times* zu jenen Zeitungen, »die nur den materiellen Interessen dienen, sich vor dem Mammon in seiner krassesten Form beugen und alle wissenschaftlichen Bestrebungen als unnöthig und lächerlich, weil dem Geldsack nicht direkt förderlich, verwerfen«. Gold oder Wissenschaft, der Manichäismus des deutschen Bildungsbürgers.

1865 ging Petermanns Kampf um die Gunst der Nation, die ihn fallen gelassen hatte, in die zweite Runde. Auch wenn er sich später als Deutschnationaler verpuppte: England blieb seine große, unglückliche Liebe. Tag für Tag ertränkte er sie in acht bis zehn Tassen englischem Tee. Noch 1877 feierte er London als »Gipfel der Kultur, der Humanität und des Handels«. Und kurz nach der Trennung von seiner englischen Frau Clara, die er verließ, um eine Deutsche zu heiraten, nahm er sich das Leben.

16. DER LOTSE GEHT NICHT AN BORD

In England wurde Petermann den »preußischen Weisen« nicht los. In Deutschland brachte er es bis zum »kleinen Bismarck«. Aus der Not, zwischen den Stühlen zweier fremder Kulturen zu sitzen, entwickelte er ein fein kalkuliertes Spiel über Bande. Der Brief, in dem er seinen Londoner Informanten Cartwright anwies festzustellen, woher in der Royal Geographical Society der Wind wehe, ist in dieser Hinsicht bereits verräterisch. Er enthält unter anderem die Bitte herauszufinden, »ob die parlamentarische Belohnung von 5000 £ für jedes Schiff, das sich dem Nordpol bis auf 1° nähert, immer noch gültig ist und sich auch auf ausländische Fahrzeuge bezieht«. Mit der offiziell immer wieder geäußerten Beteuerung, nur England könne seine extravaganten Nordpolpläne realisieren, meinte er es offenbar nicht ganz ernst. Im Gegenteil. »Es ist nicht unwahrscheinlich«, ließ er Cartwright höchst vertraulich wissen, »dass ich eine Dampfschifffahrt direkt zum Nordpol in Deutschland auf die Beine stelle und selbst begleiten werde.« Nur selten hat der Kartograf so unumwunden den Willen bekundet, bei der Ausführung des großen Plans selbst dabei zu sein. Dass er es jetzt, in der Aufregung des Februars 1865 tat, verrät seinen Überschwang: am besten sofort auf ein Schiff steigen und zum Pol dampfen, um den geliebten, verhassten Engländern ein Schnippchen zu schlagen.

Einer der Ersten, den Petermann diesseits des Kanals zu

ködern versuchte, war der österreichische Admiral Bernhard von Wüllerstorf-Urbair: kein »Landratten-Admiral«, wie der Kartograf seinem Adressaten hochachtungsvoll bescheinigte, sondern der »erste der lebenden deutschen Navigatoren«. Von 1857 bis 1859 war Wüllerstorf mit der österreichischen Fregatte *Novara* um die Welt gesegelt. Die wissenschaftlichen Ergebnisse der Expedition füllten 21 Foliobände. Noch immer arbeiteten die Experten an der Auswertung des Materials. Unter den 26 000 naturkundlichen Fundstücken, die die *Novara* zurück nach Triest gebracht hatte, befand sich auch jener Ballen Cocablätter, aus dem der deutsche Chemiker Albert Niemann zum ersten Mal reines Kokain gewann. Bernhard von Wüllerstorf jedenfalls schien genau der Richtige, um eine wissenschaftliche deutsche Mission bis zum Nordpol und zurück zu bringen.

Wenn man Petermanns Korrespondenz mit dem Admiral durchsieht, drängt sich beinah der Eindruck auf, sein offener Brief an Murchison habe vor allem den Zweck gehabt, die Initiative der Briten durch eine Art sanfter Sabotage in die Irre zu führen. Von England sei im laufenden Jahr nichts zu erwarten, schrieb er dem Österreicher im Frühjahr 1865, da angesichts der zwei konkurrierenden Pläne »an ein gemeinsames Handeln, um die Genehmigung der Regierung und des Parlamentes zu erlangen, noch nicht zu denken ist«. Die günstige Gelegenheit gelte es umgehend zu nutzen! »Ich wünsche nichts sehnlicher und inniger, als dass Sie den Engländern zuvorkommen und den Nordpol vor der Nase wegschnappen möchten.« Und dann legte Petermann einmal mehr sein »Nordpol-Glaubensbekenntnis« ab: »Die bloße Erreichung des Nordpols ist eine kleine Sache, die von einem resoluten und unternehmenden Manne in einem kleinen Schraubendampfer in ein paar Monaten ausgeführt werden möchte.«

Angesichts solcher Zuversicht fing der Admiral sofort Feuer: Petermanns Schreiben habe sein Innerstes »in vollsten Aufruhr versetzt«, meldete er postwendend nach Gotha zurück. Nichts wäre ihm lieber, als eine deutsche Nordpolexpedition zu befehligen, und er bitte inständig, bei allen Planungen berücksichtigt zu werden. »Verzeihen Sie mir hochverehrter Herr, wenn ich Sie mit meinen Träumen belästiget habe, aber Sie selbst haben sie wachgerufen und ich hege und pflege sie, weil ich keine schönere Aufgabe kenne, wie die Verwendung meiner Kräfte zum Ruhme und zur Ehre meines Vaterlandes.« Wer weiß? Wäre Wüllerstorf nicht im selben Jahr zum k. k. Handelsminister ernannt worden – ein Amt, in dem er sich mit großer Energie dem Ausbau des Telegrafen- und Eisenbahnnetzes in der Donaumonarchie widmete –, hätte er vielleicht Petermanns Expedition kommandiert, und die folgende Geschichte wäre eine andere.

Das Werben des Kartografen um seinen Wunschkapitän war der Eröffnungszug in einer Kampagne, die darauf abzielte, die Deutschen für den Nordpol zu begeistern. Die Arktis besaß hierzulande nämlich keine Agenda. Immanuel Kant zufolge wussten seine Landsleute im späten 18. Jahrhundert noch nicht einmal, wo sich das Eismeer befand – sie hatten ja auch keine Karten. Kants Lamento lag zu Petermanns Zeit bereits drei Generationen zurück. Die geografischen Kenntnisse hatten sich inzwischen deutlich verbessert. Spätestens seit der Franklintragödie, deren Echos durch Europa hallten, konnten auch die Deutschen etwas mit der Baffin Bay oder dem Smith Sound anfangen. Aber es gab niemanden, der sich berufen fühlte, in diesen Gewässern zu operieren. Abgesehen davon, dass man nicht zu den klassischen Seemächten gehörte, lag das auch an der unübersichtlichen politischen Landschaft. Es ist wie verhext: Kaum nähert man sich der deutschen Geschichte im 19. Jahrhundert auch nur von Ferne, bekommt man es gleich mit den großen deutschen Themen zu tun: mit dem Stachel der fehlenden Einheit. Mit der Kluft zwischen Staaten und Nationalbewegung. Mit dem Willen zur Tat und dem Trauma der Handlungsunfähigkeit.

In England lag die Erforschung der Arktis in den Händen der Royal Navy. Petermann, der diesbezüglich britisch sozialisiert worden war, machte sich daher zunächst auf die Suche nach einer deutschen Kriegsmarine. Zwei mögliche Anwärter kamen in Frage: die Österreichische, in der Adria stationierte, und die Königlich Preußische Marine in Nord- und Ostsee. Aus heutiger Sicht mag es befremdlich erscheinen, dass die Flotte der Österreicher die weitaus stärkere der beiden war. Aber Österreich verfügte damals noch über einen Zugang zum Meer, und seitdem sich die Habsburger die venezianische Flotte einverleibt hatten, wurden Triest, Fiume und Pola zu großen Marinehäfen ausgebaut. Dagegen hatten sich die Preußen immer lieber auf ihre berüchtigten Landstreitkräfte verlassen. Nur dem Prinzen Adalbert, der ein Faible für Schiffe hatte, war es zu verdanken, dass jüngst auch Berlin in seine Flotte investierte. Als Senior- und Juniorpartner hatten österreichische und preußische Kriegsschiffe 1864 zusammen gegen Dänemark gekämpft, wobei sich die Beteiligten vor Helgoland derartig dezimierten, dass es am Ende keinen wirklichen Sieger gab.

An die junge Militärallianz zwischen Preußen und Österreich hoffte Petermann anzuknüpfen. Parallel sondierte er daher das Terrain in Wien und Berlin, warb um Wüllerstorf und fuhr nach Kiel, um mit dem preußischen Korvettenkapitän Reinhold Werner zusammenzutreffen. »Man darf sich der Hoffnung hingeben«, schrieb der Vorsitzende der Wiener Geographischen Gesellschaft Ferdinand von Hochstetter in Wüllerstorfs Auftrag nach Gotha zurück, »daß die deutsche Nordfahrt im Jahre 1866 als erste friedliche That der alliirten deutschen Flotte durch ein österreichisches und ein preußisches Schiff ausgeführt werde.« Auch in Berlin gab es solche Hoffnungen. Weil sie Fragen der großen Politik tangierten, ließ sich auf dem mittleren Dienstweg aber nichts entscheiden. Das Verhältnis zwischen Preußen und Österreich war 1865 äußerst fragil. Im Hintergrund ihres vorsichtigen Taktierens stand die offene Machtfrage im Deutschen Bund: Wer von den beiden politischen Alphatieren bekam die Fäden in diesem notdürftig vernähten Flickenteppich aus lauter Kleinstaaten in die Hand? Und wem gelang es, sich als Zugpferd vor den Karren der nationalen Einigung zu spannen? Denn die Forderungen der anschwellenden deutschen Nationalbewegung konnten auf Dauer nicht ignoriert werden. Im revolutionären März 1848 hatte sich das nationalliberale Bürgertum einen »großdeutschen« Staat gewünscht, mit der alten Kaisermacht Österreich an der Spitze. Die »kleindeutsche« Alternative setzte dagegen ganz auf den preußischen Tigerstaat. Das Dilemma der beiden Wunschkandidaten bestand darin, auf der einen Seite ihre konkurrierenden Interessen zu verfolgen, auf der anderen Seite aber niemals als Gegner aufzutreten, denn das hätte Verrat an der großen gemeinsamen Sache bedeutet: Deutschland, einig Vaterland.

In Petermanns Nachlass sollen zwei Seiten aus hauchdünnem Pergamentpapier existieren, auf denen er das Erlebnis seiner Audienz beim preußischen Ministerpräsidenten festgehalten hat. Ich habe das Dokument leider nicht gefunden. Dabei wüsste man gern, was der »kleine« vom »großen« Bismarck hielt. Am plausibelsten scheint wechselseitiges Unverständnis: hier der Kartenzeichner mit seinen geografischen Abstraktionen, dort der Meister der Realpolitik. Erstaunlicherweise scheint Bismarck eine großdeutsche Reise zum Nordpol jedoch nicht uninteressant gefunden zu haben. Vielleicht lag das daran, dass der Bittsteller auch auf bewährte englische Argumente zurückgegriffen hatte: »Bei der Nordfahrt kommt es ja zunächst nur darauf an: daß ein kleiner Theil unserer in den Häfen verstreuten Marinen und in Unthätigkeit versumpfenden Seeleute in Thätigkeit gebracht werden.« Doch die Entscheidung überließ Bismarck seinem ebenfalls anwesenden Marineminister Albrecht von Roon – und der wollte der unerfahrenen preußischen Flotte die Arktis nicht zumuten. Ernüchtert teilte Petermann seinen Wiener Gesinnungsgenossen mit: »H. v. Roon meinte, er sei auch für die Sache, allein von der k. Preuß. Marine könne dafür kein Schiff hergegeben werden, ja die Marine könne sich überhaupt nicht direkt daran betheiligen, weil ein Misslingen sehr nachtheilig auf das junge Institut zurückwirken würde. Er schien überhaupt voller Bedenken.«

Nach einigem Hin und Her ließ sich Roon jedoch dazu breitschlagen, einen preußischen Dampfer beizusteuern – falls Österreich ausdrücklich darum bitten sollte. Die Verantwortung für eine mögliche Blamage im Eismeer hätte damit bei den Habsburgern gelegen. Im diplomatisch verklausulierten

Brief an Petermann klang das so: »Der sicherste Weg, die Expedition in Gang zu bringen, wäre vielmehr m. E., dass die kaiserliche Regierung die unsrige zu der Betheiligung aufforderte; Kosten, Risico, event. Glanz und Ruhm wären dann getheilt, wie es unter treuen Alliirten in allen Stücken der Fall sein sollte. Deutschland und Europa würden inne werden, daß die gesäeten Drachenzähne keine Frucht versprechen, u. dass Österreich u. Preußen gleich geneigt sind, den deutschen Namen zu Ehren zu bringen.« Eine Zeit lang sah es so aus, als könnten die Wiener sich darauf einlassen. Ferdinand von Hochstetter meldete enthusiastisch nach Gotha, die Stimmung bei Hofe sei günstig, weshalb Petermann sofort an die Donau kommen und beim Kaiser vorsprechen müsse. Einen Audienztermin gebe es schon.

Aber Petermann wollte nicht. Der dezidierte Stratege, der sonst sogar Zeitungsenten aufschwimmen ließ, um die zögernden Staatsapparate zum Handeln zu bewegen, signalisierte plötzlich Lustlosigkeit. »Ich habe es allmälig bald satt«, klagte er gegenüber Hochstetter, »daß ich immer wieder öffentlich ins Feuer muß.« An einen Besuch in Österreich sei zum gegenwärtigen Zeitpunkt nicht zu denken. Wie bitte? Ausgerechnet jetzt, wo nach Bismarck auch Kaiser Franz Joseph bereit war, ihm sein kostbares Ohr zu leihen? Den Wiener Verbündeten muss dieser Wankelmut unheimlich vorgekommen sein. Er war der Vorbote eines paradoxen Musters: Immer dann, wenn sein großes Projekt zur Entscheidung drängte oder vor der Verwirklichung stand, schlug Petermann Haken, zettelte Streit an oder drohte, das Handtuch zu werfen. Seine Mitstreiter trieb das auf Dauer zur Verzweiflung. »Ihr Auftreten«, schrieb der Polarpublizist Moritz Lindeman händeringend – und im

Nachhinein erschreckend hellsichtig –, »macht den Eindruck wie jemand, der Hand an sich selbst legt.« Das war später, als Petermann die Ergebnisse der ersten deutschen Polarexpedition in den *Geographischen Mitteilungen* zerpflückt hatte. Was ab 1865 seinen Lauf nahm, war ein tragisches Psychodrama, die Konsequenz des Kartenzeichners, der seine papiernen Theorien in dem Moment sabotieren musste, wo sie sich in Schiffe aus Holz und Matrosen aus Fleisch und Blut verwandelten.

Ob Petermanns Auftritt beim Kaiser von Österreich viel genützt hätte, bleibt dahingestellt. So ging es jedenfalls schief. Im Dezember 1865 kam – überraschend – die Absage aus Wien. Unter dem fadenscheinigen Vorwand, wegen einer dringenden Handelsmission nach Japan keine »disponiblen Mittel« zur Hand zu haben, gab die k. k. Regierung ihre Demission bekannt. »Schenken Sie Dr. Petermann reinen Wein ein, und theilen Sie ihm mit, dass wir für die Nordpol-Fahrt höchstens Offiziere und Instrumente hergeben können«, lautete die Weisung an Ferdinand von Hochstetter. Mangels weiterer Erklärungen lässt das nur den Schluss zu, dass eine friedliche Eismeerfahrt mit den Preußen nicht im Interesse der Habsburger lag. Der politische Himmel verdüsterte sich. Im Sommer 1866, als die Schiffe hätten in See stechen sollten, befanden sich Österreich und Preußen bereits im Krieg. Bei Königgrätz ging auch der Traum einer großdeutschen Polarexpedition in Rauch auf.

Bei den gründlichen Preußen war die Sache damit aber trotzdem noch nicht vom Tisch. Auf Albrecht von Roons Initiative landete Petermanns Nordpolidee im Januar 1866 vor einer Kommission aus preußischen Seeoffizieren. Der Professor durfte seinen Plan noch einmal persönlich erläutern. Sein

Auftritt scheint ein Fiasko gewesen zu sein. Auf die Frage, was der Zweck der geplanten Nordpolexpedition sei – Ausbildung, Wissenschaft, Walfang? –, konnte er keine zufrieden stellende Antwort geben. Sein gebetsmühlenartig wiederholtes Glaubensbekenntnis – Durchbrechen der Eismauer zwischen Spitzbergen und Nowaja Semlja, per Dampfer via Nordpol bis zur Beringstraße und zurück – war den Nautikern nicht genug. Man fühlt sich an das Kopfschütteln der Royal Navy erinnert. Petermann fühlte sich missverstanden. Kapitänleutnant von Schleinitz erinnerte daran, dass eine Fahrt, die so wenig mit Krieg zu tun hatte, die preußische Flotte auf Abwege führen müsse. Nach drei langen Sitzungstagen zuerst mit und dann ohne den Kartografen lautete der Beschluss in verschwurbeltem Amtsdeutsch daher, »daß die Commission eine Polarfahrt seitens der königlichen Marine nicht als Aufgabe derselben betrachte, daß vielmehr die Marine näher liegende Zwecke zu verfolgen habe«. Wenn überhaupt, dann solle der Nordpol von einer zivilen Mission erobert werden. Davor sei die Angelegenheit aber unbedingt der Akademie der Wissenschaften vorzulegen. Nur Kapitän Werner, der selbst vom Nordpolfieber infiziert war, verweigerte seine Unterschrift.

Er konnte ebenso wenig wie Petermann ahnen, dass ihre gemeinsame Sache kurz vor der Ausführung stand. Mit der Ablehnung der Kommission wäre der Nordpol eigentlich erledigt gewesen – wenn König Wilhelm I. ihn nicht zur Chefsache erklärt hätte. Warum sich der schlichte Wilhelm plötzlich für das offene Polarmeer erwärmte, steht nicht in den Akten. Im März 1866 erteilte er seinem Kabinett aber einen unmissverständlichen Befehl: Die Sache solle ruhig zur Akademie der Wissenschaften gehen. Von der Meinung der Experten sei eine deutsche Nordpolmission aber nicht abhängig zu machen. »Vielmehr will ich, daß die für die Ausführung der Expedition erforderlichen Vorbereitungen unverzüglich von den betheiligten Ministerien getroffen werden.« Es folgte eine fieberhafte Aktivität. Regierungschef Bismarck machte seinen Leuten Beine, die Akademie der Wissenschaften schrieb eilig ein nutzloses Gutachten, und im preußischen Kultusministerium wurde ein »Polarforschungsinstitut« eingerichtet. Am 2. Mai stand der logische Kandidat Reinhold Werner als Leiter der deutschen Nordpolexpedition fest. Am 4. Mai begann die Mobilmachung der preußischen Truppen. Das Gerangel mit Österreich verlangte nach einer Fortsetzung mit anderen Mitteln. Kapitän Werner fand sich unversehens auf dem Panzerschiff *Arminius* wieder und nahm die Küstenbefestigungen des mit Österreich verbündeten Königreichs Hannover ein. Bismarcks Büro tat so, als wäre nichts passiert. Und auch König Wilhelm ruderte eilig zurück. Im August, als der Krieg schon gewonnen war, verfügte er offiziell, »daß die projectierte Expedition nach dem Nordpolarmeere für jetzt auf sich beruhe«. Seinen Beamten muss ein Stein vom Herzen gefallen sein.

17. DIE ÜBEREILTE NATION

Die preußischen Realpolitiker hatten sich zuletzt also aus der Affäre gezogen. Anders als die Nordwestpassage zu ihrer großen Zeit war der Nordpol kein Ziel, das sich einfach an Staatsapparate verkaufen ließ. Die phlegmatischen Lords der Admiralität hatten den vorlauten Osborn nach Indien abgeschoben, und auch die deutschen, in arktischen Dingen unerfahrenen Politiker bekamen kalte Füße. »Eine Regierung kann sich nicht kopfüber mit Enthusiasmus in ein Unternehmen stürzen, bevor nicht Zweck und Nutzen desselben reiflich und gründlich erwogen sind«, hatte der preußische Marineminister den ungeduldigen Petermann beschieden. Die Idee einer Reise zum Nordpol war zu neu, ihr möglicher Ertrag schien zu ungewiss.

Der Ausstieg der Staatsapparate traf den Kartografen nicht aus heiterem Himmel. Angesichts der schwierigen politischen Verhältnisse hatte er von vornherein auf mehreren Ebenen agiert, neben Preußen und Österreich auch die gesamtdeutsche Öffentlichkeit im Blick gehabt. Als Berlin den finalen Rückzieher machte, besann er sich daher auf seine Vorliebe für polemische Pressekampagnen und ließ die Leser der *Geographischen Mitteilungen* wissen, sein Flirt mit den Machthabern sei nichts als ein typisch deutscher Irrtum gewesen: »Wohl hat man auch zur Verwirklichung dieses Planes wieder nach Deutscher Art zuerst das Vorgehen einzelner Regierungen erwarten wollen. Aber ein thatkräftiges Volk handelt selber!« In Österreich und in Preußen hatte Petermann Körbe kassiert. Nun warf er sich dem deutschen Volk an den Hals, diesem raunend beschworenen Kollektivwesen, auf dem damals große politische Hoffnungen ruhten.

Der »Aufruf an die Deutsche Nation«, den Petermann abdrucken ließ, stammte allerdings nicht von ihm selbst, sondern aus der Feder von Otto Volger, dem Direktor des Freien Deutschen Hochstifts in Frankfurt am Main. Mit diesem Mann und mit dieser Institution geriet Petermanns Nordpoltraum tief in den Strudel der deutschen Nationalbewegung. Otto Volger, ein Lehrersohn aus Lüneburg, der in Göttingen Geologie studiert hatte, war im März 1848 mit auf die Barrikaden gegangen. Als notorischer Republikaner musste er später das Weite suchen, fand Unterschlupf in der Schweiz und nutzte das Exil für geologische Studien. Seine ungebrochene Begeisterung für die nationale Sache ging so weit, dass er eine deutschtümelnde Terminologie für Kristallformen erfand, die die gängigen griechisch-lateinischen Begriffe ersetzen sollte. Ein Oktaeder wäre demnach ein »Eckling«, ein Rhombendodekaeder ein »Knöchling«, ein Ikositetraeder ein »Buckling« gewesen. Soweit ich weiß, haben sich Volgers knorrige Namen nie durchgesetzt. In den 1850er Jahren ging er nach Frankfurt, in die Stadt der ersten deutschen Nationalversammlung zurück und rief das Freie Deutsche Hochstift für Wissenschaften, Künste und allgemeine Bildung ins Leben. Deutscher Geist für alle, lautete das satzungsgemäße Ziel. 1863 siedelte Volger seine Akademie in Goethes Geburtshaus um und verpflichtete sie auf die Pflege des heroischen Dichtererbes. 1865 stolperte er über August Petermanns Nordpolprojekt.

Volgers Reaktion ließ nicht lange auf sich warten: Überzeugt, dass die Arktis ein deutsch-nationales Potential besitze, schlug er dem Gothaer Kartografen eine große »geographische Versammlung« in Frankfurt vor, um unter Goethes ideeller Schirmherrschaft über die Eroberung des Nordpols zu beratschlagen. »Während aber die Deutschen sich mit Auflösung philosophischer Probleme quälen«, hatte der Dichter einst zu Eckermann gesagt, »lachen uns die Engländer mit ihrem großen praktischen Verstande aus und gewinnen die Welt.« Es ließe sich für die Tagung, die im Juli 1865 stattfand, kein besseres Motto finden. Sie war von dem Wunsch beseelt, undeutsch zu sein, den Beweis anzutreten, dass die Dichter und Denker auch handeln konnten – und zwar sofort. Vor zahlreichem Frankfurter Laienpublikum und einer Handvoll Experten – darunter der bereits mehrfach erwähnte Ferdinand von Hochstetter aus Wien, Wilhelm von Freeden, der Direktor der Navigationsschule in Elsfleth, und Georg Neumayer, ein Meteorologe, der in den Südpol verliebt war – hielt Petermann eine lange Rede, in der es vor allem um Eile ging. »Lassen Sie uns, meine Herren, beschließen, daß eine Deutsche Nordfahrt sofort ausgerüstet und noch in diesem Jahr ausgeführt werde«, rief er in den Saal, den er vorher mit dem eisfreien Polarmeer und den Ränken der britischen Presse auf Temperatur gebracht hatte. Es ging darum, den Engländern zuvorzukommen. Während die Verhandlungen mit Preußen und Österreich noch auf vollen Touren liefen, nahm er daher alle »Deutschen Kapitalisten« in die Pflicht, ihre Schatullen für eine Arktisexpedition zu öffnen, und tat die ersten hundert Gulden publikumswirksam selbst in den Topf.

Das Echo der Presse ließ nichts zu wünschen übrig. Vom

Bremer Handelsblatt bis zur *Triester Zeitung* gab es gute Kritiken. Quer durch den Deutschen Bund begrüßten die Redaktionen den Nordpol als nationale Bestimmung. Dabei war nur der Korrespondent des *Dresdner Journals* in Frankfurt zugegen gewesen. Alle anderen hatten Petermanns Redemanuskript in ihren Briefkästen vorgefunden – von einem gewieften Öffentlichkeitsarbeiter direkt zugestellt.

Im Gegensatz zu den Zeitungen legten die Frankfurter Arktisexperten Skepsis an den Tag. Noch im laufenden Jahr eine Nordpolexpedition loszuschicken – und sei es, wie Petermann forderte, nur eine »kleine Rekognoscirungsfahrt« –, schien ihnen schlichtweg indiskutabel. Eine schlecht ausgerüstete Expedition konnte die pubertierende deutsche Polarforschung gleich auf den ersten Metern desavouieren. »Wir sollten im nächsten Frühjahr im Felde sein« – so die soldatisch verfasste Meinung Georg Neumayers. Einvernehmlich vertagten sich die Frankfurter Fachleute auf das kommende Jahr und beschlossen zur Sicherheit, einen Ausschuss einzuberufen. Nur August Petermann ließ nicht locker. Im Gegensatz zu seinen bedächtigen Landsleuten hatte er nicht das Gefühl, es gäbe noch Zeit zu verlieren. Gleich nach dem Ende der Konferenz setzte er ein Preisgeld von 2000 Thalern aus – für die Erkundung der Strömungsverhältnisse zwischen Spitzbergen und Nowaja Semlja noch im laufenden Jahr. Dem Text seiner Ausschreibung zufolge handelte es sich um leicht verdientes Geld, denn er rechnete mit dem Vergnügen einer »kleinen Segelfahrt«.

Reinhold Werner, der arktisbegeisterte preußische Korvettenkapitän, muss das ähnlich gesehen haben. Er spielte die Rolle eines deutschen Sherard Osborn: Aus dem Innern des preußischen Marineestablishments kommend, kampferprobt und mit guten Beförderungsaussichten, riskierte er seinen guten Ruf für den windigen Nordpol. Im Namen der deutschen Nation charterte er einen englischen Schraubendampfer, die *Queen of the Isles*, und ließ ihn nach Hamburg bugsieren. Da er selbst keinen kurzfristigen Diensturlaub bekam, vertraute er das Kommando dem Bremer Kapitän Hagemann an. Am 31. August 1865, auf den letzten Drücker, stach der Dampfer in Richtung Polarmeer in See. Vor der See kam allerdings die Elbe, und hier, auf der Höhe von Otterndorf, erlitt die *Queen of the Isles* Maschinenschaden. Sie musste eilig vor Anker gehen. Kapitän Hagemann ließ sich von einem einlaufenden Dampfer nach Hamburg mitnehmen und schickte seinem Schiff einen Schlepper entgegen. Die Reparatur würde mindestens acht Tage dauern. Die Arktissaison neigte sich ihrem Ende zu. Nicht einmal Petermann konnte jetzt noch auf einem zweiten Versuch bestehen. Auf 53° nördlicher Breite war die erste deutsche Nordpolfahrt daher vorbei. Sie hätte ein gutes Sujet für Joachim Ringelnatz abgegeben, der die Geschichte stattdessen zwei Hamburger Ameisen auf den Leib geschrieben hat. In jungen Jahren fuhr Ringelnatz selbst zur See. Eines seiner ersten Gedichte, *Der Untergang der Jeannette*, handelt von Petermanns letzter Nordpolexpedition.

Aber dies hier war seine erste. Und sie hätte nicht kläglicher enden können. Die englischen Zeitungen hatten ihren Spaß. Petermann, unter Zugzwang, setzte eine Erklärung für die *Geographischen Mitteilungen* auf. Man kann den Text als Symptom seiner Überreizung verstehen: Die latente Rivalität mit den Briten schlug hier in manifeste Paranoia um. Der Kartograf verwendete über zehn Druckseiten auf den Beweis, dass die deutschen Polarfahrer einem englischen Sabotageakt zum Opfer gefallen waren: »Englische Maschinerie oder Machination hat dieses schöne Unternehmen vereitelt.« Da war zunächst die Havarie selbst: Konnte es ein Zufall sein, dass die Maschine gerade in dem Moment kaputt gegangen war, als der deutsche Teil der Besatzung beim Mittagessen saß und die Führung des Schiffes in den Händen der elf britischen Seeleute lag? Warum hatte der englische Ingenieur Kapitän Hagemann hastig zu beruhigen versucht und behauptet, der Schaden könne rasch repariert werden? Und warum wurden Hagemann »mit abgebrochenen Maschinenstücken die Beine beinahe abgeworfen«, als er sich schließlich selbst an den Unfallort begab? Die genauere Untersuchung ergab, dass eine Mutter in den Motor geraten war, die Ventile zerstört und die Kolbenstange verbogen hatte. »Mir steht beinahe der Verstand still«, zitierte Petermann aus dem atemlosen Bericht Kapitän Hagemanns, »aber es ist mir völlig klar und ich bin moralisch überzeugt, dass wir durch grenzenlose Gemeinheit betrogen sind.«

Vorbehaltlos schloss sich der Kartograf dieser moralischen Überzeugung an. Ihm fielen noch weitere Ungereimtheiten auf. Schon im englischen Heimathafen war die Abreise des Dampfers grundlos verzögert worden. »Trotz aller Telegramme und bezahlter Rückantworten wurde nicht geantwortet, wann oder ob das Schiff gesegelt sei. Dann geht es endlich am 26. die Themse hinunter, bleibt aber 24 Stunden liegen – angeblich wegen Nebels, und braucht dann bis zum 30., um nach Hamburg zu gelangen.« Gerade die Undurchsichtigkeit der ganzen Sache zeigte, dass es sich um einen besonders ausgeklügelten Sabotageakt handelte. »Je größer eine Bosheit ist«, lautet Petermanns Fazit, »desto schwerer ist es, überführende Beweise dafür vorzubringen.«

Motive hatten die Briten in Petermanns Augen genug. Sie betrachteten den Nordpol als ihre Krondomäne, eine deutsche Arktisexpedition folglich als unerwünschte Konkurrenz. Nur die Royal Geographical Society nahm der Kartograf von dieser Generalunterstellung aus. Für Roderick Murchison, der ihm im Plenum Gehör verschafft hatte, gelte nichts als die gemeinsame wissenschaftliche Sache. Der Gegner stand anderswo. Wie bei anderen Gelegenheiten zuvor ließ es sich Petermann nicht nehmen, seinem englischen Lieblingsfeind, der »wissenschaftsfeindlichen« *Times* und dem von ihr vertretenen »Mammon«, erlittene Demütigungen heimzuzahlen: »Wenn Leute dieser Partei hörten, dass ein Preussischer Flottenoffizier in Kiel eine Deutsche Nordfahrt ausrüstete, welche Englischen Entdeckungen hätte zuvorkommen können – liegt da nicht der Gedanke nahe, dass der Bruch der Englischen Maschine von etwas anderem als dem blossen Zufall herrührte?« Nun ja. Mit einem gehörigen Quantum Paranoia vielleicht schon.

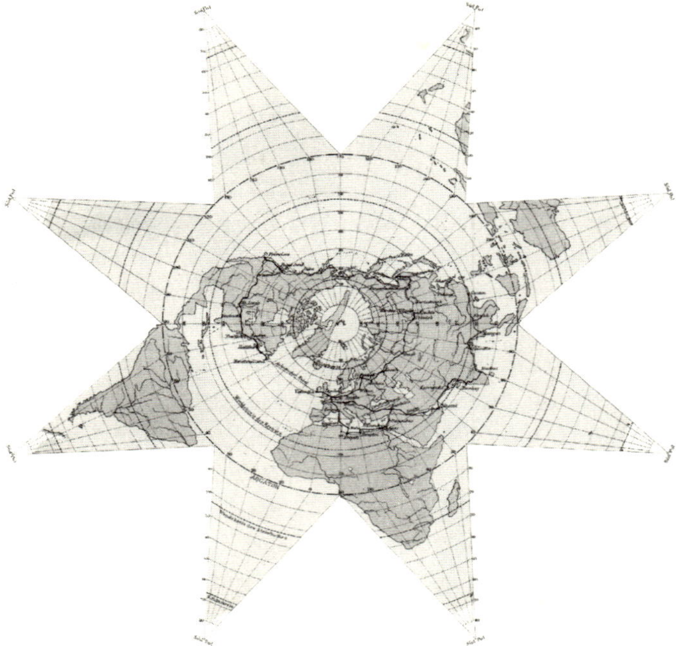

Für den schwäbischen Darwinisten Gustav Jäger war der Nordpol der Nabel der Welt.

18. BALLONS UND GLÜHBIRNEN

In August Petermanns Gothaer Nachlass befindet sich unter anderem auch ein dicker Packen unverlangt eingesandter Briefe, von denen die meisten mit einem barschen Vermerk gekennzeichnet sind: »abgelehnt«. In diesen Briefen spricht die Deutsche Nation. Wenn das kollektive Phantom, das nach Preußen und Österreich in die Bresche springen sollte, wenn dieses Phantom sich überhaupt jemals selbst zum Nordpol geäußert hat, dann hier, in der Kakophonie der Freiwilligen. Sie setzte sich aus Ärzten, Naturforschern, kleinen Beamten und gelangweilten Provinzadligen zusammen. Kaum war Petermanns Arktisprojekt im Sommer 1865 publik geworden, griffen sie in allen deutschsprachigen Gegenden Mitteleuropas zur Feder.

Teils großspurig, teils kleinmütig, teils visionär und teils spröde sind ihre Nachrichten wie Eisenspäne, die die magnetische Anziehungskraft des deutschen Nordpols sichtbar machen. Da waren die eigentlichen Freiwilligen wie der junge Telegrafist, der davon träumte, ein Seeabenteuer zu erleben. Sein Brief an Petermann ist herzzerreißend: »Eine außerordentliche Neigung, die Welt mit ihren Gefahren zu Wasser und zu Land selbst einmal zu sehen & diesen Gefahren mit Muth & Ausdauer ins Antlitz blicken zu dürfen, das war schon seit vielen Jahren das Ziel meiner Wünsche gewesen; der Zweck meines Ergebenen nun ist, Sie, geehrter Herr, um eine Stelle, sei es als Sekretär, oder auch nur eine untergeordnete Stellung auf einem der Schiffe zu ersuchen, würde auch als Seekadett mein Möglichstes zu leisten trachten. Ich war einst so unglücklich, alle meine schönen Hoffnungen, zur See gehen zu können, durch einen Armbruch, den ich mir beim Turnen zugezogen hatte, vereitelt zu sehen; denn einige Wochen nach diesem Unfall hätte ich in Hamburg in der Seemannsschule placirt werden sollen, durch diesen Zwischenfall aber waren meine Eltern auch nach glücklicher Heilung des Armes zu einem weitern Schritt in dieser Angelegenheit nicht mehr zu bewegen, da sie immer ernstliche Besorgnisse hegten, es möchte ein Rückfall eintreten & so waren denn mit einem Male meine schönsten Hoffnungen zu Wasser geworden. Ich wurde nun zur Telegraphie, das heißt mit anderen Worten auf ewig zum im Zimmer sitzen verdammt & wohl oder übel musste ich mich einstweilen in das Unvermeidliche fügen; der heutige Artikel in der Zeitung aber ermuthigt mich wieder zu einem neuen Versuche, meinen Lieblingswunsch doch endlich in Erfüllung gehen zu sehen, indem ich der Hoffnung Raum gebe, daß Sie in dieser Angelegenheit sich meiner annehmen werden, und möchte ich Sie deshalb recht dringendst gebeten haben, meine schönsten Wünsche dießmal nicht durch eine abschlägige Antwort zu vernichten. Mein Alter ist 19 Jahre.«

Petermanns Antwort ließ an Deutlichkeit nichts zu wünschen übrig: »Es ist kein Entschluß«, schrieb er, »daß Deutschland eine neue Nordpol-Expedition ausrüsten wird, und wenn dies der Fall wäre, so würden Sie leider wohl nicht die geringste Aussicht haben mitzufahren, schon deshalb nicht, weil man zur Betheiligung an solchen Unternehmungen nur sehr gewählte und starke Leute und Männer der Wissenschaft zuläßt.« Der unglückliche Telegrafist hatte schlechte Karten, da sich unter den Bewerbern tatsächlich auch Naturforscher und gestandene Abenteurer befanden, die dem Lockruf der Ferne bereits bis Afrika oder Grönland gefolgt waren. In vielen Fällen verband Petermann seine Absagen mit dem Vorschlag, sich doch in anderer Hinsicht nützlich zu machen: »Sie würden aber trotzdem Ihr Interesse betätigen können, wenn Sie die Güte haben wollten, diesem wichtigen Unternehmen durch gütigen Beitrag der in Ihren Kreisen angeregten Sammlungen fördernd zu helfen.«

Die Nation war ein störrisches Gegenüber. Ohne ihr Geld war an Polarreisen nicht zu denken, aber wer an ihr Geld wollte, musste an ihre Fantasie appellieren, und diese Fantasie schoss allzu leicht ins Kraut. Sie musste vorsichtig kanalisiert und, wenn möglich, in Zählbares umgemünzt werden. 1866 begann das Spendensammeln in großem Stil. Hinter der heroischen Kulisse nationaler Aufrufe nimmt es sich oft genug als zynisches Business aus. »Halle ist groß und wohlhabend«, schrieb Petermann im Frühjahr 1869 an einen seiner Mitstreiter. »Setzen Sie Dr. Ule zu, daß er Halle in Angriff nimmt und tüchtig abgrast. Das Abgrasen muß nun bald ordentlich und energisch beginnen, wir finden sonst am Ende gar kein Gras und auch kein Moos.« Der Kartograf erwies sich als sehr geschickter Geldeintreiber. Schon bald konnte er über eine gefüllte Kasse verfügen, die viele strategische Optionen bot.

Guten Willen gab es, wie gesagt, genug. Ein Hobbyastronom aus Jülich bot seine Messinstrumente an. Ein Berner Berg-Ingenieur stellte »ausgezeichnete Waffen und zwei Englische Zelte« in Aussicht – wenn man bereit wäre, ihn dafür mitzunehmen. Ein schüchterner Sammler bat Petermann um dessen fremdländische Briefmarken. Ein grönlanderfahrener »Hundekutscher« hielt seine Dienste für unverzichtbar. Ein Deutscher aus Stockholm empfahl Dampfschiffe aus schwedischem Stahl. Ein Deutscher aus China versicherte Petermann, auch er »würde die Polar-Regionen nie von einer anderen Seite als von Spitzbergen aus attakiren«. Ein Konsul a.D. klagte über die politische Unreife der deutschen Nation. Ein »Postaccessist« aus Leipzig schwafelte unverbesserlich von seinem eigenen Pol: »Ich werde warten, ein Jahr, zwei, drei Jahre, aber ich werde Timbuktu erreichen.«

Neben redseligen Claqueuren und alltagsmüden Abenteurern fühlten sich auch Spinner, Erfinder und Projektemacher vom hohen Norden angezogen wie Motten vom Licht. Hinter vorgehaltener Hand boten sie Petermann ihre Zukunftsmaschinen an: eine eigens entwickelte »Waffe« samt Munition, die für Nordpolfahrten ganz besonders geeignet sei. Ein neues Luftschiff aus »kleineren zylindrischen Ballons«, das sich im Gegensatz zu allen bekannten Patenten mittels »archimedischer Schrauben« steuern lasse. Gustav Baron Schwaben, Amtsleiter eines ungarischen Telegrafenbüros, der den Flugapparat erdacht, aber wegen Geldnot nie hatte testen können, legte ihn Petermann für einen modernistischen Tigersprung über die Eisbarrieren ans Herz. Gerade Telegrafenleuten, so scheint es, deren nervöse Finger direkt mit der weiten Welt verkabelt waren, ging der Nordpol unter die Haut. Bis der schwedische Ingenieur Salomon Andrée 1897 zu seinem Ballonflug von Spitzbergen abhob, sollten allerdings drei weitere Jahrzehnte vergehen – bis Roald Amundsen und Umberto Nobile ihr Luftschiff *Norge* über den Pol steuerten, sogar sechs. Auch wenn die Fantasien der Tüftler keine Schwerkraft kannten: Für arktische Luftfahrten waren die 1860er Jahre noch nicht reif. Bei der geplanten Expedition, beschied Petermann Baron Schwaben, gehe es vor allem um die Ausbildung der beteiligten Seeleute. Eine Ballonreise zum Nordpol schieße daher weit übers Ziel hinaus. Für alle weiteren Fragen empfehle er im Übrigen, sich an die Aeronautical Society in London zu wenden.

Während der Wettlauf zum Nordpol an Tempo gewann, wurde die Arktis zu einem Exerzierplatz für Projektemacher. Das ließe sich weit über Petermanns Pioniertage hinaus verfolgen. Bis zu Julius Payer etwa, dem Kommandanten der österreichisch-ungarischen Polarexpedition, der seine letzten Lebensjahre auf die Idee verwandte, mit einem U-Boot zum Nordpol zu tauchen. Oder bis zur amerikanischen *Jeannette*-Expedition, die sich von Thomas Alva Edison mit einem Prototyp seiner elektrischen Glühbirne ausrüsten ließ, um den langen Polarwinter zu illuminieren. Oder noch weiter, bis ins Amerika Robert Pearys, der in seinem Buch über die Eroberung des Nordpols von den »Spinnerbriefen« erzählte, die ihn jeweils im Vorfeld seiner Expeditionen erreichten. In der zukunftstrunkenen Ragtimeära ließ das Portfolio der Erfinder nichts zu wünschen übrig: Es gab Flugmaschinen, eistaugliche Automobile und Unterseeboote, dazu eine Schlauchleitung für heiße Suppe von Spitzbergen aus und eine großkalibrige Kanone, die Peary als »menschliches Geschoss« direkt zum Pol feuern sollte. An den Rückweg hatte der Ballistiker nicht gedacht.

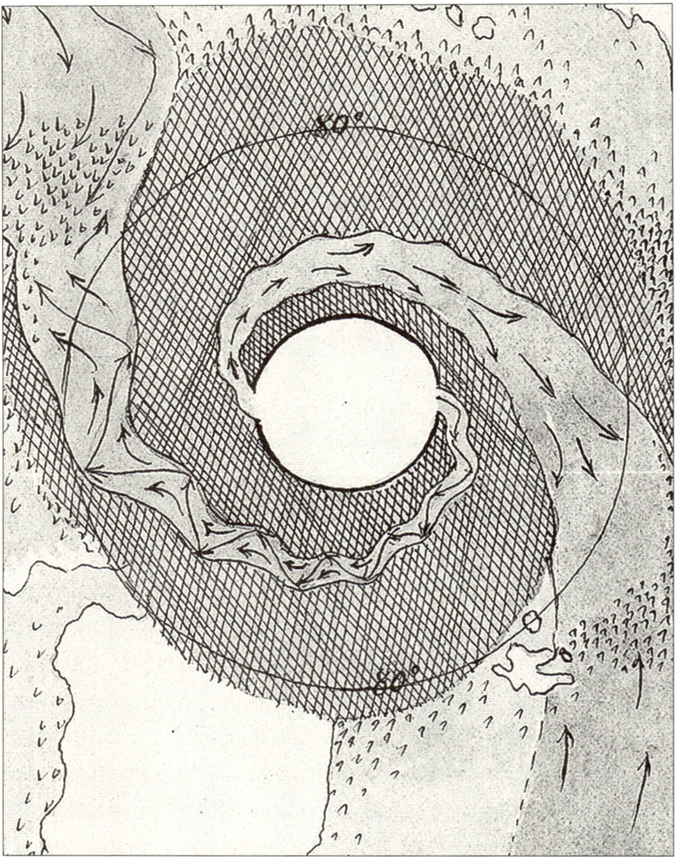

Für den Oldenburger Obergerichtsanwalt Adolph Gether
war der Nordpol die Pforte ins Erdinnere.

19. FISCHERSCHALUPPENFANTASIEN

Doch zurück ins Deutschland der Reaktionszeit. Auch Gustav Jäger war ein Projektemacher, wie er im Buche steht. Der Direktor des Wiener Tiergartens, einer der ersten öffentlich bekennenden Darwinisten in Deutschland, ist als Erfinder der »Normalkleidung« in die Geschichte eingegangen. Seine streng militärisch geschnittene Wollkluft, eine Kreuzung aus hygienisch-physiologischen Forschungen und Lebensreformbewegung, ging in den 1870er Jahren in Stuttgart in Produktion. Sie trug Jäger ein Vermögen ein. Robert Bosch soll ebenso auf Normalkleidung geschworen haben wie George Bernard Shaw. Und Fridtjof Nansen trug die wollenen Leibchen auf seinen epischen Märschen durchs Packeis. Vermutlich hat sich der Unternehmer über diesen Triumph besonders gefreut. Denn der Nordpol interessierte ihn, unter evolutionstheoretischen Gesichtspunkten, schon viel länger. Nicht umsonst finden wir Jäger auf der Gästeliste von Petermanns großer Geografenversammlung im Frankfurter Hochstift, wo er, vielleicht schon im Prototyp des anthroposophischen Wollwamses, von seinen jüngsten tiergeografischen Untersuchungen berichtete. Für einen Darwinisten wie ihn gab es keinerlei Zweifel: Die Verteilung der Tiere auf der Erde entsprach der Figurenkonstellation eines »halb abgelaufenen Schachspiels«. Sie erlaubte es dem erfahrenen Spieler, die ganze Partie, sprich: die Entstehung der Arten zu rekonstruieren. Und Jäger hatte den

Nordpol als »Schlüssel« in diesem Spiel identifiziert. Aus der ringförmigen Verteilung der Säugetiere entlang der Breitengrade – zumal sie quer über Atlantik und Pazifik hinweg ging, als wären die Weltmeere ein Katzensprung – schloss er: Der Pol oder die Ufer eines geschlossenen runden Polarbeckens mussten der genealogische Ausgangspunkt dieser konzentrischen Kreise sein. Europas und Amerikas Tiere stellten »die versprengten Nachkommen einer einst nordpolaren Fauna« dar, die ein planetarischer Kälteschub ringförmig in Richtung Äquator getrieben hatte. Ein halbes Jahrhundert vor Alfred Wegeners Kontinentaldrift war das zumindest eine diskutable Hypothese. Auf Jägers sternförmiger Weltkarte, zu Demonstrationszwecken eigens in Polarprojektion entworfen, gewann sie mächtig an Plausibilität. Es kann nicht verwundern, dass Petermann Feuer und Flamme war: Jägers Karte machte den Nordpol zum Nabel der Welt. Der Kartograf adaptierte sie als Logo für Perthes' Geographische Verlagsanstalt.

Der arktische Darwinismus des schwäbischen Wollunternehmers ist ein Zeitphänomen. Schon immer hatte der Nordpol einen Kristallisationskern für geografische Mythen gebildet, aber spätestens, seitdem Petermann das eisfreie Polarmeer predigte, erlebte er eine schillernde Hochkonjunktur. Für Jäger stellte er den Ursprungsort höheren Lebens dar. Für den kanadisch-isländischen Polarforscher Vilhjalmur Stefansson bildete er zwei Generationen später das Endziel der modernen Zivilisation. *The Northward Course of Empire* heißt Stefanssons neuerdings wieder sehr aktuelles Buch von 1922, in dem er von einem großen »Zug nach Norden« träumte, analog zum amerikanischen *Let's go West!*. Dazwischen lassen sich, gerade im deutschsprachigen Raum, alle erdenklichen kühnen Varianten finden. Es ist kein Zufall, dass Karl May, der demiurgische Enkel der deutschen Erdkunde, seine Bibliothek in der Villa Shatterhand auf den Namen »Nordpol« taufte. Zwischen staubigen Folianten und Kartenrollen lag hier der Nullpunkt seiner literarischen Einbildungskraft. Wie man weiß, war der Vater Winnetous ein großer Büchernarr, der sich enzyklopädisch durch die einschlägige Reiseliteratur las. In seinem akribisch geführten Anschaffungskatalog ist alles vorhanden: von Humboldts *Kosmos* über das Indienwerk der Gebrüder Schlagintweit bis zu den Bänden von Petermanns *Geographischen Mitteilungen*.

Das Gros der Nordpolenthusiasten musste Petermann abwiegeln. Für die technischen Machbarkeitsträume fehlte ihm vielleicht das Gespür. Nur für die theoretischen Köpfe, die Mythologen, die Ursprungsdenker und Utopiker, hatte er naturgemäß eine Schwäche. Sie verkörpern die Geister, die Petermann mit seinen kühnen Hypothesen gerufen hatte: die Geister einer entfesselten arktischen Imagination. Zwischen ihren planetarischen Fantasien und seinen eigenen Theorien lag nicht mehr als eine überwachsene, grüne Grenze – ein wildes Terrain, von dem eine latente Infiltrationsgefahr ausging. Da ist zum Beispiel der Fall des Oldenburger Obergerichtsanwalts Adolph Gether. Als er von Petermanns Nordpolkampagne erfuhr, schickte er seine gerade in Kommission gedruckten *Gedanken über die Naturkraft* nach Gotha, einen wissenschaftlich-philosophischen Kraftakt, der auf dreihundert Seiten nicht weniger unternahm, als den Bauplan der Welt zu erklären. An dilettantischem Selbstbewusstsein mangelte es dem Autor keineswegs: »Gerade in den Naturwissenschaften«, erklärte er gleich am Anfang, »ist es aber dem in hergebrachten Theorien nicht befangenen Laien in gewisser Beziehung leichter als dem Fachgelehrten, durch Nachdenken die Wahrheit zu ermitteln.« Noch zwei Generationen früher hätte Gether seinen Traktat vermutlich als philosophische Spekulation ausgeflaggt. Jetzt, in den 1860er Jahren, setzte er auf das Prestige, das die jungen Naturwissenschaften abstrahlten. Seine Vorliebe ist zeittypisch: Sie erklärt die Flut von szientistischem Schrifttum, die das 19. Jahrhundert hervorgebracht hat.

Was der Anwalt in Buchlänge ausbreitete, waren seine weit reichenden theoretischen Folgerungen aus der Beobachtung einer Garnrolle und eines Blattes Papier. Die Details tun hier nichts zur Sache. Alle Naturkräfte, erklärte Gether sinngemäß, könnten auf Schwingungen elastischer Materie zurückgeführt werden. Mit dieser gewagten Annahme lag er voll im Trend seiner Zeit. Die große physikalische Sensation der Jahrhundertmitte, die Thermodynamik, besagte im Grunde etwas ganz Ähnliches: Laut Hermann von Helmholtz, der im Revolutionsjahr 1848 seinen bahnbrechenden Aufsatz *Ueber die Erhaltung der Kraft* veröffentlicht hatte, waren alle Naturkräfte – von der Gravitation bis zur Dampfmaschine – Manifestationen ein und desselben Kraftreservoirs, das bis an die Grenzen des Universums reichte und dessen Menge immer gleich blieb. Heute würden wir von Energie sprechen. Die Deutschen, die gerne Urwörter benutzten, sagten zu Petermanns Zeit auch »Urkraft« dazu. Sie reagierten wie elektrisiert. Die Thermodynamik wurde einer der Wissenschaftsschlager des 19. Jahrhunderts, sie schwappte rasch ins populäre Schrifttum hinüber und inspirierte eine Metaphysik der Kraft, die teils als Loblied der »Krafterhaltung«, teils als düstere Warnung vor den Gefahren der »Entropie« auftrat.

Adolph Gether beschritt seinen eigenen Weg. Für ihn bestand die Urkraft aus Schwingungen, und diese Schwingungen brachten rotierende Materieblasen hervor. Gethers Materieblasen – und an diesem Punkt muss August Petermann beim Lesen aufgehorcht haben – wiesen immer einen identischen Bauplan auf: Sie waren im Innern hohl und an den »Polen«, dort, wo die Rotationsachse die Oberfläche durchstieß, mit Öffnungen versehen. Ob Regentropfen, Seifenblasen, Pflanzen, Menschen, Himmelskörper – organisierte Materie fügte sich stets in diese gleiche Form, auch wenn das Muster auf den ersten Blick oft hinter sekundären Strukturen verschwand. Beim Menschen waren die hohlen Verdauungsorgane mit Mund und Anus untrügliche Indizien. Und bei der Erde? Nun ja. Um diese Frage zu beantworten, hielt Gether eine Expedition zum Nordpol für notwendig. Die Theorie sah dort eine Pforte ins hohle Erdinnere vor, eine Pforte, hinter der die Entdecker auf eine »ganz andere Natur« stoßen würden. Mit »lebenden Wesen«, vielleicht Humanoiden, war zu rechnen, und vermutlich stand ein kleiner »Zentralkörper« im inneren Orbit und bestrahlte die Szenerie. Als Passage von Innen- und Außenwelt musste die Arktis zudem eine Zone höchster tellurischer Empfindlichkeit bilden. Der Anwalt nahm an, »daß die Polarringe die Orte der Erde sind, an welchem der größte Metallreichthum sich uns darbietet«. Die Spanier hatten ihr Eldorado sozusagen in der falschen Gegend gesucht. In Wirklichkeit lag es am Nordpol, und schon aus diesem Grund lohnte eine Reise dorthin. Laut Gether war sie leicht zu bewerkstelligen.

Man müsse sich nur dem Golfstrom anvertrauen. Der Golfstrom, ein Effekt der rotierenden Erdblase, laufe spiralförmig auf den Nordpol zu, durchstoße das »zackige Felsengebirge«, das den Erdschlund wie einen Mondkrater umringe, und stürze ins Innere des hohlen Planeten hinein. Entscheidend für die Schiffbarkeit dieser Route war ihre strömungstheoretisch deduzierbare Eisfreiheit – für den Anwalt Grund genug zu der Annahme, dass eine Schiffsfahrt zum Nordpol »keiner großen Vorbereitungen« bedürfe. Man müsse sich einfach treiben lassen. Das habe noch niemand versucht. Insgesamt sei der Coup von einem deutschen Hafen aus in weniger als einem Monat zu schaffen. Besondere Vorkehrungen gegen Treib- und Packeis: überflüssig.

Das Erstaunlichste an Gethers Buch ist beinah weniger die abenteuerliche Theorie selbst, die sich im Jahrhundert der Nordpolenthusiasten in guter Nachbarschaft befand. Das Erstaunlichste ist eine rätselhafte Auslassung: John Cleves Symmes wird mit keinem Wort erwähnt. Dabei scheint es kaum möglich, dass der Lüneburger Erdkundler seinen großen Vordenker nicht einmal vom Hörensagen kannte. Symmes, ein ehemaliger Unteroffizier aus St. Louis, der auch im zivilen Leben darauf bestand, als »Captain« tituliert zu werden, hatte 1818 seine geografische Berufung entdeckt. Als Vortragsreisender, zunächst im Mittleren Westen, aber später auch an der gebildeten Ostküste, füllte er während der 1820er Jahre die Auditorien. Mit hellen, in die Ferne gerichteten Augen und einem großen hölzernen Globus, den er zu Demonstrationszwecken benutzte, setzte er seinem begierigen Publikum die Theorie von der »hohlen Erde« auseinander: von einer Erde, die aus sieben ineinander geschachtelten Sphären bestand. Von Öffnungen an den Polen, durch die diese Sphären miteinander verbunden waren. Von spärlichem Sonnenlicht, das gerade noch ausreichte, um organisches Leben zu unterhalten. Von einem eisfreien Polarmeer schließlich, in dessen Mitte der große Malstrom kreiste … Durch halb verschüttete Röhren kommunizierte Symmes mit jener alten hermetisch-neuplatonischen Naturphilosophie, die den *mundus subterraneus* seit dem 17. Jahrhundert für eine ausgemachte Sache hielt.

Schon zu Lebzeiten musste der Captain viel Spott einstecken, nicht zuletzt, weil er den Gestus des exakten Wissenschaftlers mit der Unbeholfenheit des Provinzlers verband. Aber seine Theorie fand auch Anhänger, und bedeutende dazu. Symmes' Vorlage zur Entsendung einer amerikanischen Polarexpedition, die die Theorie verifizieren sollte, erhielt 25 Ja-Stimmen – im Senat der Vereinigten Staaten. James McBride, ein Adept, der die *oral theory* des Meisters in Buchlänge zu Papier brachte, unterstellte John Barrow und den arktisversessenen Engländern, insgeheim selbst auf der Suche nach dem Weg in die hohle Erde zu sein: »Es ist unwahrscheinlich, dass sie vier sukzessive Expeditionen ausgerüstet und losgeschickt hätten, nur um Eisberge und Eskimos zu sehen.« Als die USA gegen Ende der 1830er Jahre schließlich ihre eigene *Exploring Expedition to the far South* unter Segel setzten, war mit Jeremiah Reynolds zunächst ein überzeugter Symmesianer als Kommandant vorgesehen. Der Journalist Edgar Allan Poe, dessen Faszination für Symmes' hohle Erde man in den Irrfahrten seines *Arthur Gordon Pym* nachlesen kann – auf warmem, milchigem Wasser gleitet der Held zuletzt auf den abgründigen Südpol zu –, lieh Reynolds die provinziellen Spalten seines *Southern Literary Messenger*, doch es nützte nichts: Am Ende fiel das Los auf den stocknüchternen Marinekapitän Charles Wilkes.

Obwohl es in den 1860er Jahren um Symmes relativ still geworden war, kamen auch in Gotha die Nachrichten versprengter Symmesianer an. Ein gewisser C. W. Ford aus Baltimore, der in der Zeitung von den deutschen Arktisplänen gelesen hatte, warnte eindringlich vor den Gefahren des Malstroms am Nordpol, dem vermutlich schon die *Erebus* und die *Terror* zum Opfer gefallen seien: »Soweit ich weiß, hat es nie eine Nachricht gegeben, die das Schicksal von Franklin aufgeklärt hat. Einige Dinge wurden entdeckt. Aber nichts, was uns über das Schicksal der Schiffe oder derer beruhigen könnte, die sich an Bord befunden haben mögen. Vielleicht sind sie ins Polarmeer eingedrungen und in die Achsenströmung geraten und haben so ihr Schicksal besiegelt.«

Und dann war da, wie gesagt, der hartnäckige Adolph Gether. Wie Symmes' Theorie in die Hände des Oldenburger Obergerichtsanwalts gelangte, ist unbekannt, denn die hohle Erde war im 19. Jahrhundert eigentlich ein amerikanisches Hirngespinst. Aber natürlich drifteten Versatzstücke der Lehre als mythologisches Treibgut durch die Zeit. Mit August Petermann suchte Gether den Schulterschluss. »Was die Ausführung einer Nordpol-Expedition anlangt«, schrieb er im Anschluss an die Übersendung des theoretischen Programms, »namentlich den einzuschlagenden Weg und die zur Reise zu wählende Jahreszeit, so gereicht es mir zur besonderen Freude, dass Sie vollständig mit mir übereinstimmen und dass auch die Gründe, welche Sie dafür anführen, im Wesentlichen dieselben sind, welche ich geltend zu machen suche. Stünde nur zu dem fraglichen Zweck ein Kapital von 1200 bis 1500 Thalern zu Gebote, so würde ich sicher im nächsten Herbste die Reise zum Nordpole antreten, könnte es auch nur unter Benutzung eines gewöhnlichen Fischerkahns geschehen.«

Es irritierte den planetarischen Theoretiker, dass keiner der Wissenschaftler, an die er sich bisher gewandt hatte, auf seinen Vorschlag eingegangen war. Der Berliner Physiker Heinrich Wilhelm Dove – derselbe Dove, von dem Petermann meteorologische Daten bezog – vertröstete ihn nun schon seit Jahren. Und auch die Französische Gesandtschaft in Hannover hatte nur hören lassen, sein Buch sei »mit dringender Empfehlung« ans Kabinett von Napoleon III. weitergeleitet worden. Noch viel enttäuschender war allerdings das Verhalten der deutschen Zeitungen. Dass ihm die überregionale Presse ihre Unterstützung versagte, hielt Gether für ein großes Unrecht – und zwar nicht nur gegen sich, sondern »gegen die Deutsche Nazion«, war sein Unternehmen doch geeignet, den überfälligen Beweis anzutreten, dass auch die belächelten Dichter und Denker in der Lage seien, »auf praktischem Wege etwas zu leisten«.

August Petermann hielt sich nicht zurück. Postwendend empfahl er dem Anwalt, seine Sache nicht aus den Augen zu verlieren und auf die Suche nach weiteren Gesinnungsgenossen zu gehen. Im Gegenzug versprach er Gethers Pläne bei nächst bester Gelegenheit publik zu machen – »da ein solches Unternehmen außer der speziellen Prüfung Ihrer und meiner Theorien auf die Lösung eines der interessantesten geographischen Probleme abzielt«. Theoretiker unter sich. Es mag sein, dass dem Kartografen vor allem Gethers bedingungsloser Wille zur Tat imponierte, der so angenehm undeutsch war. Auch er selbst bemühte sich ja, den Briten zu zeigen, dass ein »preußischer Weiser« in der Lage zu handeln war. Doch ausgerechnet in dem Moment, als der Anwalt sich inspirieren ließ und verkündete, er werde seine Denkschrift direkt an die Royal Geographical Society nach London schicken, schreckte Petermann zurück.

»Die Mittheilung Ihres Aufsatzes an die k. Geogr. Ges. in London würde ich nicht rathen«, schreibt er, jetzt sachte beschwichtigend, im April 1865, und schickt Klartext hinterher: Eine hohle Erde sei unvereinbar mit allen empirischen Befunden. »Ein neuer großer Welttheil kann dort nicht entdeckt werden, weil der dafür nöthige und genau bekannte Raum zu klein ist.« Und schließlich müsse Gether lernen, zumindest die Minimalstandards der geografischen Wissenschaft, wie Ausweisung des Quellenmaterials und genaues Zitieren, zu erfüllen. Es scheint, als sei sein strategisches Doppel mit dem Oldenburger Autodidakten nur für die deutsche Nordpolprovinz in Betracht gekommen. Als Gether nach England drängte, wiegelte Petermann ängstlich ab. Im pragmatischen Mutterland der Polarforschung, das ihn selbst unter ewigen Innerlichkeitsverdacht gestellt hatte, gab es zu viel zu verlieren. Die süffisanten Federn der *Times* waren nach wie vor gespitzt. Ein grotesker deutscher Nordpolplan, mit Unterstützung des deutschen Nordpolprofessors: Welch ein gefundenes Fressen für alte Feinde!

Auch in deutschen Nautikerkreisen machte sich bereits belustigte Skepsis breit. Wilhelm von Freeden, der Direktor der Navigationsschule in Elsfleth, hatte Wind von der hohlen Erde bekommen und ließ Petermann kopfschüttelnd wissen, »daß H. Gether, der unglückliche Naturhistoriker, aus Ihren thatsächlich begründeten Anschauungen Kapital schlägt für seine Fischerschaluppen-Phantasien«. Genau hier lag die größte Gefahr: aufgrund gewisser, nicht von der Hand zu weisender Übereinstimmungen von einem Symmesianer kompromittiert zu werden. Diese Gefahr musste gebannt werden. Dafür setzte der Kartograf auf seine altbewährte Strategie: »Das, was sich also nach meiner Ansicht für die Sache in Deutschland thun ließe«, versuchte er, Gether zu ködern, »ist für Sie ganz bequem und greifbar.« Anstatt sich selbstmörderisch in einen Fischerkahn zu begeben, solle der Schwingungstheoretiker doch lieber zur Finanzierung einer soliden Expedition mit zwei Schraubendampfern und einem »tüchtigen und erfahrenen Admiral« an der Spitze beitragen.

Den Empfänger muss das ernüchtert haben. Seine Antwort kam erst ein knappes Jahr später. Sie war in London datiert. Petermanns Rat befolgend, ließ Gether allerdings zur Beruhigung wissen, habe er tatsächlich davon abgesehen, sich direkt an die Royal Geographical Society zu wenden. Dafür trete er nun vor Ort für seine Sache ein, halte Vorträge über die hohle Erde und versuche, die Unterstützung der deutschen Exilgemeinde in London zu gewinnen. Freilich mache er sich nach den enttäuschenden Reaktionen in Preußen keine allzu großen Hoffnungen mehr: »Ich ging von vorneherein von der Voraussetzung aus, ich würde auf eine große Zahl Zweifler und Widersacher stoßen, namentlich unter den sogenannten Halbgelehrten, an die das Publikum sich in der Regel wendet, wenn es in irgendeiner außerhalb seines Gefühlshorizonts liegenden Sache seine Auffassung feststellen will.« Interessant, wie Gether hier die Seiten wechselt. In seinem Buch hatte er sich selbstbewusst über die professionellen »Fachgelehrten« erhoben; nun sah er sein Anliegen von »Halbgelehrten« unterminiert. Aber für die Suche nach Schuldigen gab es gute Gründe: Abgesehen von »einigen wenigen Professoren«

hatten ihm auch die Englanddeutschen die kalte Schulter gezeigt.

Gethers weiterer Weg verliert sich im Dunkel der Geschichte. Vielleicht hat er irgendwann entmutigt aufgegeben und sich wieder der Jurisprudenz zugewandt. Vielleicht ist er tatsächlich auf eigene Faust losgesegelt. Vielleicht haben seine *Gedanken über die Naturkraft* aber auch noch zahlreiche Leser gefunden. Der Mythos der hohlen Erde geisterte weiter durch die Tiefen der geografischen Einbildungskraft, suchte die fantastische Literatur heim, führte zur Gründung der Koreshanersekte, faszinierte Neognostiker wie C. G. Jung und flackerte kurz nach dem Zweiten Weltkrieg noch einmal auf, als irgendwer behauptete, Hitler habe sich in ein Höhlensystem unter dem Südpol gerettet. Für Petermann war die Sache jedoch erledigt. Auch wenn es ihn anfangs vielleicht in den Theoretikerfingern gejuckt hatte: Zu viel Nähe zur hohlen Erde konnte gefährlich sein.

20. SCHIFFBRUCH MIT ZUSCHAUER

Gegen Ende 1866 stellte sich Petermanns Lage folgendermaßen dar: Preußen und Österreich, die statussensiblen deutschen Machtstaaten, hatten eine Polarexpedition in Erwägung gezogen. Aber keiner von beiden wollte der erste sein. Nachdem sie den Ball eine Weile lang hin- und hergeschoben hatten, kam der Krieg, der ihren zaghaften Überlegungen ein rasches Ende bereitete. Von dieser Seite war fürs Erste nichts mehr zu erwarten. Und auch die Mobilisierung der deutschen Nation, von Petermann parallel betrieben, hatte keine vorzeigbaren Ergebnisse erbracht. Einen Haufen von extravaganten Vorschlägen, ja, und eine bescheidene finanzielle Grundausstattung. Doch seit dem Beginn seiner deutschen Arktiskampagne neigte sich nun schon die zweite Saison ihrem Ende entgegen, und abgesehen von dem peinlichen Debakel mit der *Queen of the Isles* war Petermann dem Nordpol nicht wirklich näher gekommen. Noch immer befand er sich auf der Suche nach einer Instanz, die seine Pläne verwirklichen konnte.

Im November 1866 erschien in den *Geographischen Mitteilungen* ein langer Artikel über das deutsche Fischereiwesen. Der Tenor war flammend patriotisch: Rückstand der eigenen auf die englischen und holländischen Fangflotten, Proteinbedarf der deutschen Bevölkerung, Aussicht auf ökonomische Prosperität für die Küstenstädte. Das größte Potential sah der Autor im arktischen Ozean. Schon lange hatte Petermann die Hamburger und Bremer Hanseaten im Blick, die über das Geld und die nötigen Schiffe verfügten, um eine Expedition zum Nordpol auf die Beine zu stellen. Mit dem Exkurs zum Fischfang legte er ihnen nun einen schmackhaften Köder aus. Und zumindest die Bremer Reeder bissen an. Eine Truppe von buddenbrookschen Figuren betritt jetzt die Bühne, schwere Männer mit buschigen Backenbärten, die es gewohnt sind, geschäftliche Interessen und politische Verantwortung unter einen Hut zu bringen: der steinreiche Konsul H. H. Meier, Gründer des mächtigen Norddeutschen Lloyd und Reichstagsabgeordneter, der eine Expedition bei Bedarf aus seiner Portokasse bezahlen kann. Der Reeder Albert Rosenthal, der auf neue Fanggründe für seine Walfangschiffe spekuliert. Dazu, im Hintergrund, weniger bekannte Bremer Kaufmannsgestalten wie Alexander Mosle und George Albrecht. Wilhelm von Freeden und Arthur Breusing, die Direktoren der Navigationsschulen in Bremen und Hamburg, versorgten das Prozedere mit seemännischer Expertise. »Für uns in der Schule«, schrieb Freeden an Petermann, »ist es schon ein häufig ventilirtes Thema, wie sich ein Steuermann puncto der Schiffsführung und Nautik am Pol zu verhalten haben würde.« Was tun, wenn in allen Richtungen Süden liegt? Wie es scheint, probten Deutschlands nautische Kaderschmieden bereits für den geografischen Ausnahmefall.

Kaum saßen, ab 1867, die Hanseaten mit im Boot, nahm die deutsche Nordpolkampagne zügig Fahrt auf. Schiffe, Matrosen, Verträge und Termine tauchten auf, die Spendensammlungen wurden intensiviert und die Machbarkeiten abgewogen. Für Petermann gestaltete sich die Situation dadurch jedoch nicht einfacher. In dem Maß, wie seine lange ersehnte

Nordpolfahrt endlich Gestalt annahm, wie er Interessen moderieren, Kompromisse eingehen und schließlich an Land zurückbleiben musste, machte sich im Gegenteil eine merkwürdige Verstörung breit. Anlässlich der abgeblasenen Audienz beim Kaiser von Österreich habe ich oben bereits von Petermanns tragischem Hang oder besser: Zwang erzählt, die eigenen Pläne vor ihrer Verwirklichung zu schützen. Als hätte der Theoretiker die Konfrontation mit der Praxis nicht ertragen. Unter der neuen Ägide der Bremer Kaufleute deuteten sich ähnliche Schwierigkeiten an. Seine eigentliche Nagelprobe hatte der Kartograf mit dem Mann zu bestehen, der dazu ausersehen wurde, seine Vision in die Tat umzusetzen: mit dem Obersteuermann Carl Koldewey.

Als sich abzeichnete, dass die Wahl auf ihn fallen mochte, schickte Koldewey einen kurzen Lebenslauf nach Gotha. Mit 16 war er zur See gegangen, hatte sich vom Schiffsjungen zum Steuermann hochgedient und auf Bremer Ost- und Westindienfahrern angeheuert – bis zuletzt eine tragische Herzensangelegenheit seinem Leben eine unerwartete Wende gab: Der Steuermann verliebte sich. »In Folge des ewigen Kampfes mit dieser Liebe und dem Bewußtsein, einem solchen Mädchen als Seemann und hauptsächlich als Steuermann nicht das bieten zu können, was sie mit Recht verlangen konnte, war ich oft, vorzüglich während der letzten Reise in einer so gereizten Stimmung, daß häufige Reibungen zwischen mir und meinem Kapitän vorkamen. Endlich in Porto Plata, wo wir zuletzt waren, ließ ich mich bei einer Gelegenheit so weit von meiner Hitze hinreißen, daß ich dem Kapitän Dinge sagte, die er mir wohl schwerlich vergeben konnte und auch bis heutigen Tages nicht vergeben hat.« Zurück in Bremerhaven, verließ der

Steuermann das Schiff. Er verlobte sich und ging nach Hannover, um am dortigen Polytechnikum eine Ausbildung zum Navigationslehrer anzufangen. Ein knappes Jahr später wurde Koldeweys neuer Lebensentwurf zerstört: seine Braut starb. Koldewey war verzweifelt, erst eine Harzreise beruhigte sein Gemüt. Immerhin sprach nun nichts mehr dagegen, wieder zur See zu fahren. Die Aussicht, das Kommando der geplanten deutschen Nordpolexpedition zu übernehmen, kam für den Steuermann daher wie gerufen. Mit August Petermann verstand er sich auf Anhieb gut. Ihre Korrespondenz, die von Anfang 1868 bis in die 1870er Jahre reicht, beginnt respektvoll, wird sogar freundschaftlich und kühlt dann schlagartig ab, um in übler Nachrede und eisigem Schweigen zu enden.

Aber der Reihe nach. Die Erste Deutsche Nordpol-Expedition, wie sie später offiziell hieß, setzte im Sommer 1868 ihre Segel. Carl Koldewey wurde beauftragt, im norwegischen Bergen ein Schiff nebst Besatzung und Ausrüstung zu organisieren und an die Ostküste von Grönland zu steuern. Von dort aus sollte ein Weg ins Polarbecken und wenn möglich zum Nordpol gesucht werden. Wissenschaftler befanden sich nicht an Bord. Das Hauptziel der Expedition bestand darin, einen möglichst hohen Breitengrad zu erreichen. Am 24. Mai 1868 lief die *Grönland*, eine eisverstärkte Segelyacht mit zwölf Mann Besatzung, aus dem Hafen von Bergen aus. Das Wetter war günstig. Wenn es eine dunkle Wolke, eine Vorahnung kommender Katastrophen gab, dann war das Petermanns detaillierte, 38 Paragrafen umfassende Instruktion für seinen Kapitän. In ihrer Mischung aus Routenvorschlägen, Verhaltensvorschriften, geografischen Hypothesen und entdeckungsgeschichtlichen Exkursen legt sie Zeugnis vom Versuch des Zurückbleibenden ab, die Fäden auch von Gotha aus in der Hand zu behalten.

»Ich setze das grösste und unbedingteste Vertrauen in den Charakter, den ernsten Willen, die Energie, den Heldenmuth und die Ausdauer des Herrn Kapitän Karl Koldewey«: Mit dieser schmeichelhaften Drohung hebt das Dokument an. Es folgt die Bestimmung des Zielgebiets: erst Ostgrönland, dann Polarbecken, dann Nordpol, für dessen Eroberung Petermann nach englischem Vorbild eine Belohnung von 5000 Thalern aussetzte. Aber dabei ließ er es nicht bewenden. Genaue Bestimmungen sollten das Verhalten der Yacht an der Eisgrenze regeln. Zwar müsse darauf geachtet werden, »dass Schiff und Mannschaft erhalten bleiben« – soviel gestand er Koldewey ausdrücklich zu –, für einen Vorstoß durch die Treibeisfelder bis an die Grönländische Küste sei die »wohlverstärkte *Germania*« jedoch unter allen Umständen geeignet. »Kleinere und viel weniger gut ausgerüstete und bemannte Fahrzeuge haben schon wiederholt viel größere Strecken des Eismeeres durchfahren.« Was den Nebel anging, der dort angeblich vorherrsche, so handele es sich um ein bloßes Gerücht. Es ist bezeichnend, dass Petermann hartnäckig von der *Germania* sprach, obwohl Koldewey das Schiff in Bergen auf den Namen *Grönland* getauft hatte. »Das Unternehmen heisst: *Die Deutsche Nordpol-Expedition von 1868*, das Fahrzeug *Germania*«, so steht es axiomatisch und kontrafaktisch in der Instruktion.

Die Vergabe von Namen spielt überhaupt eine große Rolle. Schon im Vorfeld hatte der Professor den Kapitän wissen lassen, dass das nördlichste Stück Land, das die Expedition erreiche, nach ihm, Petermann, zu benennen sei. »Erstreckt sich Grönland nördlicher als 81° N. Br., dann mögen Sie auch das Land von diesem Breitengrad an nach mir taufen, aus deutsch-nationalen Gründen, da man mich im Auslande wegen dieser Annahme öffentlich lächerlich zu machen gesucht hat.« Der ersten Entdeckung gebühre der Name Arthur Breusings – den der Kartograf als seinen wichtigsten Bremer Verbindungsmann ansah –, die wichtigste müsse hingegen unbedingt nach König Wilhelm benannt werden. Außerdem behielt sich Petermann vor, nach der Rückkehr die definitive Karte zu zeichnen. Koldewey wurde genau instruiert, was er zu sammeln, zu messen und zu dokumentieren hatte: Wassertemperaturen, Gesteinsproben, Planktonschwärme, Pelztiere … Vor allem aber sollte der Kapitän zwei Eskimos mit nach Preußen bringen, wenn möglich Mann und Frau. Die Wilden, schreibt Petermann, seien mit äußerster Vorsicht zu behandeln, insbesondere dürften in ihrer Nähe keine Gewehre abgefeuert werden, »damit sie nicht scheu und furchtsam werden und davonlaufen«. Zum Glück gab es in Ostgrönland keine Eskimos. Zuletzt legte der Professor Koldewey ein pharmazeutisches Novum zur »Belebung und Erfrischung« der Mannschaft ans Herz: Morphium.

Während die *Grönland* in Richtung Nordpol segelte, machte sich Petermann stolz nach London auf. Wegen der internationalen Verdienste seiner *Geographischen Mitteilungen* war er für würdig befunden worden, die höchste Auszeichnung der Royal Geographical Society, die Goldmedaille, entgegenzunehmen: ein später Triumph, der seinen Englandkomplex trotz allem nicht lockern sollte. In der Admiralität zeigte man sich über das bescheidene Format seiner laufenden Expedition amüsiert. Was Königin Victoria, die Petermann auf Balmoral Castle empfing, zur Fahrt der *Grönland* zu sagen hatte, steht nicht in den Akten. Daheim in Deutschland hielten die Zeitungen das Interesse des Publikums wach. Anfang August stand in der *Gartenlaube* zu lesen, es möge den tapferen Nordpolfahrern gelingen, »wenn auch nicht geradezu den Weg zum Pole zu finden, so doch in jenes innerste Heiligthum des arktischen Nordens einzudringen, das bisher nur der ahnungsvollen Phantasie freies Spiel gewährte«. Leider eine vergebliche Hoffnung. Die Fahrt der *Grönland* verlief nicht nach Plan. Weder segelte sie bis zum Nordpol, noch fand sie ein eisfreies Polarmeer vor. Der Versuch, bis zur Grönländischen Küste durchzubrechen, scheiterte am Eis und am Nebel, der dem Schiff manchmal jede Sicht nahm. Daher drehte Koldewey östlich in Richtung Spitzbergen ab, traf auf Walfänger, vermaß ein unbekanntes Stück Küstenlinie und entdeckte die winzige Wilhelm Insel – tatsächlich die wichtigste geografische Trouvaille der Expedition. Auf der Wilhelm Insel bestieg der Kapitän einen dreihundert Meter hohen Berg, von dem aus in nördlicher Richtung nichts als Eis zu sehen war. Von Stürmen gebeutelt und vom Winter bedroht sah er sich gezwungen, die Rückreise anzutreten. Nach über vier Monaten auf See lief die *Grönland* am 10. Oktober 1868 in Bremerhaven ein. Der Empfang war, trotz allem, überwältigend. Als Arm und als Kopf der Expedition wurden Koldewey und Petermann von der Presse zu Helden stilisiert.

Zehn Tage später fischte der Professor in Gotha eine Einladung aus der Post. Der Bremer Senat bat zur großen Arktisgala. Und weil die Gelegenheit günstig war, sollte gleich mit den Planungen für die nächste Expedition begonnen werden. Das ließ sich Petermann nicht zweimal sagen. Beim Bremer Festakt im Oktober legte er den Hanseaten eine Karte in Polprojektion auf den Tisch. In ihrem arktischen Becken schwimmt eine große schwarze Acht: der Idealkurs eines Dampfers, der sich zwischen Spitzbergen und Nowaja Semlja hindurch bis zum Nordpol tastet, mit dem einmal gewonnenen Schwung erst die Beringstraße und dann ein Stück sibirische Küste touchiert und in einer großen Schleife, die ihn zum zweiten Mal über den Pol führt, auf die Ostküste Grönlands hält, um hier ein Landekommando aufzunehmen, das im Vorjahr von einem zweiten Schiff abgesetzt worden ist.

Im Großen und Ganzen war das der alte, in den Tagen der Franklintragödie ersonnene Plan. Darunter wollte Petermann es nicht machen. Seine Karte löste diesmal allerdings nur geringe Resonanz aus, weder Zustimmung, noch empörten Widerspruch. Als hätten die Bremer Konsuln den Kurs des Professors noch nicht einmal für diskutabel gehalten. Carl Koldewey schlug seinerseits eine Route vor, die sich deutlich bescheidener gab. Der Kapitän, der auch für die zweite Expedition vorgesehen war, wollte sich ein weiteres Mal ganz auf die Grönländische Ostküste konzentrieren, die nördlich des 74. Breitengrads noch kaum erforscht war. Als Nautiker kam ihm die große Schleife zur Beringstraße wohl spanisch vor.

Während sie einen eistauglichen Dampfer, die *Germania*, in Auftrag gaben und gemeinsam auf Vortragstournee gingen – Koldewey erzählte vom Polarmeer und Petermann erläuterte den geografischen Hintergrund auf einer großen Wandkarte –, wuchs stillschweigend schon der Groll. Petermann druckte einen Brief seines Kapitäns, noch vom Sommer, in den *Geographischen Mitteilungen* ab, in dem Koldewey eingestand, das Expeditionsziel mit der *Grönland* verfehlt zu haben. Und auch der Kapitän begann jetzt, einen neuen Ton anzuschlagen:

»Viele Köche verderben den Brei«, teilte er dem Kartografen Anfang Januar 1869 mit, »und wir kommen nicht weiter, wenn jeder hineinzureden hat und seine Ansichten geltend machen will. H. H. Meier besorgt die Herbeischaffung der Gelder und Charterung resp. Ankauf der Schiffe, und alles übrige ist Sache des Kommandanten.«

Nach außen willigte Petermann ein. Die Aussicht, von schwerer Verantwortung entbunden zu sein, verlocke ihn. Doch selbst als sein Masterplan zugunsten von Koldeweys Route schließlich offiziell zu den Akten gelegt wurde, gab er sich Dritten gegenüber weiterhin als Projektleiter aus. »Der verdammte Nordpol und meine Expedition machen mich halb verrückt«, klagte er seinem alten Freund Cartwright gegenüber. »Ich bin jetzt Besitzer von zwei Schiffen. Nur damit Du siehst, was für ein großer Idiot ich bin, mir aus freien Stücken all diese schreckliche Arbeit & Mühe & Sorge aufzuhalsen.« Kurz vor Toresschluss ließ sich Petermann jedoch zu einem Handstreich hinreißen: Am 9. Juni, nur wenige Tage bevor die Expedition in See stechen sollte, erschien er mit gezückter Klinge in Bremen und zwang den versammelten Partnern seine ureigenen »Instruktionen« auf. Er hatte ein mächtiges Druckmittel in der Hand: Noch befanden sich zehntausend Thaler an Spendengeldern in seinem Besitz, und er drohte, die Summe zurückzuhalten, sollte nicht »Alles und Jedes« nach seiner Zufriedenheit geregelt werden. Der Abreisetermin stand fest, der König war gebucht, was blieb den Bremern anderes übrig, als Petermanns Kampfpapier zähneknirschend zu unterzeichnen? Zwar nagelte es sie nicht auf den großen Achterbahnkurs fest, aber es machte die alte »Polarfrage« zum Hauptzweck der Expedition: den Vorstoß ins Zentrum des arktischen Beckens. In einer eigenartigen Zusatzklausel, die die wachsende Anspannung verrät, wurden sämtliche Expeditionsteilnehmer dazu verpflichtet, »sich während der Dauer der Expedition jeder einseitigen, menschlicherweise persönlich gefärbten Mittheilung zu enthalten«.

Am 15. Juni war es soweit: Koldeweys werftneue *Germania* und ihre Begleiterin *Hansa*, ein Transportsegler unter Kapitän Hegemann, stachen von Bremerhaven aus in See. An Bord der zwei Schiffe befanden sich diesmal auch sechs Wissenschaftler. Vor großem Publikum schlenderten König Wilhelm und Bismarck über die Decks. Der Einzige, der dem Trubel fernblieb, war August Petermann. Ähnlich wie im Vorjahr ließ er Koldewey einen Brief zukommen, der es verdient, ausgiebig zitiert zu werden. »Die Lösung einer großen Aufgabe, die 300 Jahre beschäftigt hat, und die mancher Admiral und Kapitän in allen Ländern der Erde mit Heldenmuth und Todesverachtung als ehrenvolles Lebensziel erfassen würde, wird Ihnen auf einem Präsentierteller entgegen getragen. Für große Aufgaben muß groß aufgefasst werden. Sie sind gewiß ein guter tüchtiger Seemann und wissen mit Sextant und anderen Instrumenten besser umzugehen als zahlreiche Ihrer Senioren. Aber das genügt nicht. Für solche Aufgaben muß man ein ganzer Mann, ein großer Charakter sein, man muß Charakterfestigkeit, moralischen Muth, Seelenstärke haben! Ich traue Ihnen das Beste und Größte zu; aber dann müssen Sie auch viel mehr leisten und erstreben, als im vorigen Jahr. Bloß zweimal versuchen, war gar nichts. Mit dieser geringen Ausdauer würden Sie auch diesmal nichts erreichen, das sage ich Ihnen voraus. Ich glaube kaum, daß diese große Aufgabe ohne Aufopferung von Menschenleben und Schiffen zur vollständigsten Lösung gelangt. Und warum sollten nur in inhumanen Kriegen tausende edler Menschenleben geschlachtet werden? Ist eine solche große Sache nicht auch ein paar Menschenleben werth? Jetzt sage ich zu Ihnen: Machen Sie mein, unser Vertrauen, das Vertrauen ganz Deutschlands nicht zu Schanden! Wenn es Ihnen und der Sache nur nützen kann, schonen Sie die auf meinen Namen eingetragene ›Germania‹ nicht, lassen Sie sie in tausend Stücke gehen; es ist besser, mit einem Schiff heimzukehren siegreich, als mit zweien geschlagen. Lassen Sie keinen Augenblick die Sache aus den Augen. Ich bin sehr geduldig, aber ich lasse nicht immer mit mir spielen. Ich lasse noch viel weniger mit einer solchen Sache spielen. Kehrten Sie ohne mannhafte Anstrengungen heim, Sie würden den strengsten Richter gerade in mir finden. Ich bin wahrhaftig Ihr Freund. Aber ich bin auch der Freund der Sache, und wenn Sie diese im Stich ließen, würde ich Ihr Feind. Mit dem Gewicht der ganzen Nation hinter mir würde ich die Sache richten, streng, schonungslos, rücksichtslos, unerbittlich.« Die Antwort des Kapitäns kam am Tag darauf telegrafisch: »Den nach Inhalt unnöthigen nach Form verfehlten Brief vom 14. Juni erhalten. Expedition besser in allem ausgerüstet als ein Newyorker Postschiff und dampfen in 2 Stunden nach See. Adieu Koldewey.«

Was jetzt folgt, gehört zu den großen Epen der Polargeschichte. Die *Germania* und die *Hansa* segelten ohne Zwischenfälle bis in Sichtweite der Grönländischen Küste. Doch wie im Vorjahr versperrten Packeis und Nebel die letzten Seemeilen. In dieser Situation führte ein falsch verstandenes Flaggensignal dazu, dass die Schiffe sich trennten – der später viel diskutierte Schicksalsmoment der Expedition. Während die *Germania* unter Dampf bis zum Festland durchbrechen konnte, blieb die *Hansa* im Eis stecken, erlitt durch Pressungen großen Schaden und ging am 22. Oktober unter. Der Schiffbruch war abzusehen, daher hatte Kapitän Hegemann einen geordneten Rückzug auf die Eisscholle anordnen können. Die 14 Besatzungsmitglieder bezogen eine Hütte aus Steinkohlebriketts und begannen ihre lange Drift nach Süden, das Zerbröckeln der Scholle als ständiges Menetekel unter den Füßen. Nach zweihundert Tagen, als das Floß bedrohlich zusammen geschmolzen war, bestieg man die Rettungsboote und schlug sich zu einer rettenden Missionsstation in Südgrönland durch. Der Expeditionsbericht verzeichnet kaum zu ertragende Strapazen. Den größten Alptraum der Fahrt erwähnt er jedoch nur mit wenigen Worten. Im März 1870 verlor Reinhold Buchholz, der Zoologe der Expedition, den Verstand. Der Verlust seiner Sammlung, seiner Aufzeichnungen und Instrumente scheint ihn ebenso erschüttert zu haben, wie die Schrecken des Eises und der Finsternis. Um seine Selbstmordversuche zu vereiteln, musste Buchholz ständig bewacht werden. Noch in Grönland rannte er in die Eiswüste davon, und während der Überfahrt nach Dänemark sprang er auf offener See über Bord. Am 5. September kehrte die Besatzung der *Hansa* nach Bremen zurück – mit der Eisenbahn. Die Reisekosten wurden den Schiffbrüchigen erstattet. Ein Empfangskomitee gab es diesmal jedoch nicht. Auf den Straßen lag noch der Unrat der Siegesfeiern nach der Schlacht von Sedan. Preußen und Frankreich führten Krieg. Im Jahr darauf wurde König Wilhelm zum Deutschen Kaiser gekrönt.

Reinhold Buchholz tauchte in einer Nervenheilanstalt in Görlitz unter. Im März 1871 wandte er sich an Petermann. Noch immer umkreisten seine Gedanken den traumatischen

Moment, als er die wissenschaftliche Beute auf dem sinkenden Schiff hatte zurücklassen müssen: »Die kurze Spanne Zeit von Beginn der Dämmerung bis Mittag, wo die Cajüte bereits völlig überschwemmt war, verging unter der harten Arbeit wie im Fluge. Unter den obwaltenden Umständen hätte ich es geradezu für ein Unrecht gehalten, mit dem Zusammenpacken von Sammlungen Zeit zu verlieren.« Offenbar verspürte der Zoologe ein Bedürfnis nach Absolution. Er bat Petermann, ihn bei zukünftigen Expeditionen erneut als Freiwilligen zu berücksichtigen. »Ich würde nichts lieber thun als das erlittene Missgeschick auf diese Weise wieder gut machen.« Das klingt den Umständen entsprechend ziemlich verrückt. Nach Meinung seines Arztes befand sich Buchholz schließlich noch immer in völliger Unkenntnis über die Natur und die Ursache seiner Erkrankung. Doch der Zoologe meinte es ernst. Frisch entlassen, schiffte er sich 1872 nach Guinea ein, um die dortige Fauna zu studieren. Drei Jahre später kehrte er reich beladen zurück. Man möchte ihm nachträglich wünschen, dass er die Dämonen des Packeises im Regenwald austreiben konnte.

Der *Germania* war es im Herbst 1869 weitaus besser ergangen. Nachdem die *Hansa* im Nebel verschwunden war, gelang es Koldewey diesmal, sich zur Grönländischen Küste durchzuschlagen, und zwar auf über 74° nördlicher Breite, was dem von Petermann ausgegebenen Minimalziel der Expedition entsprach. Es ließ sich daher einigermaßen verschmerzen, dass die Prognosen wieder einmal nicht stimmten: Das eisfreie Küstenwasser, auf dem nach Norden gesegelt werden sollte, blieb eine Legende. Die *Germania* versuchte es eine Weile, musste aber schon auf dem 75. Breitengrad aufgeben und wurde winterfest gemacht. Im Herbst und im Frühjahr schwärmten Schlittenkommandos ins leere Hinterland aus. Dabei entdeckte der böhmische Bergsteiger Julius Payer einen tief eingeschnittenen Fjord, der inmitten von schroffen Gipfeln lag. An seinen Ufern weideten Moschusochsen, aber nirgends gab es Spuren von Eskimos. Ein irreparabler Kesselschaden zwang Koldewey schließlich zur Rückkehr. Im August 1870 entkam das Schiff den Treibeisfeldern und stand nach stürmischer Überfahrt am 10. September vor der Wesermündung. Keine Schiffe, keine Lichter, keine Lotsen. Wie seinerzeit Isaac Hayes machte auch die Besatzung der *Germania* die gespenstische Erfahrung, in ein Land zurückzukehren, das sich im Krieg befand.

August Petermann war unterdessen in einen Papierkrieg gezogen. Seit seinem hässlichen Geleitbrief an Koldewey ließ er keine Gelegenheit aus, um den Kapitän und die ganze Expedition in Frage zu stellen. Zunächst tat er das hinter vorgehaltener Hand. Doch die Eskalation ließ nicht lange auf sich warten. Im März 1870, während die *Germania* noch im Packeis saß, berichteten die *Geographischen Mitteilungen* von der letzten Schwedischen Spitzbergenexpedition, die das Relief des arktischen Ozeanbodens vermessen hatte. Vordergründig. Denn hinter dem unverfänglichen Titel versteckte sich eine Suada auf Koldewey und dessen »bedauerliche« wissenschaftliche Versäumnisse während der ersten Grönlandfahrt. »Wie tief es mich schmerzen muß, im Dienst und Interesse der Wissenschaft, der Wahrheit und Gerechtigkeit, von meinem eignen Kind öffentlich so urtheilen zu müssen, werden Sie zu ermessen wissen«, schrieb Petermann damals in einem vertraulichen Brief. Wissenschaft, Wahrheit und Gerechtigkeit: An diesen Instanzen musste jede Praxis scheitern. Der Professor gesteht hier seinen urdeutschen Idealismus ein – und offenbart zugleich seinen tiefen Zwiespalt. Koldewey, der die Praxis verkörperte, scheint diesen Zwiespalt auf die Spitze getrieben zu haben.

Für die Tagespresse war die Affäre natürlich ein gefundenes Fressen. Fassungslos mussten die Bremer mit ansehen, wie der Kartograf seinem mühsam erbauten Lebenswerk die Legitimation entzog: ein Sabotageakt, der Wilhelm von Freeden wie »moralischer Selbstmord« vorkam. In seinem Antwortbrief ließ er Petermann unverblümt wissen, was man inzwischen in Bremen von ihm hielt: »Ihr Urtheil über Menschen und Sachen ist, wie von den verschiedensten Leuten bemerkt wird, auf bedenkliche Weise getrübt, und stehen Sie bei sehr unparteiischen Leuten längst im Verdacht, selbst die Wissenschaft Ihrer Leidenschaft unterwürfig machen zu wollen. Sie fühlen das selbst längst, ohne aber Ihrem Gefühl Gehör verschaffen zu können, und fallen so von einer gereizten Stimmung in die andere. In unsere Entschlossenheit, die Geschichte in dem von uns als richtig erkannten Style weiter zu führen, mischt sich eine tiefe Trauer darüber, dass ein reich begabter Geist sich nicht von den Schlacken des Mißtrauens, der Leidenschaftlichkeit, der Ungerechtigkeit frei zu halten weiß. Entschlagen Sie sich jeden Glaubens an Ihre Unentbehrlichkeit.«

Abgesehen von seiner merkwürdig einfühlsamen Analyse enthält Freedens Brief eine unmissverständliche Drohung: Ausbootung. Der Angriff auf den Kapitän hatte klare Fronten geschaffen. Petermanns Urteil galt als »getrübt«. In der *Zeitschrift für Seewesen* rechnete Koldewey selbst mit seinem einstigen Mentor ab. Er nahm Petermanns Publikationspolitik auseinander, die Technik, mit sorgfältig ausgewählten Fakten den Anschein von Tatsächlichkeit zu erzeugen. »Ich gestehe, dass ich selbst, durch die Darstellungsweise in *Petermann's Geogr. Mitthlg.* verleitet, es für möglich erachtet habe, einer Küste folgend, zu Schiff weit in die arktische Centralregion einzudringen und allenfalls den Pol erreichen zu können«, gab der Kapitän zu. Im Gegensatz zu seinem Verführer sei er jedoch inzwischen durch die Schule der Wirklichkeit gegangen: »Ein Winter in Ostgrönland und die sorgfältigsten Beobachtungen dieser gewaltigen Eismassen haben mich und auch meine sämmtlichen Gefährten gründlich von dieser Idee geheilt.« Was künftige Expeditionen zum Nordpol angehe, so schließe er sich der Meinung des Engländers Sherard Osborn an. Auf die in Gotha favorisierte Golfstromroute würde er sich dagegen nur noch begeben, »wenn Herr Dr. Petermann die Reise persönlich mitmachte«: der vergiftete Köder des nautischen Tatmenschen für den Theoretiker. Eine Antwort von Petermann ist nicht überliefert.

21. PETERMANN DER GROSSE

Der Kartograf hatte längst eine Parallelaktion im Sinn. Während sich die Hanseaten noch über den Verrat an Koldewey empörten, lancierte er seinen nächsten Coup. Zur großen Überraschung aller Beteiligten meldete der Wiener *Lokal Anzeiger* im Oktober 1870, dass Kaiser Franz Joseph dem Vorschlag August Petermanns zugestimmt habe, »das werthvollste Entdeckungsobject« der Zweiten Deutschen Nordpolexpedition, jenen tief eingeschnittenen Fjord, den der Schlittenfahrer Julius Payer entdeckt hatte, auf seinen erlauchten kaiserlichen Namen zu taufen. Abgesehen von den Bremern wurden auch die Zeitungen sofort hellhörig. Denn nach Petermanns eigenen Statuten sollte die wichtigste Entdeckung ja dem Preußischen König vorbehalten sein. Vor allem aber stand Preußen im Herbst 1870 im Begriff, ein Deutsches Kaiserreich – ohne Österreich – aus dem Boden zu stampfen. Das Herschenken des prächtigen Fjordes erschien vor diesem Hintergrund als subversiver politischer Akt.

Das Schema von Petermanns Vorgehensweise ist inzwischen vertraut: Auf die empörten Reaktionen der Hanseaten mimte er den gekränkten Märtyrer. Gebetsmühlenartig wiederholen seine Briefe das Motiv vom »Privatgelehrten, der mit Anspannung all seiner Kräfte und mit Beeinträchtigung all seiner übrigen Arbeiten und Interessen 6 Jahre lang für diese Angelegenheit gearbeitet hat«. In Julius Payer, dem böh-

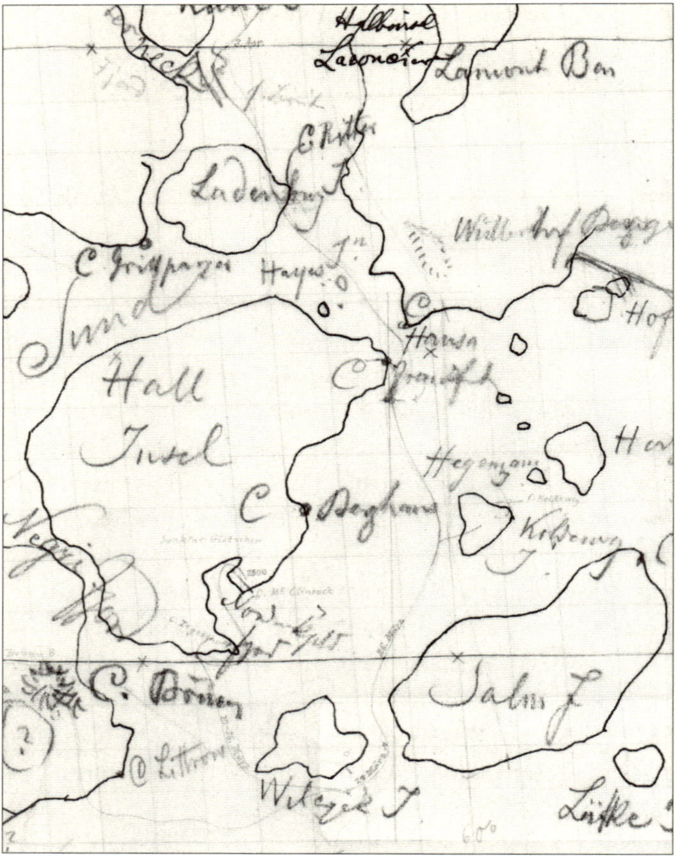

Julius Payers Kartenskizze von Franz Josephs Land: Cap Berghaus, Cap Grillparzer, Koldewey Insel. Petermann bekam einen nicht existierenden Archipel weiter im Norden.

mischen Schlittenhelden, fand er einen eigennützigen Sekundanten. »Hier in Österreich fühlt sich Jedermann, dem Sie Objekte widmeten, höchst geschmeichelt«, berichtete Payer aus Wien. »Am 15. hat mich der Kaiser zur Privat Audienz befohlen und eine halbe Stunde lang bei sich behalten. Ich war ganz bezaubert vom Kaiser.« Genauso kaltschnäuzig, wie er schon in der Arktis agiert hatte, stellte er die norddeutschen Reeder vor vollendete Tatsachen. Eine nachträgliche Namensänderung sei weder angemessen, noch politisch opportun. Für den Fall, dass sie dennoch erfolge, drohte Payer damit, seine Mitarbeit am gemeinsam geplanten Expeditionsbericht zu beenden. »Ich bitte Sie also um des Friedens willen, den ich nach allen Seiten hier erhalten möchte, diese Rakete des Zerfalls nicht anzuzünden und eine Beleidigung des Kaisers von Österreich in dieser Dimension zu unterlassen.« Zähneknirschend gab Bremen klein bei. Dass der höchste Gipfel am Franz Josephs Fjord den Namen Petermannspitze erhielt, wird die Stimmung nicht gerade verbessert haben.

Durch sein kaiserliches Namensgeschenk wärmstens empfohlen, verlegte sich August Petermann nun ganz auf südliches Operationsgebiet. Zu Beginn seiner Arktiskampagne hatte ihn die Wiener Hofgesellschaft noch abblitzen lassen. Doch bot sich inzwischen eine andere Situation. Payer, der die Gunst des Kaisers genoss und sich nicht mit einer subalternen Rolle in Bremen zufrieden geben wollte, nahm die Dinge selbst in die Hand. Im Frühjahr 1871 tat er sich mit dem k. u. k. Schiffslieutenant Carl Weyprecht zusammen, charterte mit Geld, das ihm Petermann aus dem deutschen Polarfonds zusteckte, einen norwegischen Fischkutter – den *Isbjörn* – und entdeckte damit nordöstlich von Spitzbergen das offene Polarmeer.

So steht es zumindest in den *Geographischen Mitteilungen.* Triumphierend druckte Petermann das Telegramm ab, das ihm Weyprecht nach seiner Rückkehr aus Tromsø geschickt hatte: »Größte Breite 79° N., hier günstigste Eiszustände gegen Nord, wahrscheinliche Verbindung mit der Polynia gegen Ost, wahrscheinlich günstigster Nordpolweg.« Nach all den Enttäuschungen muss dem Kartografen diese lakonische Meldung wie Musik in den Ohren geklungen haben. Er verkündete, dass Weyprecht und Payer »zum ersten Male jenen von anderen Seeleuten so gefürchteten nordpolaren Eisgürtel moralisch und faktisch gebrochen« hätten, und erklärte auch seine Kritiker für moralisch und faktisch widerlegt. Speziell auf die »Ansichten und Behauptungen des Kapitän Koldewey« sei in Zukunft nichts mehr zu geben. Seine Theorie, die sich lange an Strohhalmen über Wasser gehalten hatte, kletterte Ende 1871 in ein Rettungsboot.

Payers Kutterfahrt begeisterte nicht nur August Petermann. Sie war die Initialzündung für die große Österreichisch-Ungarische Nordpolexpedition, finanziert von der Wiener Aristokratie. Zurück in Österreich, hatten die Polarfahrer keine Schwierigkeiten, einen finanzstarken Gönner, den Grafen Wilczek, zu finden, der ohne lange Umschweife ein Schiff bauen ließ. Schon im folgenden Sommer setzte die stabile *Admiral Tegetthoff* ihre Segel. Jenseits von Spitzbergen, dort, wo sich im Vorjahr noch das offene Polarmeer gekräuselt hatte, fror sie im Eis ein und trieb langsam nach Norden. Im Herbst 1873, als nach über einem Jahr Drift der zweite Polarwinter vor der Tür stand, erreichte die Stimmung an Bord ein kritisches Tief: An Entkommen war nicht zu denken, das Schiff stark gefährdet, die Gesundheit labil. Da schob sich wie ein Wunder Franz Josephs Land über den nördlichen Horizont, ein vereister Archipel, den Julius Payer im letzten Oktoberlicht für seinen Kaiser in Besitz nahm. Die folgenden Monate mussten untätig auf der *Tegetthoff* ertragen werden. Erst im Frühjahr konnte Payer seine Schlittenhunde anspannen. Er vermaß die Inseln und sah hoch im Norden ein weiteres Land, das er Petermannland nannte: eine Reverenz an den Mentor und dessen alte Instruktionen. »Ihr Land liegt auf 83°, – es ist selbstverständlich, daß ich Ihnen nur das nördlichste der Welt geben konnte«, schrieb er Petermann nach der Rückkehr. Doch die Fotografie, die er zugleich in Aussicht stellte, kam nie an. Vermutlich hätte man darauf auch wenig erkennen können, denn Payer muss einer Luftspiegelung zum Opfer gefallen sein: Petermannland gibt es nicht.

Im Mai ordnete Weyprecht, der das Kommando zur See innehatte, den geordneten Rückzug an. Die *Tegetthoff* saß fest und war nicht zu retten. Mit dem langen Marsch nach Süden – über Eisfelder, die stetig nach Norden drifteten – folgte der schrecklichste Teil der Expedition. Nach zwei Monaten größter Strapazen waren erst 15 Kilometer Strecke gemacht. In seinem *Rückzugstagebuch* dachte Weyprecht schon über den letzten Ausweg nach, doch Disziplin und Todesangst zahlten sich aus: Man erreichte die Eisgrenze, schiffte sich in den Rettungsbooten ein, die man seit Monaten über das Eis zog, und wurde vor Nowaja Semlja von einem russischen Robbenfänger gerettet. Die Fahrt von Tromsø nach Wien gestaltete sich als Triumphzug quer durch Europa. In der Kaiserstadt stand eine Viertelmillion Menschen Spalier. Das Echo der Presse war überwältigend.

Ihr eigentliches Ziel, das offene Polarmeer, hatte die *Tegett-*

hoff nicht erreicht. Doch die spektakuläre Inbesitznahme des »nördlichsten Landes der Erde« – unter diesem Titel ging Payers Entdeckung um die Welt – machte das mehr als wett. Die Österreichisch-Ungarische Arktisexpedition ging als Meilenstein in die Annalen der Polarforschung ein. Nicht umsonst hat ihr Christoph Ransmayr eine melancholische Spurensuche gewidmet: *Die Schrecken des Eises und der Finsternis.* Am Ende von Ransmayrs Roman steht der Erzähler, der Payer und Weyprecht in die Archive gefolgt ist, in einem Raum voller Karten und träumt von vergangenen und zukünftigen Expeditionen ins Eis. »Mit meiner Handfläche schütze ich das Kap. Bedecke die Bucht, spüre, wie trocken und kühl das Blau ist, stehe inmitten meiner papierenen Meere, allein mit allen Möglichkeiten einer Geschichte, ein Chronist, dem der Trost des Endes fehlt.« Auch Petermann verfolgte das Verschwinden und Wiederauftauchen der neuen Polarhelden von seinem Gothaer Kartennest aus, und auch ihm wurde am Ende kein Trost zuteil. Es gelang ihm nicht, am Ruhm der Heimkehrer zu partizipieren. Zwar beeilte er sich, seine theoretischen Verdienste hervorzukehren. »Es erscheint mir die größte Entdeckung, die in diesem Jahrhundert gemacht worden ist«, schrieb er ehrerbietig nach Wien. Doch Weyprecht und Payer zeigten ihm die kalte Schulter. Payer, der jetzt zielstrebig auf seinen Ritterschlag hinarbeitete, hüllte sich in Ironie. Schon während der triumphalen Heimreise soll er auf der Hamburger Gala einen augenzwinkernden Toast ausgebracht haben: »Seits froh, daß jemand ein offenes Polarmeer zu erreichen strebt, denn thäte es niemand, dann gäbe es gar keine Nordpolexpedition!« Und auch die briefliche Anrede des Kartografen als »Petermann der Große« löste in Gotha keine Begeisterungsstürme aus.

Der nüchterne Weyprecht wies den Professor in inhaltliche Schranken. Ausdrücklich verbat er sich alle voreiligen Schlüsse »auf die Existenz des Golfstromes in jenen Gegenden«. Ihm, der noch vor kurzem selbst vom offenen Polarmeer geträumt hatte, war der Glaube an Petermanns Gral während der Eisdrift der *Admiral Tegetthoff* abhanden gekommen. 1875 schlief die Korrespondenz zwischen beiden ein. Was Carl Weyprecht über die *Nordpol-Expeditionen der Zukunft* zu sagen hatte – so der Titel eines seiner zahlreichen populärwissenschaftlichen Vorträge –, kann Petermann nicht gefallen haben. Von der Nutzlosigkeit herkömmlicher Entdeckungsfahrten war hier die Rede und von einem Netzwerk aus winterfesten Forschungsstationen, denen die systematische Beobachtung von Erdmagnetismus, Klima und Nordlicht oblag. In Weyprechts melancholischer Vision war die Arktis keine letzte Grenze und kein Spielplatz für Helden mehr, sondern das große Labor der Natur, in dem sich die Naturkräfte in ihrer nackten Gewalt erforschen ließen. »Ueberall wird die arktische Frage discutirt, überall wird von dem besten Wege zum Pole geredet, aber nach den wissenschaftlichen Schätzen, die längs desselben ausgestreut liegen, fragen nur wenige.« Die Enttäuschung des Verkannten, der pflichtschuldig Wassertemperaturen maß, während sein Kompagnon Julius Payer Franz Josephs Land eroberte, lässt sich nicht überhören. Petermann, der sich persönlich angegriffen fühlte, zerpflückte Weyprechts Abgesang in den *Geographischen Mitteilungen*. Doch der Plan einer systematischen Forschungskooperation hatte Zukunft: Mit dem Ersten Internationalen Polarjahr wurde er 1882 Wirklichkeit.

Zu diesem Zeitpunkt war der Schiffslieutenant bereits an der Tuberkulose gestorben, mit der er aus dem Eis zurückgekehrt war. Sein alter Partner, inzwischen zum Ritter geschlagen, hatte andere Probleme. Noch während Julius von Payer den Ruhm der Straße genoss, wurden in Offizierskreisen bereits die ersten Intrigen gesponnen: Waren die unmenschlichen Strapazen, die der böhmische Oberlieutenant so blumig zu schildern wusste, nicht ein bisschen übertrieben? Gab es Franz Josephs Land überhaupt? Was sein Nachfolger Frederick Cook eine Generation später erleben musste – die Verleumdung als Scharlatan –, blieb auch Payer nicht erspart. Enttäuscht nahm er seinen Abschied aus der Armee, wurde Maler und ging nach Paris. Auf riesigen Leinwänden malte er Arktisszenen: die Katastrophe der Franklinexpedition, den verzweifelten Rückzug mit Weyprecht über die Eisfelder. Später, zurück in Österreich, hielt Payer Vorträge, um sich über Wasser zu halten, testete Alpenhotels für den *Baedeker* und plante die Eroberung des Nordpols mit einem Unterseeboot. Er starb 1915 als verwittertes Monument einer längst vergessenen Heldentat: hoch dekoriert, sprach- und mittellos. Unter seinen Papieren fanden sich düstere apokalyptische Visionen und die Vorhersage der russischen Oktoberrevolution.

22. THEORIE DER SYSTEME

August Petermann hatte sich unterdessen endgültig in stille Wasser manövriert. Der preußische Staat, das deutsche Volk, die Bremer Konsuln und die Wiener Hofgesellschaft: Am Ende zogen sich alle Kandidaten zurück. Die Hanseaten hatten längst neue Berater gefunden, sie setzten jetzt auf seriöse Akademiker wie den Berliner Physiker Heinrich Wilhelm Dove. Und auch die südliche Achse, das Bündnis mit Payer und Weyprecht, hielt den Spannungen nicht stand. Einen seiner erstaunlichsten Haken schlug Petermann im Frühjahr 1872, die Abfahrt der *Admiral Tegetthoff* stand unmittelbar bevor, als er plötzlich, ausgerechnet, mit dem Plan einer deutschen Konkurrenzexpedition hausieren ging. Bismarck, der neue Reichskanzler, würde Mittel zuschießen, und er selbst, Petermann, gehe diesmal als »wissenschaftlicher Chef« mit an Bord. Damit das offene Polarmeer endlich Gestalt annehme, so scheint es dem Theoretiker gedämmert zu haben, musste er persönlich vor Ort. Über vage Gerüchte kam die Expedition jedoch nie hinaus. Was der Nautiker Koldewey gefordert hatte, für den Nordpoltraum das eigene Leben zu riskieren, das blieb Petermann erspart.

Es ist eine eigenartige Koinzidenz, dass er sich gerade jetzt in Gotha einigelte. Als die Österreicher zum zweiten Mal abgesegelt waren und der Bismarck-Coup wieder nur Wunschdenken blieb, kaufte der Professor ein Grundstück mit Blick auf den Thüringer Wald und ließ die stattliche »Villa Petermann« bauen. Kritiker argwöhnten, er habe sich dazu aus den Restbeständen des alten Arktisfonds bedient. Wer weiß? Vielleicht polsterte Petermann mit den geplatzten Polarträumen tatsächlich sein Gothaer Kartennest aus. In dessen weitläufigem Garten widmete er sich fortan der Rosenzucht. Am neuen Schreibtisch stürzte er sich wieder in die Theorie. Seit dem Beginn der Nordpolkampagne waren Berge von neuen Tatsachen zusammen gekommen, kleine Steine für das große Mosaik vom offenen Polarmeer. Wie manche klassizistischen Monumentalbauten aus dieser Zeit sollte es eine ewige Baustelle bleiben. Man darf über Petermanns Widerstand gegen Carl Weyprechts akademische Forschungsstationen nämlich eines nicht vergessen: Seit seiner ersten Intervention in die englische Franklinsuche hatte er selbst stets die Rolle des Wissenschaftlers gespielt, die Rolle des Humboldtianers, der nichts anderes tat, als die Physik der Erde auf das Nordpolproblem anzuwenden.

Als fruchtbarstes Betätigungsfeld für Petermanns theoretische Intuitionen erwiesen sich langfristig die Meeresströmungen. Immer wieder legte er Arbeiten zum Golfstrom nach, darunter vermutlich die wissenschaftlich solidesten seiner Laufbahn. Mit großem Belegaufwand und glitzernden Zahlenkaskaden arbeitete er weiter daran, die Existenz des offenen Polarmeers zu beweisen, in das der Golfstrom seine gespeicherte Wärme entlud. Einen kongenialen theoretischen Sparringspartner für diese Überzeugung fand Petermann in Adolf Mühry, mit dem ihn seit Mitte der 1860er Jahre bis zu seinem Tod eine intensive Korrespondenz verband. Mühry, eigentlich Mediziner und Hannoverscher Sanitätsrat, ist eine eigenartige Gestalt, in der sich die Züge des Humboldtschen Wissenschaftlers in besonderer Weise verdichten. Seitdem er die praktische Medizin an den Nagel gehängt, eine Professur an der Universität Jena ausgeschlagen und sich als »Privat-Gelehrter« nach Göttingen zurückgezogen hatte, galt all sein Interesse den geografischen Verteilungen. Wobei er selbst lieber von »Systemen« sprach. Ähnlich wie Petermann fing auch Mühry beim System der Seuchen an. Seine *Geographischen Verhältnisse der Krankheiten* von 1856 gelten als vergessenes Pionierwerk auf ihrem Gebiet. Selbstredend sind sie Alexander von Humboldt, »dem grössten Naturforscher unseres Jahrhunderts«, gewidmet. Ihr Ziel besteht darin, das räumliche »System«, was im Klartext bedeutet: die Verbreitung der Krankheiten in Abhängigkeit von Lufttemperatur, Niederschlag und Bodenbeschaffenheit sichtbar zu machen.

Unter Mührys theoretisch geschultem Blick fügte sich alles Mögliche zu Systemen. Das galt für die Cholera, das galt aber auch für die Meeresströmungen und für die Arktis, Gebiete, denen er als Nächstes sein Interesse zuwandte. Für einen Humboldtschen Geografen müssen diese untergründigen Verbindungen damals in der Luft gelegen haben. »Über das System der Meeresströmungen im Circumpolar-Becken« heißt der Aufsatz in *Petermanns Geographischen Mitteilungen*, über den sich 1867 zwei verwandte Geister fanden: Genau wie sein Gothaer Herausgeber leitete auch Mühry ein offenes Polarmeer her. Als Systematiker ging er vom tellurischen Wärmehaushalt, vom Temperaturunterschied zwischen Eismeer und Südsee aus, der für unausgesetzte globale Umwälzung sorge. Man liest das und nickt, auch heute noch. Insbesondere hatte sich Mühry mit den Dichteveränderungen von Seewasser beschäftigt und wusste genau, wie sich kalte und warme Ströme wo überlagerten. Ich übergehe die Details. Als hypothetisches Ergebnis kam heraus, dass ein eisiger Polarstrom, der von der Beringstraße via Nordpol in Richtung Atlantik floss, die arktischen Eisfelder wie eine Schafherde vor sich hertrieb. Um »in ein weites und auch offenes Meer zu gelangen«, müsse daher lediglich »ein nicht sehr breiter Gürtel von Packeis« nördlich von Spitzbergen durchstoßen werden. Mehr nicht. Und weil alles so schön zusammenpasste, gestand sich Mühry ganz am Ende eine kleine Belohnung zu: »Von einem System zu sprechen, muss schon erlaubt erscheinen.«

Genau wie Petermann gab sich der Privatier als Systemtheoretiker *avant la lettre*, als Mann fürs »Ganze« – auch das ein beliebtes Mühry-Wort –, dem nur die Tatsachen einen Strich durch die Rechnung machen konnten. »Man darf über den Grundzügen des System's«, schrieb er einmal zornentbrannt, »welche mit der Theorie übereinstimmend thatsächlich sich erweisen, nicht die Einzelnheiten vorherrschen lassen; das heisst so viel wie die richtige Theorie und das ganze System beleidigen.« Die Kränkung des Systems durch die Einzelheiten: Dagegen wirkt selbst Hegels Bonmot – »Umso schlimmer für die Tatsachen« – moderat. Für »Autoptiker«, sprich Polarfahrer, die nur das glaubten, was sie selbst gesehen hatten, brachte Mühry wenig Verständnis auf. Denn erst aus der Vogelschau könne die »Entscheidung über das Ganze« gefällt werden. Die bis zum Überdruss von den Nautikern wiederholte Frage – »Was kann eine Landratte vom Meere wissen?« –, sie offenbarte für Mühry nichts als Kurzsichtigkeit.

Die *Times* hätte ihre helle Freude gehabt. Was sie August Petermann seit den 1850er Jahre ankreidete – ein »deutscher Weiser« zu sein, der die Welt in den Tiefen seines Bewusstseins eroberte: Mühry brüstete sich damit. In seiner Theorie- und Systembesessenheit, in seiner Weltflucht und Melancholie verkörpert er einen deutschen Typus, einen Mandarin, der sich tief in die Provinz und die Innerlichkeit vergrub. Noch die Professur an der Universität Jena war seinem Temperament wohl zu welthaltig. Er wollte, er musste »Privat-Gelehrter« sein, um in häuslicher Subsistenzwirtschaft werkeln zu können. Die Klage, mit den knappen Ressourcen seiner kleinen Bibliothek auskommen zu müssen, sprach zugleich den Stolz aus, so unabhängig »wie Diogenes in seiner Tonne« zu sein. Am liebsten, so scheint es, hätte er seine Erkenntnisse ganz für sich behalten – doch »leider«, schrieb Mühry, »gehört das aus tiefen Schachten hervorgeholte Gold der Wissenschaft der ganzen Welt, auch wenn sie es für Katzengold halten sollte«. Dem Eindruck, seine Ozeanografie könne auf praktische Ziele wie die Eroberung des Nordpols angelegt sein, trat er vehement entgegen. Seine Absage an Präsenz und Einfluss ging so weit, dass er sich ausdrücklich verbat, für die Nomenklatur arktischer Landmarken missbraucht zu werden. »Bei Veröffentlichungen, welche die Polarfahrt betreffen«, dürfe sein Name niemals genannt werden – obwohl er sich im gleichen Atemzug sicher war, »dass ich mir auch auf dem Polargebiete, in der Hydrographie und Meteorologie einen Namen erworben habe«. Und dann stellte Mühry sich vor, wie einst ein Festredner aufstehen und sein Andenken preisen würde. »Dann wird das Standbild von Marmor, was über dem Redner steht, so ruhig und kalt herunterblicken wie ich jetzt bei Lebzeiten; denn noch lebe ich.« In diesem langen Dialog mit sich selbst focht der Gelehrte um die Reinheit des Wissens.

An irgendeinem Punkt muss sein Kampf in Paranoia umgeschlagen sein. Neben den arktischen Meeresströmungen hatte Mühry während der 1870er Jahre nämlich noch ein weiteres System im Blick: das »System« Preußen. In fast all seinen Briefen kommt er früher oder später auf den deutschen Reichsgründungsstaat zu sprechen, auf seinen Erzfeind, dem er unterstellte, ihn, den bescheidenen Privatier, und dessen Familie durch ein »System der Verläumdung« zerstören zu wollen. Wo Hegel den Staat Friedrich Wilhelms III. als Verkörperung des Weltgeistes angesehen hatte, lautete Mührys bei allen Gelegenheiten geäußertes Mantra: sich niemals mit Preußen einlassen! Borussentum galt ihm als Synonym für das Böse der Welt. Dabei war er sich seines Verfolgungswahns durchaus schmerzlich bewusst: »Es gehört zu meinen seltsamen Schicksalen«, gestand er Petermann in einem schwachen Moment, »daß ich mit psychologisch seltsamem Argwohn als Hindernis in meiner Lebensstellung und auch auf meiner schriftstellerischen Laufbahn zu kämpfen habe. Der Himmel mag wissen, ob und wann dies jemals endigen wird. Ich wünsche selbst meinen Gegnern und Feinden nicht ein Gleiches.« Aber paranoid zu sein, heißt bekanntlich noch lange nicht, dass es keine Verfolger gibt. Daher nützte Mühry seine Selbsterkenntnis wenig. Dass alles ein großes Ganzes bilde, war schließlich die von Alexander von Humboldt übernommene Geschäftsgrundlage seiner Wissenschaft. Wo immer er hinsah, erblickte er Systeme. Über seiner Korrespondenz mit Petermann, die sich in der Hauptsache um arktische Neuigkeiten drehte, schwebte daher wie ein Damoklesschwert die Bedrohung durch gesichtslose preußische Handlanger und Spione.

23. IM LAND DER WASSERHIMMEL

Der Kartograf stürzte sich also noch einmal in den Wahnsinn der Theorie. Aber auch sein publizistischer Furor blieb ungebrochen. »Ich werde so lange arbeiten«, ließ er den Schriftführer der Royal Geographical Society Henry Walter Bates wissen, »bis alles bewiesen ist«. Und tatsächlich lancierte er in der Mitte der 1870er Jahre eine neue Nordpolkampagne – es sollte seine letzte sein. Wie ganz zu Beginn seiner Laufbahn war wieder England das Ziel. Den Kontakt auf die Insel hatte Petermann nie abreißen lassen, das bezeugen schon der Tee und die Zeitschriften, die er sich in rauen Mengen aus London schicken ließ. Gern schmückte er seine Rede mit Anglizismen. Ließ seine Töchter zweisprachig aufwachsen. Und hörte auch als Goldmedaillenträger nie auf, um die Anerkennung der britischen Fachwelt zu ringen. Die deutsch-nationale Stimmungsmache, der er sich im Vorfeld seiner Expeditionen befleißigt hatte, war weniger eine Herzensangelegenheit als nahe liegendes politisches Kalkül.

Aber warum England? Wir haben die Insel ein wenig aus den Augen verloren. Sherard Osborns Initiative, die Petermann 1865 überhaupt erst aus seinem Polarschlaf gerissen hatte, war in London nahezu wirkungslos verpufft. Das Trauma Franklin lag noch zu nah. Doch der Kapitän hatte hartnäckig weiter gekämpft. Man kommandierte ihn erst nach Indien und dann nach China ab. Aber Osborn kam wieder, trat vor

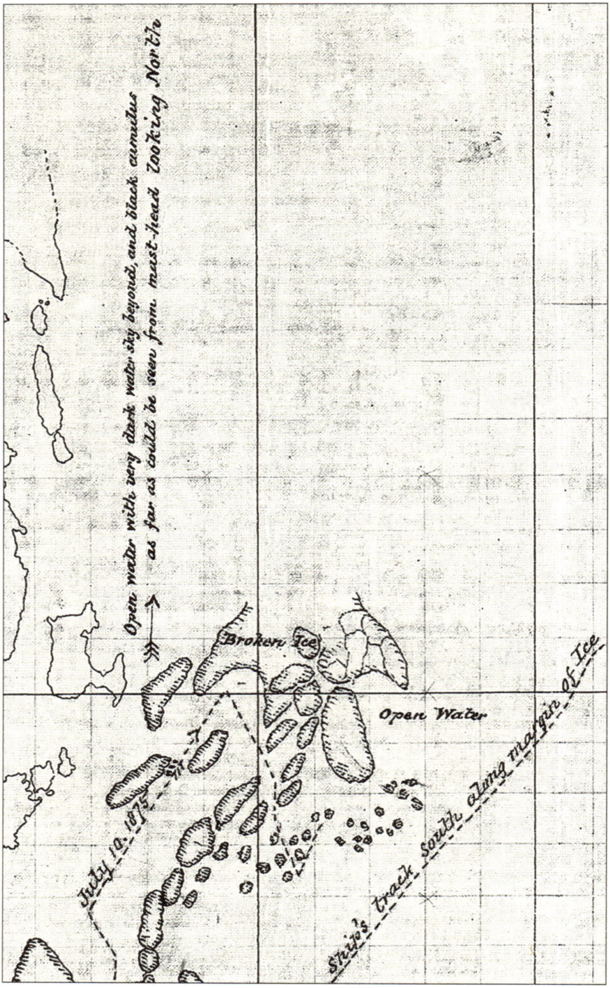

»Offenes Wasser mit sehr dunklem Wasserhimmel und schwarzen Kumuluswolken darüber, so weit wie man von der Mastspitze nach Norden sehen konnte.«

der Royal Geographical Society auf und hievte den Nordpol zurück auf die Tagesordnung. 1874, neun Jahre nach seinem ersten Versuch, stellten sich erste Anzeichen eines Erfolges ein. Henry Bates informierte Petermann darüber, dass die Briten sich auf ihr einstiges geografisches Monopolgeschäft zurückbesannen. In London würden jüngst wieder Arktispläne ventiliert. »Natürlich«, fügte er eilig hinzu, handele es sich dabei ausschließlich um Sherard Osborns alte Route durch den Smith Sound.

Auch wenn das durchaus den Tatsachen entsprach: August Petermann war in der neuen englischen Nordpoldebatte auf zwiespältige Weise präsent. Osborn selbst pflegte eine alte Feindschaft, wenn er in der Royal Geographical Society erklärte, die deutschen Expeditionen unter Koldewey seien »von Dr. Petermann vollkommen in die Irre geleitet worden«. Im Osten nichts Neues, hieß seine neue, alte Devise, wer zum Pol oder in dessen Nähe wolle, müsste das unbedingt westlich von Grönland, durch den Smith Sound tun. Clements Markham, der Sekretär und zukünftige Präsident der Geografischen Gesellschaft, leistete Osborn wirksame Schützenhilfe. 1873 veröffentliche er *The Threshold of the Unknown Region*, eine Geschichte polarer Entdeckungsreisen, die als Appetithappen für das Publikum intendiert war. Auch hier taucht Petermann nur als Verführer auf, der die »maßgebliche deutsche Autorität« in Polarfragen, Kapitän Koldewey, mit seinen Pamphleten hinters Licht führt. Höflich übersandte Markham ein persönliches Exemplar nach Gotha. Und Petermann, diesmal ganz Viktorianer, ließ sich nichts anmerken. Nur hinter Markhams Rücken lästerte er haltlos, konstatierte Schaden für die Polarforschung und verglich die Äußerungen des Sekretärs mit Thomas Carlyles berüchtigtem Geheul der Irren von Bedlam.

Markhams Buch wurde ein Bestseller. Die Lords der Admiralität steckten die Köpfe zusammen. In der Royal Geographical Society flammten alte Diskussionen auf. Und selbst die Regierung schien sich mit der Sache zu befassen. Für Petermann bot das allemal Grund genug, um das Terrain zu sondieren, um alte Freundschaften zu pflegen und neue Allianzen zu schmieden. Vielleicht ließ sich wider Erwarten noch einmal die Spitzbergenroute platzieren. Vielleicht war London am Ende doch der beste Weg zum Pol.

Seit dem Tod von Sir Roderick Murchison betrachtete Petermann Henry Bates als seinen Mann im Entdecker-Club. Der freundliche Insektenforscher bekam seinen Charme zu spüren – »Ich habe mir die Freiheit herausgenommen, Ihren Namen für meine neue Karte von Ostspitzbergen zu benutzen, und gab Ihnen dort einen wunderschönen Berg« –; er hörte sein Schmollen – »Vor 7 Jahren tat ich mein Bestes, um Ihre Bemühungen zu unterstützen; jetzt hätte die R. G. S. durchaus ein Wort der Ermutigung zu mir sagen können« – und seinen Größenwahn: »Ich sage Ihnen, in 12 Monaten werden wir in einer Saison quer durch das Polarmeer bis zur Beringstraße gelangt sein.« Als weiterer Komplize fungierte John Rae, der Schotte, dem die Engländer nie verzeihen konnten, *wie* er Franklin gefunden hatte. Nach wie vor zeigte ihm das Marine-Establishment die kalte Schulter. Dafür bestärkte Rae den Kartografen jetzt bereitwillig in dessen Rolle als deutscher Underdog.

Petermanns eigentlicher Joker aber war David Gray. Ausgerechnet Gray, muss man sagen, denn der Captain galt als einer der besten Walfänger von Peterhead. Dass dieser gestandene Seemann zum entschiedenen Parteigänger des Lehnstuhleroberers wurde, riecht verdächtig nach Ironie der Geschichte. Gray hatte sich 1868 in die Arktisdebatte eingemischt, als er der Royal Geographical Society die Ostküste Grönlands als Route zum Pol empfahl. Hier, wo er alljährlich Walfische jage, täten sich große Wasserstraßen nach Norden auf. Petermann, aufhorchend, übersetzte Grays Denkschrift sofort für die *Geographischen Mitteilungen* ins Deutsche. In den folgenden Jahren entspann sich eine rege Korrespondenz: Der Kartograf legte seine Theorien zur Begutachtung vor, während der Kapitän über Strömungen, Wetter und Eisverhältnisse berichtete. Dabei bediente er sich mit Bravour jener Form, die auch Petermann beherrschte, seitdem er zum ersten Mal von Wrangels sagenumwobener Polynia sprach – des arktischen Konjunktivs: »Ich war überzeugt, dass wir bis zum Pol hätten segeln können«, lautete Grays Fazit der Fangsaison 1874. »Ich bereue bitterlich, dass ich die Chance, auf Wale zu treffen, nicht opferte, obwohl meine Kohlen und Vorräte sich dem Ende zuneigten.« Falsche Befehle, andere Absichten, schlechte Ausrüstung: Irgendein Hindernis gab es immer. Andernfalls, so lautete der arktische Konjunktiv, wäre die Passage zum Nordpol ein Kinderspiel gewesen. Man liest das in unzähligen Varianten in der Arktisliteratur: die Litanei eines ewigen Versprechens. Sein betörendes Leitmotiv fand dieses Versprechen im so genannten *water sky*, im Anblick eines dunklen Himmels am Horizont, der nach allgemeinem Dafürhalten offenes Wasser spiegelte. David Gray: »Von NW. bis ONO. sah ich einen dunklen Wasserhimmel, der sich nach Norden erstreckte und dort in der Ferne verlor. Ich habe keinen Zweifel, dass ein weites, offenes Polarmeer vor uns lag, das weiter nach Norden reichte, als je ein Mensch gelangt war.« Suggestiver geht es kaum. August Petermann sog diese Nachrichten inzwischen wie ein Süchtiger auf.

Die Genugtuung, ausgerechnet von einem Seebären Bestätigung zu finden, wurde allerdings durch einen besonders unangenehmen Widersacher geschmälert: Sir James Lamont. Während der 1870er Jahre verkörperte er den britischen Vorbehalt gegen Petermanns Geografiestil noch einmal in geradezu paradigmatischer Form. Der Professor und der Gentleman: So könnte man ihren Konflikt überschreiben. Lamont gehörte einer neuen Klasse von Polarfahrern an, die die Zeit und die nötigen Mittel hatten, um in der Arktis auf Großwildjagd zu gehen: Er war ein Eismeertourist, ein bloßer »sportsman«, wie Petermann nicht müde wurde, klarzustellen. Nach seinem ersten Spitzbergenausflug im Jahr 1858 hatte der Freizeitentdecker jedoch Blut geleckt. Alle Welt raunte vom Nordpol, gewisse Leute gesellten ihm sogar ein offenes Polarmeer hinzu. Lamont, dem das Packeis noch in den Knochen saß, kam das merkwürdig vor. In einer Zeit, in der Jahr für Jahr Arktisexpeditionen in See stachen, nur nicht von England aus, gab er nonchalant seinen Parlamentssitz auf – »den zu erlangen viel Geld gekostet hatte« –, ließ ein wendiges Schiff konstruieren und machte sich daran, seine aus eigener Anschauung gewonnenen Überzeugungen an jenen »gelehrten Theoretikern« zu messen, »die nie ihren heimischen Kamin verlassen haben, aber steif und fest behaupten, es wäre ›völlig unproblematisch, zum Pol zu segeln‹«.

Im Klartext ging es natürlich um August Petermann, der die Provokation aus Schottland sofort registrierte. Trotz allem gab er Lamonts Lustfahrten in den *Geographischen Mitteilungen* Raum und wollte später sogar eine spitzbergische Zwerginsel nach ihm benennen. Der Eismeertourist lehnte dankend ab. Und hörte nicht auf, seine Meinung zum offenen Polarmeer kund zu tun. »Sehr gern würde ich mich einmal ausführlich mit Ihnen über diese Gegenden unterhalten«, schrieb er im April 1871 an Petermann. »Ich werde den Gedanken nicht los, dass Sie weniger zuversichtlich wären, den Nordpol mit Schiffen erreichen zu können, wenn Sie so oft dort gewesen wären wie ich.« Der Kartograf, der sich hier ungewohnt offenherzig zeigt, fand Lamonts Dämpfer »deprimierend«, schließlich halte er nach wie vor an seinen allseits bekannten Hoffnungen fest. »Auf der anderen Seite möchte ich mich Vernunft und Erfahrung nicht verschließen«: ein guter Vorsatz. Doch als später im Jahr die Nachricht eintraf, dass Payer und Weyprecht mit der *Isbjörn* bis ins offene Polarmeer gesegelt waren, legte Lamont wieder nur Zurückhaltung an den Tag. Er selbst sei im Sommer durch spitzbergische Gewässer gekreuzt, »und das Eis wurde von Tag zu Tag schlimmer«. War das noch Erfahrung – oder bereits Unvernunft? Petermann sah sich jedenfalls nicht in der Lage, Lamonts Einwand hinzunehmen. Verärgert schrieb er zurück, es sei eben schwierig, »Sport mit Entdeckung und Erforschung zu verbinden«. Worauf ein einstweiliges Patt eintrat.

Ihren krönenden Abschluss fand die Fehde erst später, als Petermann den Zeitpunkt für gekommen hielt, mit einer Denkschrift an die Royal Society heranzutreten. Lamont wandte sich daraufhin entnervt an die *Times*. Sein Leserbrief, den die Redaktion mit Vergnügen abgedruckt haben muss, nahm einen »bekannten deutschen Geografen« aufs Korn, der nicht aufhörte, das schiffbare Polarmeer zu predigen. Er, Lamont, bringe dafür kein Verständnis mehr auf. Und dann nahm er den arktischen Konjunktiv auseinander: »Es bringt mich immer wieder zum Lachen«, schrieb Lamont, »wenn ich von irgend jemandem höre oder lese, der behauptet, irgendein anderer sei an den Rand des offenen Polarmeers gelangt und habe nichts als offenes Wasser vor sich gesehen – ›ein großer, grenzenloser, offener Ozean, der bis zum Pol reicht‹, ist, glaube ich, die übliche Redeweise; und nur der Mangel an Zeit oder Proviant oder an irgend etwas anderem habe ihn – den Informanten des Informanten – davon abgehalten, direkt zum Pol zu segeln. Es ist höchste Zeit, diesem Schwachsinn von einem offenen Polarmeer endlich ein Ende zu machen.« Das war deutlich. Petermann, dem inzwischen nichts anderes mehr übrig blieb, als seine Intimfeinde gegeneinander auszuspielen, schrieb an Clements Markham, der »sportsman« Lamont würde am liebsten allem ein Ende machen, was irgendwie mit Wissenschaft zu tun habe. Wie immer, wenn der Streit eskalierte, zog sich der Kartograf in den Tempel seiner deutschen »Wissenschaft« zurück.

In der Zwischenzeit hatte Osborns und Markhams Lobbyarbeit Früchte getragen: Im Jahre 1874 gab der Premierminister Benjamin Disraeli grünes Licht für eine englische Polarfahrt. Im folgenden Mai warf die *British Arctic Expedition* die Leinen los. Die *Alert* und die *Discovery*, zwei für Eismeerverhältnisse riesige Dampfschiffe mit 100-PS-Maschinen und je 60 Mann Besatzung, steuerten geradewegs in den Smith Sound. Von Petermanns Spitzbergenroute keine Spur. Wie 1845, als die Hoffnungen auf John Franklin ruhten, bot die Royal Navy noch einmal all ihre Mittel auf, um eine Expedition auf die Beine zu stellen, die des Mutterlands arktischer Entdeckungsfahrten würdig war: Auf 82° nördlicher Breite, wo sie im Eis stecken blieb, bot die *Alert* ihren Offizieren alle Annehmlichkeiten eines viktorianischen Clubs. Gottesdienst, Hausmusik und das Royal Arctic Theatre hielten die Besatzung in den tatenlosen Wintermonaten auf Trab. Die Rückfahrt im Herbst 1876 verlief reibungslos. Nur das Telegramm, das Kapitän Nares von der irischen Küste nach London absetzte, war unerfreulich: »Arktisexpedition zurückgekehrt. Vier Todesfälle. Unmöglichkeit Nordpol zu erreichen bewiesen.«

Nach dieser Meldung verloren die Briten endgültig die Lust am Pol. Anstatt seine verdienten Lorbeeren zu ernten – immerhin hatte er die Expedition heil nach Hause gebracht –, sah sich Nares einem quälenden Untersuchungsverfahren wegen des Ausbruchs von Skorbut an Bord ausgesetzt. Die *Times* überantwortete den Nordpol den Psychiatern. Die Bereitschaft, schrieb sie, für ein geografisches Phantom Menschenleben zu riskieren, entspringe der »Phantasie eines kranken Gehirns«. Die Engländer haben nie wieder eine Nordpolexpedition ausgerüstet. Was sie vor weiteren Katastrophen nicht bewahren konnte. Auf Betreiben Clements Markhams – inzwischen Präsident der Royal Geographical Society – wandten sie sich in den 1890er Jahren dem Südpol zu und mussten hier ihre letzte heroische Niederlage kassieren: den schrecklichen Kältetod von Robert Falcon Scott.

James Gordon Bennet ließ diese Karte für die *Jeannette*-Expedition anfertigen. Den warmen Pazifischen Strom suchte das Schiff vergebens.

24. DIE LETZTE KARTE

1877 war Petermanns offenes Polarmeer erledigt. Zwischen London und Wien besaß es keine erdenklichen Sympathisanten mehr. Doch wie in Vorhersehung seiner künftigen Vorreiterrolle betrat in dieser Situation unversehens Amerika in Gestalt des flamboyanten New Yorker Zeitungsbarons James Gordon Bennett das Parkett. In den USA hatte sich der Erbe des *New York Herald* unmöglich gemacht, als er am Sylvesterabend 1876 vor den Augen der versammelten High Society in den Kamin urinierte: eine altbewährte Geste der Provokation. Seither lebte Bennett in Pariser Hotels. Und sann auf ein neues Abenteuer. Sein größter Zeitungscoup, Henry Morton Stanleys exklusiv berichtete Afrikamission, auf deren Höhepunkt Stanley tatsächlich über den verschollenen David Livingstone gestolpert war, lag gerade fünf Jahre zurück. »Dr. Livingstone, I presume?«: Stanleys berühmte Worte waren um die Welt gegangen und hatten dem *New York Herald* Rekordauflagen beschert. Im Jahr 1877 besaß nur der Nordpol ein vergleichbares Potential. Doch gerade jetzt drohte ein spektakuläres Konkurrenzunternehmen. Henry Howgate, ein Captain des Signal Corps, der schon länger über polaren Projekten brütete, hatte eine Vorlage im Kongress eingebracht, die vorsah, die Arktis als amerikanische Kolonie zu annektieren. Die Zeit drängte also. Kurz entschlossen bestieg Bennett die Eisenbahn und fuhr nach Gotha, um den berühmten Nordpolprofessor zu treffen.

»Ich kann Ihnen versichern«, berichtete er seinem Mitstreiter Lieutenant George Washington De Long im März 1877, »die drei Stunden, die ich mit ihm verbrachte, entschädigten mich vollkommen für die mühsame Reise. Er erzählte mir, dass er sich seit dreißig Jahren mit dem Nordpolproblem beschäftige und dass er sicher ist, dass der Pol erreicht werden kann, aber niemals, wie er sagte, durch den Smith Sound oder Baffin Bay. Er stimmte mir zu, dass die Engländer an dieser Route nur aus Stolz festhielten und weil sie die ersten waren, die diesen Weg einschlugen. Er stimmte mir auch zu – und wenn ich richtig erinnere, ist das auch Ihre Theorie –, dass der Pol nur in einer Blitzaktion erreicht werden kann; und er geht in dieser Theorie sogar noch weiter, er sagt nämlich, dass es in einem Sommer zu schaffen ist und dass er das Experiment mit einem geeigneten Schiff und einem eiserfahrenen Kommandanten selbst unternehmen würde.«

James Bennett sollte Petermanns letzter Glücksfall sein. Dass der Zeitungsbaron zielstrebig Gotha ansteuerte, war allerdings kein Zufall. Im Sommer 1876 hatte Petermann seine größte Reise gewagt, um die Weltausstellung in Philadelphia zu besuchen. Anschließend schaute er sich die Niagarafälle an. Und verlas als Ehrengast der American Geographical Society in New York den wohl einzigen Reisebericht seines Lebens: Diese Hitze! Noch nie habe er etwas Vergleichbares erlebt. Doch sei Amerika insgesamt großartig. Er habe es bisher nur aus der europäischen Literatur gekannt und sich eingebildet, Bescheid zu wissen. »Aber als ich hier herkam, wurde mir klar, wie wenig ich wusste und dass man der vollen Wahrheit am nächsten kommt, wenn man selbst schaut und urteilt.« Während Petermanns USA-Bericht ansonsten wenig Überraschendes bietet – die grandiose Natur, die auf dem Reißbrett gezogenen Städte, die Abschaffung der Sklaverei –, gibt diese Bemerkung Anlass zum Aufhorchen. Handelte es sich um ein bloßes Lippenbekenntnis in der Absicht, seinen amerikanischen Zuhörern zu schmeicheln? Oder sollte die neue Welt ihn, den eingefleischten Lehnstuhlgeografen, am Ende doch noch zum Empiriker bekehrt haben? Den alten Naturhistorikern im Gefolge Christoph Kolumbus' war es einst so ergangen, als sie darüber verzweifelten, die exotischen Pflanzen und wilden Tiere des amerikanischen Kontinents in die Kategorien ihrer europäischen Lehrbücher einzusortieren. Eine derartig irritierende Erfahrung machte Petermann wohl nicht. Sein Bekenntnis bleibt ungewiss. Doch immerhin probierte er zum ersten Mal in seinem Leben die Rolle des Reisenden aus.

Weder Bennett noch De Long waren in New York anwesend. Der Besuch des Nordpolprofessors kann ihnen trotz allem nicht entgangen sein. Seine schiere Präsenz hatte nämlich einen unbeabsichtigten Nebeneffekt. Sie katapultierte die Arktis – die lange ein Schattendasein geführt hatte – zurück in die amerikanischen Zeitungen im Allgemeinen und in den *New York Herald* im Besonderen, der wie kein zweites Blatt koloniale Entdeckerfantasien schürte. Daher war Petermann für Bennett seit 1876 ein Begriff, und daher bekam er im Jahr darauf seine unverhoffte Chance, eine weitere, diesmal amerikanische Nordpolexpedition zu instruieren. Der Plan, den er dem Zeitungsbaron in Gotha schmackhaft machte, war neu. Zumindest aus seinem Mund. Entmutigt durch die zähe Polemik gegen seine Spitzbergenroute, müde der Ausfälle eines James Lamont, besann er sich auf den dritten Weg zum Pol: die Beringstraße.

In Silas Bent besaß diese Route in den USA bereits ihren Theoretiker. Seitdem der Fähnrich 1852 mit Commodore Matthew Perry nach Tokio gesegelt war, um dem Shogun einen Handelsvertrag aufzuzwingen, favorisierte er den Kuro Siwo, den warmen Japanstrom, als »thermometrisches Einfallstor« ins Polarbecken. Sein Plan war also nichts anderes als das pazifische Pendant zu August Petermanns östlichem Golfstromtheorem. Bents bei jeder Gelegenheit wiederholte Losung lautete, »dem Thermometer anstatt dem Kompass zu folgen« – auf dem Rücken des Kuro Siwo bis ins offene Polarmeer hinein. Seit Elisha Kane und Isaac Hayes schworen die Amerikaner auf den Smith Sound. Daher legte sich Bent mit den meisten Polarautoritäten an. Der Präsident der American Geographical Society, Judge Charles Daly, war der Meinung, Bents Theorie sei auf »Hörensagen« gebaut. Mit Petermann, seinem europäischen Vordenker, scheint sich der Fähnrich jedoch nie verbündet zu haben.

Dafür brachte der Professor im Jahr 1877 nun seinerseits die Beringstraße ins Spiel. James Gordon Bennett und sein Kapitän De Long ließen sich schnell überzeugen und schickten ihr frisch erworbenes Expeditionsschiff *Jeannette* um Kap Hoorn herum nach San Francisco. Bennett scheint von Petermann derartig beeindruckt gewesen zu sein, dass er kurzzeitig sogar mit der Idee spielte, eine zweite Expedition auf die Spitzbergenroute zu schicken – »um Ihrer arktischen Lieblingstheorie auch eine Chance zu geben«. Der Kartograf leitete den Vorschlag umgehend an einen alten Bekannten, den ewigen Schiffslieutenant Carl Weyprecht weiter, der enttäuscht in Wien saß und die undankbare k. u. k. Kriegsmarine verlassen wollte. Ob Weyprecht nicht interessiert sei, sich um das Kommando der amerikanischen Expedition zu bemühen? Plötzlich sah es so aus, als sollte ein Traum wahr werden: Die kaum noch für möglich gehaltene Überprüfung der Petermannroute stand bevor, und ein alter Weggefährte wurde vielleicht ihr Kommandant.

Zwei Tage nach seinem Schreiben an Weyprecht, am 25. September 1878, erhängte sich Petermann in seinem Arbeitszimmer. Er hinterließ einen drei Wochen alten Abschiedsbrief. Und auch den Strick trug er bereits seit geraumer Zeit mit sich herum. Anzeichen einer wachsenden Schwermut gab es schon länger. Im *New York Herald*, dem Petermann kurz zuvor sein letztes Interview gegeben hatte, war vage von gesundheitlichen und häuslichen Problemen die Rede. Viel weiter kommt man in dieser Richtung auch heute nicht. Sicher, das ebenso manische wie depressive Familientemperament, dem schon Vater und Bruder zum Opfer gefallen waren. Der tragische Tod einer Tochter – »infolge geistiger Überanstrengung«, wie man damals sagte. Die überstürzte Trennung von Clara Leslie schließlich und die Wiederverheiratung mit einer Deutschen vier Monate vor seinem Tod. Statt des Nordpols blieb dieser Coup Petermanns letzte Blitzaktion. Es heißt, er habe unter heftigen Schuldgefühlen gelitten. Ich ziehe es vor, in seinem Freitod die Tragödie des Kartografen zu sehen. Vergessen wir nicht: Schon nach der Zweiten Deutschen Nordpolexpedition hatte Wilhelm von Freeden ihm einen Selbstmord auf Raten attestiert, als er alles tat, um seine eigenen Pläne vor der Verwirklichung zu bewahren. Theorie und Praxis fanden sich für Petermann niemals zu einer fruchtbaren Dialektik zusammen. Stattdessen bildeten sie ein unentrinnbares *double bind*, einen paradoxen Imperativ, der seine äußerliche Entsprechung in der Differenz zwischen Deutschland und England fand. Ohne diese bilaterale Hassliebe hätte es Petermanns Nordpolgeschichte nicht gegeben.

Auch 1878 schien die Verwirklichung seines Lebensthemas in greifbare Nähe gerückt: eine strukturell schwierige Situation. Diesmal sah es allerdings fast so aus, als habe der Kartograf sich selbst nicht mehr getraut. Oder als seien ihm düstere Vorahnungen gekommen. Denn wenn man das Schicksal von Bennetts Expedition bedenkt, war der Zeitpunkt zum Ableben gut gewählt. Durch seinen Selbstmord blieb Petermann die letzte, und noch dazu besonders grausame Falsifizierung der Theorie vom offenen Polarmeer erspart. Dass sich der *spiritus rector* seiner Tour kurz vor dem Ablegen das Leben nahm, scheint Kapitän De Long nicht groß beunruhigt zu haben. Am 8. Juli 1879 stach die *Jeannette* von San Francisco aus in See. Die Schwierigkeiten begannen erst hinter der Beringstraße, als das Schiff im Eis eingefroren war: vom offenen Polarmeer keine Spur. Fast zwei Jahre lang trieb die *Jeannette* in beängstigender Schräglage ziellos nach Nordwesten. Petermanns Versicherung, geschmolzenes Eis sei als Trinkwasser brauchbar, erwies sich als falsch. Edisons elektrisches Licht funktionierte nicht. »Das Packeis ist kein Ort für ein Schiff«, notierte De Long bitter in sein Tagebuch. Er hatte recht: Im Juni 1881 brach die *Jeannette* auseinander. Selbst Joachim Ringelnatz verging später beim Gedanken an diese Szene der Humor: »Wie stehn die rauen Männer nun so traurig / Und weinen um des Schiffes Untergang / Hoch in den Masten heult der Wind so schaurig, / Dem treuen Fahrzeug ist's der Grabgesang.«

Der anschließende Fußmarsch über das Eis nach Süden gehört zu den trostlosesten seiner Art: auf driftenden Schollen, über Wasserrinnen und haushohe Verwerfungen. An der Eiskante bestieg man die mitgeschleppten Rettungsboote und nahm Kurs auf das Lenadelta. Ein Sturm trieb die Schiffbrüchigen getrennt an Land. In der Geschichte der Polarforschung hatte August Petermann hier seinen finalen Auftritt: Bis zuletzt auf den Gothaer Theoretiker vertrauend, orientierte sich De Long nämlich an einer kleinen Karte, die 1878 in den *Geographischen Mitteilungen* erschienen war. Auch die anderen beiden Rettungsboote hatte er mit Bleistiftkopien versorgt. Doch weder stimmte die Lage der Flussarme, noch gab es die »russischen Siedlungen«, die Petermanns Karte versprach. Orientierungslos irrten die Seeleute durch das tote Land. Erst aßen sie ihre Hunde, dann ihre Schuhe, und dann starben sie wie die Fliegen. In De Longs postum gefundenem Tagebuch kann man das detailliert nachlesen. Es war der Bordingenieur George Melville, Kommandant des zweiten, um Haaresbreite geretteten Flüchtlingstrupps, der das trostlose Fazit der Expedition zog: »Erbittert verfluchten wir Petermann und all seine Werke, die uns in die Irre geführt hatten.«

NANSENS TURN

Das Ende dieser Geschichte ist schnell erzählt. Seit dem Untergang der *Jeannette* war die Arktis verpönt. Und seit Petermanns Tod gab es niemanden mehr, der die Sehnsucht nach dem offenen Polarmeer am Leben erhalten hätte. Immerhin, während De Long durch die Beringstraße nach Norden dampfte, war Adolf Nordenskjöld von seiner Durchsegelung der Nordostpassage zurückgekehrt. Das war eine Leistung, auf die man stolz sein konnte. Vom Nordpol sprach jedoch niemand mehr. Nur Fridtjof Nansen, der aufgehende Stern der Polarforschung, stolperte 1884 über die Meldung, dass eine Ölhose von Bord der *Jeannette* an der Südküste Grönlands angespült worden war. Zunächst hatte er jedoch andere Pläne und überquerte das Inlandeis von Grönland auf Skiern. In Nansens Hinterkopf brütete aber bereits ein gewagter Plan. Die Ölhose war ein schlagender Beweis für die Existenz einer Strömung, die von der Beringstraße quer durchs Polarbecken bis in den Atlantik ging. Mit einem geeigneten Schiff musste es möglich sein, sich dieser Strömung anzuvertrauen und dabei geradewegs über den Nordpol zu treiben.

In London, in der Royal Geographical Society, wo Nansen seinen Plan im November 1892 vorstellte, stieß er auf geballten Widerstand. Die britischen Eismeerveteranen verpassten ihm, wie er seiner Frau in Norwegen mitteilte, eine »kalte Dusche«. George Nares teilte ihm freundlich mit, dass sein Projekt sinnlos sei. Das ist nicht weiter verwunderlich: In vielerlei Hinsicht musste Nansens waghalsige Argumentation an einen unseligen Vorgänger erinnern – August Petermann. Auch der Norweger spekulierte über globale Meeresströmungen, auch er hielt Isothermenkarten in die Höhe, auch er war ein Theoretiker, der sich herausnahm, die Arktis am Reißbrett zu konstruieren. »Zwar sind es ja alles nur Theorien, aber eine Sammlung von wahrscheinlichen Theorien kann ja der Sicherheit sehr nahe kommen«, bekannte Nansen in nicht ganz fehlerfreiem Deutsch, als er Petermanns Gothaer Nachfolger Ernst Behm um die Polarkarten des verstorbenen Professors bat. Er brauchte sämtliches Material, das er kriegen konnte. Vor spekulativen Würfen hatte der Zoologe keine Angst.

Im Gegensatz zu Petermann kam Nansen »der Sicherheit« tatsächlich nah. Denn bei allen Gemeinsamkeiten gab es einen entscheidenden Unterschied: In seiner Theorie plätscherte kein offenes Polarmeer. Statt mit schiffbaren Gewässern rechnete Nansen mit einer geschlossenen Packeisdecke, und statt auf die titanische Kraft von Dampfern zu setzen, ließ er ein Schiff konstruieren, das im Eis einfrieren konnte, ohne zerdrückt zu werden. Drei Jahre lang, von 1893 bis 1896, trieb die *Fram* durch den arktischen Ozean, Petermanns vergilbte Karten trocken unter Deck. Als sich abzeichnete, dass die Drift nicht über den Nordpol führen würde, marschierte Nansen in Begleitung von Hjalmar Johansen mit Skiern und Hundeschlitten los. Bei 86° nördlicher Breite mussten sie ihren Versuch abbrechen. Doch der Nordpol schien wieder in greifbare Nähe gerückt. Jahr für Jahr brachen jetzt neue Expeditionen auf, bis Robert Peary den Wettlauf schließlich für sich entschied. Ob August Petermann, in seinem Lehnstuhl, dieses

Ende gefallen hätte? »Für die Wissenschaft ist es ein wahres Glück«, hatte er 1874 geschrieben, »dass der Nordpol noch nicht erobert ist.«

ANMERKUNGEN

Benützte Archive

Forschungsbibliothek Gotha, Sammlung Perthes
Archiv der Royal Geographical Society, London

Aus Mangel an Beweisen

Den neuen Wettlauf zum Nordpol behandeln Christoph Seidler, *Arktisches Monopoly. Der Kampf um die Rohstoffe der Polarregion*, München 2009; Richard Sale, *The Scramble for the Arctic. Ownership, Exploitation and Conflict in the Far North*, London 2009. Jüngste Parteinahmen im Streit zwischen Cook und Peary sind Johannes Zeilinger, *Auf brüchigem Eis. Frederick A. Cook und die Eroberung des Nordpols*, Berlin 2009; Bruce Henderson, *True North. Peary, Cook, and the Race to the Pole*, New York 2005.

S. 9 *»The Pole at last«, …* – Robert E. Peary, *The North Pole. Its Discovery in 1909 under the Auspices of the Peary Arctic Club*, New York 1910, 288 ff.

S. 10 *Die Beweisfotos der erbitterten Rivalen …* – Frederick A. Cook, *My Attainment of the Pole*, New York 1913, xxxvf., 409.

S. 11 *Der Linguist Roman Jakobson …* – Roman Jakobson, *Poesie und Sprachstruktur*, Zürich 1970, 18.

»Am Nordpol war nichts weiter wertvoll … – Karl Kraus, Die Entdeckung des Nordpols, in: *Wege ins Eis. Nord- und Südpolfahrten*, hg.v. Friedhelm Marx, Frankfurt a. M. 1995, 139, 142.

S. 12 *»What's the good of Mercator's North Poles …* – Lewis Carroll, *The Hunting of the Snark. An Agony in Eight Fits*, New York 1898, 15. Zur Bedeutung von Zeichen in der leeren Arktis vgl. Bettine Menke, Die Polargebiete der Bibliothek. Über eine metapoetische Metapher, in: *Deutsche Vierteljahrsschrift für Literaturwissenschaft und Geistesgeschichte*, 74 (2000), 545–99.

»Kaum ein Ort der Welt war … – Zeilinger, *Auf brüchigem Eis*, 11.

»In aller Stille«, … – *Gothaisches Tageblatt*, 18.9.1909, Sammlung Perthes, Verlagsarchiv, (folgend Sammlung Perthes) PGM, 540/19. Hier auch Schriftverkehr zur Vorgeschichte der Denksteinlegung.

S. 13 *Julius Payer, der österreichische Entdecker …* – Nach Ewald Weller, *August Petermann, Ein Beitrag zur Geschichte der geographischen Entdeckungen und der Kartographie im 19. Jahrhundert*, Leipzig 1911, 97.

S. 14 *Schon in den 1850er Jahren desavouierte …* – *The Times*, 12.6.1852.

Seine »ernsthaften und besonnenen Berechnungen« … – Augustus Petermann, *The Search for Franklin. A Suggestions Submitted to the British Public*, London 1852, 5.

S. 15 *Der Pol, erklärte Petermann, …* – August Petermann, Der Nordpol und Südpol, die Wichtigkeit ihrer Erforschung in geographischer und kulturhistorischer Beziehung, in: *Petermanns Geographische Mitteilungen* (folgend PGM), 11 (1865), 148.

»Die Idee, dass Franklin … – *The Times*, 25.11.1853.

»Ich werde so lange arbeiten«, … – Petermann an Henry Walter Bates am 6.12.1871, Royal Geographical Society, Archive, CB 6, Petermann.

S. 17 *An die Stelle heroischer Epen …* – Ein Beispiel unter vielen ist Thomas Kastura, *Flucht ins Eis. Warum wir ans kalte Ende der Welt wollen*, Berlin 2000.

S. 18 *»Darum verwenden wir jetzt das Land …* – Lewis Carroll, *Sylvie und Bruno. Eine Geschichte*, München 2006, 389. Das Motiv ist noch öfter in der Literatur aufgetaucht. Vgl. Umberto Eco, Die Karte des Reiches im Maßstab 1:1, in: ders., *Platon im Striptease-Lokal. Parodien und Travestien*, München 1990, 85–97.

Wenn hier ein »preußischer Weiser« … – Theodor Fontane, *Aus England und Schottland.* Sämtliche Werke, Bd. 17, München 1963, 136.

S. 18/19 *Die Geschichte und auch die Tragik …* – Ernst Kapp, *Vergleichende Allgemeine Erdkunde in wissenschaftlicher Darstellung*, Braunschweig ²1868, vi.

1 Unter Deck

Mehr zu Eisenbahnen, Dampfschiffen und zur neuen Reisekultur um 1850 findet sich bei Wolfgang Schivelbusch, *Geschichte der Eisenbahnreise. Zur Industrialisierung von Raum und Zeit im 19. Jahrhundert*, Frankfurt a. M. 2000; Dolf Sternberger, *Panorama oder Ansichten vom 19. Jahrhundert*, Hamburg 1938; David Blackbourn, *Die Eroberung der Natur. Eine Geschichte der deutschen Landschaft*, München 2007; Fontane, *England.*

S. 21 *»Das Gefühl, mit dem man …* – Alexander von Humboldt, *Reise in die Äquinoktial-Gegenden des Neuen Kontinents*, Bd. 1, Frankfurt a. M. 1991, 62.

S. 22 *Der Dampf, diese …* – Nach Sternberger, *Panorama*, 28.

Heinrich Heine notierte … – Nach Schivelbusch, *Eisenbahnreise*, 39.

S. 23 *Aber auch der bereits zitierte ...* – N. N., Reports of the Commissioners appointed to consider and recommend a General System of Railways for Ireland, in: *Quarterly Review*, 63 (1839), 11.

»Per Dampfer«, verkündete er ... – August Petermann, Nordpol und Südpol, 147.

S. 24 *Mit Vorliebe erzählen Kartografiehistoriker ...* – Kurt Brunner, Geheimhaltung und Verfälschung von Karten aus militärischen und politischen Gründen, in: *Kartenverfälschung als Folge übergroßer Geheimhaltung? Eine Annäherung an das Thema Einflußnahme der Staatssicherheit auf das Kartenwesen der DDR*, hg.v. Dagmar Unverhau, Münster [3]2006, 161–75.

2 Der Harz und der Amazonas

Aus der spärlichen biografischen Literatur zu August Petermann seien genannt Ewald Weller, *August Petermann, Ein Beitrag zur Geschichte der geographischen Entdeckungen und der Kartographie im 19. Jahrhundert*, Leipzig 1911; ders., *Leben und Wirken August Petermanns*, Leipzig 1914; Matthias Hoffmann, August Heinrich Petermann (1822–1878). Ein Gothaer Geograph und Kartograph, in: *Internationales Jahrbuch für Kartographie*, 29 (1989), 85–98 sowie, als bibliografischer Überblick, Werner Horn, Die Geschichte der Gothaer Geographischen Anstalt im Spiegel des Schrifttums, in: PGM, 104 (1960), 271–87.

S. 28 *Das* Taschenbuch für Reisende ... – Friedrich Gottschalck, *Taschenbuch für Reisende in den Harz*, Magdeburg 1806, 131 ff.

»Es ist ein erhabener Anblick ... – Heinrich Heine, *Die Harzreise*, München 1997, 60.

S. 29 *Der Publikumsrenner war ...* – Susanne Zantop, *Kolonialphantasien im vorkolonialen Deutschland (1770–1870)*, Berlin 1999, 49 ff.

S. 30 *»Es war einmahl ein Mann ...* – Johann Heinrich Campe, *Robinson der Jüngere. Ein Lesebuch für Kinder*, Braunschweig [39]1848, 4.

Als »Bibel der Bourgeoisie« ist ... – Zantop, *Kolonialphantasien*, 128.

S. 31 *Für seine Leser daheim war er daher ...* – Ebd., 193.

Südamerika, das waren ... – Hinweise zum deutschen »Urwald« verdanke ich Julia Voss.

Er zog Forscher und Maler ... – *Deutsche Künstler in Lateinamerika. Maler und Naturforscher des 19. Jahrhunderts illustrieren einen Kontinent*, hg.v. Ibero-Amerikanischen Institut (Berlin West), Berlin 1978.

S. 32 *Die »Physik der Welt«, ...* – Alexander von Humboldt, *Reise in die Äquinoktial-Gegenden*, 12.

S. 33 *Joseph Conrad folgte ...* – Joseph Conrad, Geography and some Explorers, in: ders., *Tables of Herarsay and Last Essays*, London 1972, 13.

3 Die Schule der Kartografen

Zu Heinrich Berghaus und zur Geschichte der deutschen Kartografie in der ersten Hälfte des 19. Jahrhunderts vgl. Gerhard Engelmann, *Heinrich Berghaus. Der Kartograph von Potsdam*, Halle 1977. Für den großen Überblick vgl. John Brian Harley und David Woodward (Hg.), *The History of Cartography*, 3 Bde., Chicago 1987–98. Die lithografische Technik behandelt Walter Koschatzky, *Druckkunst – Kunstdruck. Von der Lithographie zum Digitaldruck*, Wien 2001, ihre Bedeutung für die Kartografie Arthur H. Robinson, *Early Thematic Mapping in the History of Cartography*, Chicago 1982.

S. 34 *In den Worten des Vaters …* – Nach Gerhard Engelmann, August Petermann als Kartographenlehrling bei Heinrich Berghaus in Potsdam, in: PGM, 106 (1962), 161.

S. 35 *In schwachen Momenten …* – Weller, *Leben und Wirken Petermanns*, 7.

Begonnen hatte Berghaus … – J.B. Harley, Silences and Secrecy: the Hidden Agenda of Cartography in Early Modern Europe, in: *Imago Mundi*, 40 (1988), 57–76.

S. 36 *»Die Arbeiten müssen die genaueste …* – Nach Engelmann, *Berghaus*, 36.

Die Modernisierung der Kriegführung, … – Michael Howard, *War in European History*, Cambridge 2009, Kap. 5.

Die topografische Karte, … – Ewald Diemer-Wallroda, *Schwert und Zirkel. Gedanken über alte und neue Kriegskarten*, Potsdam 1939.

S. 37 *Es verpflichtete die Schüler …* – Nach Engelmann, Petermann als Kartographenlehrling, 163.

Hatte Immanuel Kant … – Immanuel Kant, *Physische Geographie*, Akademie-Ausgabe, Bd. 9, Berlin 2000, 163.

S. 38 *»Das erste, was Sie machen …* – Nach Engelmann, Petermann als Kartographenlehrling, 166.

S. 38/39 *»Mögen auch Männer wie …* – Petermann an Ernst II., Herzog von Sachsen-Coburg und Gotha, am 8.9.1854, Sammlung Perthes, PGM, 540/5.

S. 39 *Für die Ausbildung eines »mittelmäßigen« …* – Nach Engelmann, Petermann als Kartographenlehrling, 162.

S. 40 *Die »Kultur der Kopie«, …* – Hillel Schwartz, *The Culture of the Copy*, New York 1996.

So experimentierte Petermann später … – August Petermann, *A. Petermann's Geographical Establishment*, Sammlung Perthes, Kartensammlung, *England-Mappe A*.

In den 1840er Jahren war Humboldt … – Nicolaas Rupke, *Alexander von Humboldt. A Metabiography*, Frankfurt a.M. 2005; Bettina Hey'l, *Das Ganze der Natur und die Differenzierung des Wissens. Alexander von Humboldt als Schriftsteller*, Berlin 2007.

»Recht klar und sauber« lautete ... – Briefwechsel Alexander von Humboldts mit Heinrich Berghaus aus den Jahren 1825 bis 1858, Bd. 2, Leipzig 1863, 295.

S. 41 *»Gez. von Alexander v. Humboldt ...* – Alexander von Humboldt, *Central-Asien. Untersuchungen über die Gebirgsketten und die vergleichende Klimatologie*, Berlin 1844, o. S.

Heinrich Berghaus lag sicher richtig, ... – Briefwechsel Humboldt–Berghaus, 297.

4 W. & A. K. Johnston Ltd.

Lesenswert zu Alexander Keith Johnston und dem Edinburgh seiner Zeit ist James McCarthy, *Journey into Africa. The Life and Death of Keith Johnston, Scottish Cartographer and Explorer (1844–79)*, Latheronweel 2003, Kap. 1 und 2. Zu den Anfängen der thematischen Kartografie vgl. Robinson, *Thematic Mapping*.

S. 43 *Ein zeitgenössischer Reiseführer ...* – Hugh Miller, *Edinburgh and its neighbourhood, geological and historical*, Edinburgh [4]1870, 158.

S. 43/44 *Denn während dort schon die Hochöfen ...* – Nach Steven Shapin, Nibbling at the Teats of Science: Edinburgh and the Diffusion of Science in the 1830s, in: *Metropolis and Province. Science in British Culture, 1780–1850*, hg.v. Ian Inkster und Jack Morrell, London 1983, 153.

S. 44 *Wegen der Verschleppung der ...* – R.C. Boud, The Highland and Agricultural Society of Scotland and the Ordnance Survey of Scotland, 1837–1875, in: *The Cartographic Journal*, 23 (1986), 3–26.

S. 45 *Bis heute gilt der Bericht ... – Second Report of the Commissioners appointed to inquire into the Manner in which Railway Communications can be most advantageously promoted in Ireland*, London 1838.

S. 46 *»Wir halten diese Karte ...* – N. N., Reports of the Commissioners, 47.

S. 47 *Er war Mitglied der Highland ...* – Boud, Highland Society.

S. 48 *Als Erwachsenem eilte Johnston ...* – Nach McCarthy, *Johnston*, 49.

S. 50 *»Ein halbes Jahrhundert« ...* – Keith Johnston an Norton Shaw am 5.5.1854, Royal Geographical Society, Archive, CB 4, Johnston A. K.

S. 51 *Keiths Sohn Alexander ...* – Alexander Johnston an Glanville Corey Bolton am 3.10.1876, Royal Geographical Society, Archive, CB 6, Johnston A. K. (jun)

5 Humboldts Kartograf

Die Entstehungsgeschichte von Berghaus' und Johnstons Atlanten behandelt Gerhard Engelmann, Der Physikalische Atlas des Heinrich Berghaus und Alexander Keith Johnstons Physical Atlas, in: PGM, 108 (1964), 133–49. Zur britischen Humboldt-Rezeption vgl. Jean Théodoridès, Humboldt and England, in: *The British Journal for the History of Science*, 3 (1966), 39–55; W. H. Brock, Humboldt and the British. A Note on the Character of British Science, in: *Annals of Science*, 50 (1993), 365–72. Humboldts grafische Verfahren beleuchten Anne Marie Claire Godlewska, From Enlightenment Vision to Modern Science? Humboldt's Visual Thinking, in: *Geography and Enlightenment*, hg.v. David Livingstone und Charles Withers, Chicago 1999, 236–275; Wolfgang Schäffner, Topographie der Zeichen. Alexander von Humboldts Datenverarbeitung, in: *Das Laokoon-Paradigma. Zeichenregime im 18. Jahrhundert*, hg.v. Inge Baxmann u. a., Berlin 2000, 359–82. Eine ausgezeichnete Darstellung der Pflanzengeografie bieten Janet Browne, *The Secular Ark. Studies in the History of Biogeography*, New Haven 1983, Kap. 3. sowie dies., Biogeography and Empire, in: *Cultures of natural history*, hg.v. Nicholas Jardine u. a., Cambridge 1996, 305–21.

S. 53 *Heinrich Berghaus, der Potsdamer …* – Johnston an Shaw am 5.5.1854.
Johnston hatte ihn 1845 … – McCarthy, *Johnston*, 36 f.

S. 53/54 *John Theodore Merz, …* – John Theodore Merz, *A History of European Thought in the Nineteenth Century*, Bd. 1, Edinburgh 1896, 206.

S. 54 *»Jeder strebsame Gelehrte«, …* – Estelle Du Bois-Reymond (Hg.), *Zwei grosse Naturforscher des 19. Jahrhunderts. Ein Briefwechsel zwischen Emil Du Bois-Reymond und Karl Ludwig*, Leipzig 1927, 61.

S. 54/55 *Wer über vierzig Jahre …* – James David Forbes, Humboldt's Cosmos, in: *The Quarterly Review*, 77 (1846), 154–191.

S. 55 *Humboldt, der ihm 1835 …* – Nach Théodoridès, Humboldt and England, 47, 51.

S. 56 *»Jeder, der diese merkwürdig …* – Nach McCarthy, *Johnston*, 33.

S. 58 *Allein Alexander von Humboldt …* – Humboldt, *Reise in die Äquinoktial-Gegenden*, 16.
Der überbordende Reichtum … – Vgl. Wolf Lepenies, *Das Ende der Naturgeschichte. Wandel kultureller Selbstverständlichkeiten in den Wissenschaften des 18. und 19. Jahrhunderts*, München 1976.
Es gehe ihm weniger um … – Alexander von Humboldt an Friedrich Schiller am 6.8.1794, in: *Die Jugendbriefe Alexander von Humboldts, 1787–1799*, hg.v. Ilse Jahn, Berlin 1973, 346 f.
Watson veröffentlichte sogar … – Nach Christophe Bonneuil, The Manufacture of Species. Kew Gardens, the Empire, and the Standardisation of Taxonomic Practices in late Nineteenth-Century Botany, in: *Instruments, Travel and Science. Itineraries of Precision from the Seventeenth to the Twentieth Century*, hg.v. Marie-Noëlle Bourguet, London 2002, 190.

S. 58/59 *Die Wende vom 18. …* – Ian Hacking, *The Taming of Chance*, Cambridge 1990.

S. 59 *Eine »Lawine gedruckter …* – Ders., Biopower and the Avalanche of Printed Numbers, in: *Humanities in Society*, 5 (1982), 279–295.

Ausdrücklich verstand der Autor … – Hewett Watson, *Cybele Britannica, or British plants and their geographical relations*, Bd. 1, London 1847, 9 ff.

S. 60 *Welche Karten …* – Oskar Peschel, *Geschichte der Erdkunde bis auf Alexander von Humboldt und Carl Ritter*, München [2]1877, 809.

Vielleicht lag es an … – Hewett Watson an Petermann am 12.11.1847, Sammlung Perthes, PGM, 540/1.

»Kein anderes Mittel … – August Petermann, *On the Temperature of the British Isles and its Influences on the distribution of Plants*, 11, Sammlung Perthes, PGM, 540/6.

S. 61 *Bei Betrachtung der …* – Charles Darwin, *Über die Entstehung der Arten*, Stuttgart 1899, 423.

In Darwins Nachlass … – Jane Camerini, Evolution, Biogeography, and Maps. An Early History of Wallace's Line, in: *Isis*, 84 (1993), 708.

6 London kills me

Ein Panorama von London zur Zeit August Petermanns bietet Roy Porter, *London. A Social History*, Cambridge, Mass. 2001. Die deutschen Englandreisenden dieser Zeit behandelt Tilman Fischer, *Reiseziel England. Ein Beitrag zur Poetik der Reisebeschreibung und zur Topik der Moderne (1830–1870)*, Berlin 2004. Zur Geschichte der Londoner Cholera und ihrer Bekämpfung vgl. Steven Johnson, *The Ghost Map. The Story of London's most terrifying Epidemic – and how it changed Science, Cities, and the Modern World*, New York, 2006. Die Rolle der Kartografie in dieser Geschichte untersuchen Tom Koch, *Cartographies of Disease. Maps, Mapping, and Medicine*, Redlands 2005; E.W. Gilbert, Pioneer Maps of Health and Disease in England, in: *The Geographical Journal*, 124 (1958), 172–83.

S. 63 *Am »Centralpunkt …* – Petermann an Bernhard Perthes am 10.9.1847, Sammlung Perthes, PGM, 540/1.

S. 64 *Fiel sein Plan, …* – Fontane, *England*, 142.

»Es ist ein eigenes Gefühl … – Carl Gustav Carus, *England und Schottland im Jahre 1844*, Berlin 1845, 115.

Friedrich Engels, … – Friedrich Engels, *Die Lage der arbeitenden Klasse in England*, Leipzig [2]1848, 37.

Wie »ein Stück Infusorienerde … – Fontane, *England*, 9.

Auch Londons Ausdehnung … – Ebd., passim.

S. 65 *Mayhew musste feststellen …* – Nach Porter, *London*, 186.

Einer der ersten deutschen … – August Jäger, *Neuestes Gemälde von London. Ein Wegweiser durch die englische Hauptstadt*, Hamburg 1839, 134 f.

S. 65/66 *»Es wundert mich nicht, ...* – Cartwright an Petermann am 24.12.1854, Sammlung Perthes, PGM, 540/7.

S. 68 *»Wir leben in Schmutz ...* – Nach Porter, *London*, 259.

Im September 1847 ... – Nach ebd., 261.

S. 69 *»Die Themse«, ...* – *The Times*, 4.1.1877.

S. 70 *»Es scheint ziemlich sicher«, ...* – Nach Gilbert, Pioneer Maps, 178.

John Snow, ... – Johnson, *Ghost Map*.

S. 71 *»Mein teurer Herr Petermann«, ...* – Nach Weller, *Leben und Wirken Petermanns*, 20.

Auch die zweite Instanz ... – Petermann an die Royal Geographical Society am 5.5.1849, Royal Geographical Society, Archive, CB 4, Petermann.

S. 72 *»Eine Karte«, schrieb ...* – Nach Gilbert, Pioneer Maps, 178.

7 Der Entdecker-Club

Lesenswerte Darstellungen zur Geschichte der Royal Geographical Society sind Ian Cameron, *To the Farthest Ends of the Earth. The History of the Royal Geographical Society 1830–1980*, London 1980; Felix Driver, *Geography Militant. Cultures of Exploration and Empire*, Oxford 2001 und auch Robert A. Stafford, *Scientist of Empire. Sir Roderick Murchison, scientific exploration & Victorian imperialism*, Cambridge 1989.

S. 73 *Und noch dreißig Jahre ...* – *The Times*, 17.9.1885. Vgl. Robinson, *Thematic Mapping*, 76 ff.

S. 75 *Statt an exotischen ...* – Nach Cameron, *Farthest Ends*, 15.

S. 76 *Die Geografische Gesellschaft ...* – Nach ebd.

»Ich bitte um Erlaubnis«, ... – Petermann an die Royal Geographical Society am 5.5.1849.

8 Indien

Zu den Anfängen der Suche nach der Nordwestpassage vgl. Vilhjalmur Stefansson, *Northwest to Fortune. The Search of Western Man for a Commercially Practical Route to the Far East*, Westport 1958. Lesenswert ist nach wie vor auch John Barrow, *A Chronological History of Voyages into the Arctic Regions*, London 1818. Die britische Arktiskampagne des 19. Jahrhunderts und ihre weit verzweigten kulturellen Implikationen behandeln Fergus Fleming, *Barrow's Boys. Eine unglaubliche Geschichte von wahrem Heldenmut und bravourösem Scheitern*, Hamburg [2]2002; Francis Spufford, *I May be some Time. Ice and the English Imagination*, New York 1997; Jen Hill, *White Horizon. The Arctic in the Nineteenth-Century British Imagination*, New York 2008; Robert G. David, *The Arctic in the British imagination*, 1818–1914, Manchester 2000.

S. 78/79 *»Nach wie vor haben wir …* – Lord Colchester, Address, in: *Journal of the Royal Geographical Society of London* (folgend JRGS), 17 (1847), xxx.

S. 81 *Die englische Flotte …* – William Laird Clowes, *The Royal Navy. A History. From the Earliest Times to the Present*, Bd. 6, London 1901, 204 ff.

Im elfbändigen Leben … – Cecil Scott Forester, *Leutnant Hornblower*, Zürich 1960.

S. 82 *Die Namen der Helden …* – Spufford, *I May be some Time.*

Nachdem George Back … – Nach Cameron, *Farthest Ends*, 32.

S. 83 *Wie Sir Roderick …* – Roderick Murchison, Address, in: JRGS, 15 (1845), xlvi.

Sein Bericht vom Versuch, … – John Franklin, *Narrative of a Journey to the Shores of a Polar Sea in the Years 1819, 20, 21, and 22*, London 1823.

S. 84 *Der Zuschnitt der Franklin-Expedition …* – Hill, *White Horizon*, 2.

S. 85 *Es kam mit Franklins …* – Ebd., Kap. 1.

9 Franklins Geist

Zur Franklintragödie vgl. die zu Beginn des vorigen Kapitels zitierte Literatur. Die detailliertesten Darstellungen der epischen Suchaktion haben Zeitgenossen geschrieben: John Brown, *The North-West Passage and the Plans for the Search of Sir John Franklin*, 1858; Peter Lund Simmonds, *Sir John Franklin and the Arctic Regions*, Buffalo 1852 sowie, für das deutsche Publikum, Carl Heinrich Brandes, *Sir John Franklin, die Unternehmungen für seine Rettung und die nordwestliche Durchfahrt*, Berlin 1854. Von Jane Franklins Engagement erzählen Frances J. Woodward, *Portrait of Jane. A Life of Lady Franklin*, London 1951; Spufford, *I May be some Time*, Kap. 6. Zum viktorianischen Spiritismus vgl. Roy Porter (Hg.), *Women, Madness, and Spiritualism*, London 2003; Ronald Pearsall, *The Table-Rappers: The Victorians and the Occult*, Stroud 2004.

S. 87/88 *»Mit Bedauern muss ich …* – William Hamilton, Address, in: JRGS, 18 (1848), lxiv.

S. 88 *Für »Boot« und »Schiff«, …* – *The Times*, 17.10.1848.

S. 89 *Zu Beginn der 1830er Jahre …* – *The Times*, 14.1. und 31.5.1834; vgl. David, *The Arctic in the British Imagination*, 150 ff.

S. 90 *»Mit einem Gefühl des Bedauerns …* – William Hamilton, Address, in: JRGS, 19 (1849), lxxviii.

S. 91 *»Zu den Marinekreisen …* – *The Times*, 7.12.1849.

Die »sogenannte Nordwestpassage«, … – Robert McClure, Discovery of the North-West Passage, in: JRGS, 24 (1854), 245.

S. 92 *»Noch immer schimmert …* – William Henry Smyth, Address, in: JRGS, 20 (1850), l.

»Es ist eine schwere … – Ders., Address, in: JRGS, 21 (1851), lxxvi.

»Als ich das Präsidentenamt ... – Roderick Murchison, Address, in: JRGS, 22 (1852), lxxi.

S. 93 *Als »englische Penelope«,* ... – Nach Woodward, *Portrait of Jane*, 302.

S. 94 *»Ich hoffe und bete* ... – Nach Spufford, *I May be some Time*, 125.

S. 96 *Tote, »in verschiedenen* ... – Nach ebd., 134.

S. 96/97 *»Geht es ihm gut,* ... – Nach Woodward, *Portrait of Jane*, 266 f.

S. 97 *In den Augen von* ... – Ebd., 266.

S. 98 *»Diese Buchstaben«,* ... – Nach Spufford, *I May be some Time*, 135.

»Es ist alles wahr! ... – Nach ebd.

10 Die Erfindung des Nordpols

Zu Petermanns Theorie vom eisfreien Polarmeer und ihrem entdeckungsgeschichtlichen Kontext vgl. John K. Wright, The Open Polar Sea, in: *Geographical Review*, 43 (1953), 338–65; Erki Tammiksaar und Natalja G. Suchova, August Petermann und seine Hypothesen über das Nordpolarmeer, in: *Polarforschung*, 65 (1998), 133–43.

S. 99 *Das befand im November* ... – *The Times*, 14.11.1851.

S. 101 *In solchen und ähnlichen Überlegungen* ... – *The Times*, 25.11.1853; Clements Markham, *Franklin's Footsteps*, London 1853, vi.

S. 102 *Im arktischen Ozean* ... – *The Times*, 14.11.1851.

In den Augen John Browns ... – Brown, *North-West Passage*, 217, 237 ff.

S. 103 *Er zeichnete Cholera- und* ... – Abgesehen vom Nordpol hat sich Petermann seit seiner Londoner Zeit auch für die Erforschung Afrikas interessiert. Als der Kontinent während der 1870er Jahre in den Fokus der europäischen Großmächte rückte, starb er jedoch. Daher ist er nicht unmittelbar in die deutsche Kolonialgeschichte in Afrika verwickelt. Vgl. Franz-Josepf Schulte-Althoff, *Studien zur politischen Wissenschaftsgeschichte der deutschen Geographie im Zeitalter des Imperialismus*, Paderborn 1971, 36 ff., 54 ff.

»Es ist eine wohlbekannte ... – August Petermann, The Arctic Expeditions, in: *Athenaeum*, 17.1.1852, 82.

S. 104 *Robert Walton, der Held* ... – Mary Shelley, *Frankenstein oder der moderne Prometheus*, Zürich 1983, 24.

»Wir betrachteten den großen ... – Ferdinand von Wrangell, *Narrative of an Expedition to the Polar Sea, in the Years 1820, 1821, 1822, and 1823*, London 1840, 258.

S. 105 *Solche Sätze hatte* ... – Nach Petermann, *The Search for Franklin*, 20.

S. 106 *Der niemals erprobte Königsweg* ... – Ebd., 5. Für die östliche Route zum Pol hatte im 18. Jahrhundert auch schon der Berner Bibliothekar Samuel Engel votiert. Petermann erwähnt Engel jedoch an keiner Stelle. Vgl. Samuel Engel, *Geographische und kritische Nachrichten und Anmerkungen über die Lage der nördlichen Gegenden von Asien und Amerika*, Leipzig 1772.

S. 106/107 *»Der Rettungsplan«, schrieb er, …* – Petermann, Arctic Expeditions, 82 f.

S. 107 *Das Franklin-Problem müsse, …* – Ebd., 83.

S. 108 *»Auf der Basis der …* – Ebd. Vgl. Heinrich Wilhelm Dove, *Die Verbreitung der Wärme auf der Erde*, Berlin 1852.

S. 109 *Seine Mannschaft habe …* – *The Times*, 3.1.1852.

Ein anonymer Times-*Leser …* – *The Times*, 6.1.1852.

S. 110 *Die gewaltigsten Nahrungsressourcen …* – August Petermann, Notes on the Distribution of Animals Available as Food in the Arctic Regions, in: JRGS, 22 (1852), 118, 125.

S. 111 *»Wer weiß, ob die …* – Simmonds, *John Franklin*, xv, xvii.

S. 111/112 *Es sei bedauerlich …* – Petermann, Distribution of Animals, 124.

S. 112 *»Von rein imaginärem …* – *The Times*, 9.12.1853.

S. 113 *Der Seeweg nach …* – August Petermann, Die hydrographischen Arbeiten der Britischen Admiralität im Jahre 1853, in: PGM, 1 (1855), 77.

Das »ganze grosse … – Ders., Der Golfstrom und Standpunkt der thermometrischen Kenntnis des Nordatlantischen Ozeans und Landgebietes im Jahre 1870, in: PGM, 16 (1870), 244.

Der Plan, heißt es, … – Vgl. Stefansson, *Northwest to Fortune*, 1958, 50.

S. 114 The Possibility of … – Daines Barrington, *The Possibility of Approaching the North Pole Asserted*, New York 1818, v.

Die Royal Navy … – Ann Savours, A very interesting point in geography: The 1773 Phipps Expedition towards the North Pole, in: *Arctic*, 37 (1984), 402–28.

Als John Barrow … – Frederick Beechey, *Voyage of Discovery towards the North Pole*, London 1843.

11 Der talentierte Mr. Petermann

Zur Tradition der englischen Gelehrtenverachtung vgl. Stephen Shapin, A Scholar and a Gentleman. The Problematic Identity of the Scientific Practitioner in Early Modern England, in: *History of Science*, 29 (1991), 279–327. Die Bedeutung von Fakten erörtern Lorraine Daston, Warum sind Tatsachen kurz?, in: *Cut and Paste um 1900. Der Zeitungsausschnitt in den Wissenschaften*, hg.v. Anke te Heesen, Berlin 2002, 132–144; Barbara Shapiro, *A Culture of Fact. England, 1550–1720*, Ithaka 2000. Eine umfassende Geschichte der deutschen Wissenschaftsreligion im 19. Jahrhundert bietet Pierangelo Schiera, *Laboratorium der bürgerlichen Welt. Deutsche Wissenschaft im 19. Jahrhundert*, Frankfurt a. M. 1992.

S. 117 *»Es ist durchaus möglich …* – Murchison, Address 1852, lxxx.

Die Werbebroschüre, … – Petermann, *Geographical Establishment*.

S. 118 *Petermann fing an, …* – Weller, *Leben und Wirken Petermanns*, 29; Fontane, *England*, 23.

Keith Johnston, … – Johnston an Shaw am 5.5.1854.

S. 119 *Theodor Fontane, …* – Fontane, *England*, 136 f.

S. 120 *Er versuchte, modisch …* – Das erwähnt der Porträtmaler Wilhelm Trautschold, der mit Petermann in London bekannt war: Trautschold an N. N., o.D., Sammlung Perthes, PGM, 540/5.

Er ließ sich einbürgern … – Hanno Beck, *Gespräche Alexander von Humboldts*, Berlin 1959, 330.

Mit Heinrich »Henry« … – Henry Lange an Petermann am 10.9.1854, Sammlung Perthes, PGM, 540/7.

S. 120/121 *1854, am Zenith …* – Petermann an Bernhard Perthes am 7.4.1854, Sammlung Perthes, PGM, 540/1.

S. 121 *»Armchair people« …* – Conrad, *Explorers*, 6.

S. 121/122 *Samuel Butlers Karikatur …* – Nach Shapin, A Scholar and a Gentleman, 291.

S. 122 *Für Beechey, …* – *The Times*, 25.11.1853.

S. 123 *»Er steht und fällt …* – *The Times*, 19.11.1853.

»Als ein so genannter … – Augustus Petermann, The Arctic Regions, in: *Athenaeum*, 19.11.1853, 1388.

»Meine Ansichten beruhen … – Petermann, *The Search for Franklin*, 3.

S. 124 *Alles andere geriet …* – *The Times*, 19.11.1853.

»Ich hätte ihn schon … – Johnston an Shaw am 5.5.1854.

S. 125 *»Ein Fremder sein …* – Fontane, *England*, 152.

S. 126 *Bis dato gern gesehenes …* – Schulte-Althoff, *Deutsche Geographie*, 21.

S. 126/127 *»Es ist mir gar nicht …* – Nach Weller, *Petermann*, 48.

S. 127/128 *»Mein hiesiger Wirkungskreis …* – Petermann an Bernhard Perthes am 27.2.1853, 12.6.1853, 10.10.1853, 29.3.1854, 7.4.1854 und 11.7.1854, Sammlung Perthes, PGM, 540/1.

S. 129 *Im Mündungsgebiet des …* – *The Times*, 24.10.1854.

12 Was in den Kesseln war

S. 130 *Wie es scheint, …* – *The Times*, 23.10.1854.

S. 131 *»Es scheint mir«, …* – *The Times*, 30.10.1854.

»Es ist schwer zu glauben, … – *The Times*, 1.11.1854.

S. 132 *Verfügten Franklins Männer …* – Nach Spufford, *I May be some Time*, 125.

S. 133 *»Alle Wilden …* – Nach ebd.

»Seien Sie nicht überrascht … – John Rae an Petermann am 22.3.1873, Sammlung Perthes, PGM, 135/1.

S. 134 *Blind aus der Hüfte* … – Weller, *Petermann*, 73.
Die Vorstellung, … – *The Times*, 24.10.1854.
Ein englischer Freund … – Hugh Johnson an Petermann am 29.10.1854, Sammlung Perthes, PGM, 540/7.

13 Zentralbüro Gotha

Mehr zum Wissenschaftsstandort Gotha bei Heinz-Peter Brogiato, Gotha als Wissens-Raum, in: *Die Verräumlichung des Weltbildes. Petermanns Mitteilungen zwischen »explorativer Geographie« und der »Vermessenheit« europäischer Raumphantasien*, hg.v. Sebastian Lentz und Ferjan Ormeling, Stuttgart 2008, 15–30; Hans Erkenbrecher und Helmut Roob, *Die Residenzstadt Gotha in der Goethe-Zeit*, Jena 1998; Helmut Leuthold, *Gotha. Zur Geschichte der Stadt*, Gotha 1979. Zur Bedeutung der *Geographischen Mitteilungen*, zum Perthes Verlag und zum Gothaer Kartenstil vgl. Imre Josef Demhardt, *Der Erde ein Gesicht geben. Petermanns Geographische Mitteilungen und die Entstehung der modernen Geographie in Deutschland*, Gotha 2006; Lentz, *Die Verräumlichung des Weltbildes*; Bruno Schelhaas und Ute Wardenga, »Die Hauptresultate der Reisen vor die Augen zu bringen« oder: Wie man Welt mittels Karten sichtbar macht, in: *Kulturelle Geographien. Zur Beschäftigung mit Raum und Ort nach dem Cultural Turn*, hg.v. Christian Berndt und Robert Pütz, Bielefeld 2007, 143–166; Jan Smits, *Petermann's Maps. Carto-bibliography of the Maps in »Petermanns geographische Mitteilungen«, 1855–1945*, t'Goy-Houten 2004.

S. 135 *Jetzt sah er seine neue* … – Clemens Theodor Perthes, *Friedrich Perthes' Leben*, Bd. 3, Gotha 1861, 3.
»Diejenige Frage«, … – Petermann an Perthes am 7.4.1854.
S. 136 *Petermann ließ sich derweil* … – Sabina Brändli, *»Der herrlich biedere Mann.« Vom Siegeszug des bürgerlichen Herrenanzuges im 19. Jahrhundert*, Zürich 1998, 144ff.
S. 137 *»Unsere ›Mittheilungen‹* … – August Petermann, Vorwort, in: PGM, 1 (1855), 2.
S. 138 *Das ganze Modell* … – Nach C. H. Berendt, Reception of Dom Pedro D'Alcantara, Emperor of Brazil; Dr. Augustus Petermann, of Gotha; Prof. A. E. Nordenskjold, of Stockholm, and Dr. C. H. Berendt, of Guatemala, in: *Journal of the American Geographical Society of New York*, 8 (1876), 146f. Vgl. auch Martha Krug Genthe, August Petermann: A Review, in: *Bulletin of the American Geographical Society*, 43 (1911), 845ff.
S. 138/139 *Ein Kartograf*, … – August Petermann, Vorwort, in: *Spitzbergen und die arktische Central-Region*. PGM, Ergänzungsheft, 16 (1865), vi.

14 Das offene Polarmeer

Eine Kulturgeschichte der amerikanischen Polarforschung bietet Michael F. Robinson, *The Coldest Crucible. Arctic Exploration and American Culture*, Chicago 2006. Für den amerikanischen Bürgerkrieg zur See vgl. Craig L. Symonds, *Lincoln and his Admirals. Abraham Lincoln, the U. S. Navy, and the Civil War*, New York 2008.

S. 142 *»Die Theorie hat ergeben …* – Elisha Kent Kane, Access to an Open Polar Sea along a North American Meridian, in: *Bulletin of the American Geographical and Statistical Society*, 1 (1852), 87.

»Kein Stückchen Eis … – Nach Wright, *Open Polar Sea*, 338.

S. 142/143 *»Welche Bewandtniß es …* – Elisha Kent Kane, *Arktische Fahrten und Entdeckungen der zweiten Grinnell-Expedition zur Aufsuchung Sir John Franklin's in den Jahren 1853, 1854 und 1855*, Leipzig ²1859, 178.

S. 143 *»Diese Expedition«, …* – August Petermann, Dr. E. K. Kane's Expedition nach dem Nordpol, in: PGM, 1 (1855), 298, 301.

»Kaum, dass man dann … – Ders., Die Eisverhältnisse in den Polar-Meeren und die Möglichkeit des Vordringens in Schiffen bis zu den höchsten Breiten, in: PGM, 11 (1865), 145.

S. 144 *Anerkannte Experten …* – John W. Wayland, *The Pathfinder of the Seas. The Life of Matthew Fontaine Maury*, Richmond 1930.

S. 145 *»Säugt etwa der …* – Matthew F. Maury, *Die physische Geographie des Meeres*, Leipzig ²1859, 139 f.

S. 146 *»Es waren keine gewöhnlichen …* – Isaac I. Hayes, *Das offene Polar-Meer. Eine Entdeckungsreise nach dem Nordpol*, Jena 1868, 301 f., 385.

15 Osborns Plan

S. 149 *»Seit ich in Gotha …* – Petermann an Bernhard von Wüllerstorf am 13.3.1865, Sammlung Perthes, PGM, 75.

S. 150 *In der Zwischenzeit …* – Eric Hobsbawm, *Das Zeitalter der Extreme. Weltgeschichte des 20. Jahrhunderts*, München 1995, 38 f.

Das Vakuum, … – Clowes, *The Royal Navy*.

»Die Navy braucht … – Sherard Osborn, On the Exploration of the North Polar Region, in: *Proceedings of the Royal Geographical Society* (folgend PRGS), 9 (1865), 52, 57, 43.

S. 151 *Gerade weil ihr Land …* – Jane Franklin, Letter on North-Polar Expedition, in: PRGS, 9 (1865), 148.

»Als gute Diener … – Osborn, North Polar Region, 52.

S. 151/152 *Ein längst vergessener …* – Isaac Hayes, Account of the Scientific Results of the Arctic Expedition under the Command of Dr. Issac Hayes, in: PRGS, 9 (1865), 181.

S. 152 *In guter englischer …* – Osborn, *North Polar Region*, 49, 54f.

Lady Franklins Beteuerung … – Ebd., 58.

S. 153 *»Sir«, heißt es …* – August Petermann, Die projektirte Englische Expedition nach dem Nordpol, in: PGM, 11 (1865), 99.

S. 154 *Keine theoretischen Schlussfolgerungen …* – Ders., Die Eisverhältnisse in den Polar-Meeren, 137.

»Ein geeigneter Schraubendampfer … – Ders., Die Englische Expedition, 104, 101.

»Verlassen Sie sich … – Petermann an Henry Walter Bates am 10.11.1876, in: Royal Geographical Society, Archive, CB 6, Petermann.

S. 155 *England, »in dem polaren Element …* – Petermann, Die Englische Expedition, 104.

Cartwright, einen befreundeten … – Petermann an Cartwright am 10.2.1865, Sammlung Perthes, PGM, 540/7. Cartwrights Vorname ist verloren gegangen.

S. 156 *Nach der Lesung …* – Nach Petermann, Die Eisverhältnisse in den Polar-Meeren, 143.

Er lobte Petermann … – Vgl. a. *The Times*, 30.12.1867.

»Ich bin nach wie vor … – John Rae an Petermann am 2.11.1876, Sammlung Perthes, PGM, 135/2.

»Es ist vielleicht … – Cartwright an Petermann am 28.2.1865, Sammlung Perthes, PGM, 540/7.

Sie begnügte sich nicht … – *The Times*, 30.3.1865.

S. 158 *Als Feindin des …* – August Petermann, Die Eisverhältnisse in den Polar-Meeren, 136.

Tag für Tag … – Weller, *Leben und Wirken Petermanns*, 61.

Noch 1877 … – *The Times*, 4.1.1877.

16 Der Lotse geht nicht an Bord

Zu den unvermeidlichen deutschen Fragen der Politikferne und der Innerlichkeit lohnt die Lektüre der Klassiker: Helmuth Plessner, *Die verspätete Nation*, Frankfurt a. M. 1982; Norbert Elias, *Studien über die Deutschen. Machtkämpfe und Habitusentwicklung im 19. und 20. Jahrhundert*, Frankfurt a. M. 1990; auch Wolf Lepenies, *Melancholie und Gesellschaft*, Frankfurt a. M. 1998. Zur deutschen Nationalbewegung und zum Verhältnis von Preußen und Österreich vgl. Thomas Nipperdey, *Deutsche Geschichte 1800–1866. Bürgerwelt und starker Staat*, München [5]1991. Die Vorgeschichte des deutschen Kolonialismus behandeln Dirk van Laak, *Über alles in der Welt. Deutscher Imperialismus im 19. und 20. Jahrhundert*, München 2005; Schulte-Althoff, *Deutsche Geographie*. Die detaillierteste Darstellung der im folgenden dargestellten Vorgänge findet sich bei Reinhard Krause, *Die Gründungsphase deutscher Polarforschung, 1865–1875*, Berichte zur Polarforschung, 114 (1992).

S. 159 *In Deutschland …* – Nach Weller, *Petermann*, 214.

Er enthält unter anderem … – Petermann an Cartwright am 10.2.1865, 242.

S. 159/160 *Einer der ersten, …* – Petermann an Bernhard von Wüllerstorf am 13.3.1865, Sammlung Perthes, PGM, 75.

S. 160 *Die wissenschaftlichen Ergebnisse …* – *Reise der österreichischen Fregatte Novara um die Erde in den Jahren 1857, 1858, 1859*, 21 Bde., hg. unter der Leitung der Kaiserlichen Akademie der Wissenschaften, Wien 1861–75.

Von England sei … – Petermann an Wüllerstorf am 13.3.1865.

S. 161 *Petermanns Schreiben …* – Bernhard von Wüllerstorf an Petermann am 9.3.1865, Sammlung Perthes, PGM, 75.

Immanuel Kant zufolge … – Kant, *Physische Geographie*, 163.

S. 162 *Als Senior- und Juniorpartner hatten …* – Zur Geschichte der preußischen Marine vgl. Reinhold Werner, *Die preußische Marine: ihre Beteiligung am deutsch-dänischen Kriege, ihre Bedeutung und Zukunft*, Berlin 1864.

S. 163 *»Man darf sich …* – Ferdinand von Hochstetter an Petermann am 10.10.1865, nach Krause, *Polarforschung*, 32.

S. 164 *In Petermanns Nachlass …* – Krause, *Polarforschung*, 46.

»Bei der Nordfahrt … – Petermann an Ferdinand von Hochstetter am 29.11.1865, nach ebd., 40.

»H. v. Roon … – Ebd.

S. 165 *»Der sicherste Weg, …* – Albrecht von Roon an Petermann am 7.12.1865, Sammlung Perthes, PGM, 304.

Ferdinand von Hochstetter … – Ferdinand von Hochstetter an Petermann 20.10.1865, nach Krause, *Polarforschung*, 35.

»Ich habe es allmälig … – Petermann an Ferdinand von Hochstetter am 16.10.1865, nach ebd.

S. 165/166 *»Ihr Auftreten«, …* – Moritz Lindeman an Petermann am 17.3.1870, nach ebd., 199.

S. 166 *»Schenken Sie Dr. Petermann …* – Nach August Petermann, Die Deutsche Nordfahrt, Aufruf an die Deutsche Nation, in: PGM, 12 (1866), 145.

S. 167 *Nach drei langen …* – Protokoll der Preußischen Marinekommission, nach Krause, *Polarforschung*, 52.

S. 168 *»Vielmehr will ich …* – Die Befehle König Wilhelms nach ebd., 64, 68.

17 Die übereilte Nation

Zum deutschen Volk und seinen Beschwörungsformeln vgl. Reinhard Koselleck, Volk, Nation, Nationalismus, Masse, in: *Geschichtliche Grundbegriffe. Historisches Lexikon zur politisch-sozialen Sprache in Deutschland*, Bd. 7, Stuttgart 1992, 141–431.

Hintergründe zu Otto Volger und zum Freien Deutschen Hochstift bei Fritz Adler, *Freies Deutsches Hochstift: seine Geschichte*, Frankfurt a.M., 1959; Joachim Seng, Verachtet uns die Meister nicht, in: *Frankfurter Allgemeine Zeitung*, 22.8.2009, Z3.

S. 169 »*Eine Regierung kann* ... – Nach August Petermann, Aufruf an die Deutsche Nation, 146.

S. 169/170 »*Wohl hat man auch* ... – Ebd., 148.

S. 171 »*Während die Deutschen* ... – *Goethes Gespräche mit J. P. Eckermann*, Bd. 2, hg.v. Franz Deibel, Leipzig 1908, 155 (1.9.1829).

»*Lassen Sie uns,* ... – August Petermann, Die Erforschung der arktischen Central-Region durch eine Deutsche Nordfahrt, in: *Spitzbergen und die arktische Central-Region*, 10 f.

Das Echo der ... – Krause, *Polarforschung*, 17 f.

S. 172 *Noch im laufenden Jahr* ... – Petermann, Erforschung der arktischen Central-Region, 11.

»*Wir sollten im nächsten* ... – Nach Krause, *Polarforschung*, 18 f.

Dem Text seiner ... – Petermann, Erforschung der arktischen Central-Region, 14.

S. 174 *Sie hätte ein gutes Sujet* ... – »In Hamburg lebten zwei Ameisen, / Die wollten nach Australien reisen. / Bei Altona auf der Chaussee / Da taten ihnen die Beine weh, / Und da verzichteten sie weise / Denn auf den letzten Teil der Reise.« Joachim Ringelnatz, Die Ameisen, in: ders., *Sämtliche Gedichte*, Zürich 1997, 72.

S. 174 »*Englische Maschinerie* ... – August Petermann, Kapitän R. Werner's vereitelte Rekognoscirungsfahrt nach Norden, in: *Spitzbergen und die arktische Central-Region*, 14, 17.

18 Ballons und Glühbirnen

Mehr zur Figur des Projektemachers bei Markus Krajewski, *Projektemacher. Zur Produktion von Wissen in der Vorform des Scheiterns*, Berlin 2004.

S. 177/178 »*Eine außerordentliche Neigung* ... – E. Hemmeler an Petermann am 14.2.1870, Sammlung Perthes, PGM, 319.

S. 178/179 »*Es ist kein Entschluß«,* ... – Petermann an E. Hemmeler am 16.2.1870, Sammlung Perthes, PGM, 319.

S. 179 »*Sie würden aber trotzdem* ... – Petermann an N.N. am 2.5.1868, Sammlung Perthes, PGM, 105/1.

»*Halle ist groß* ... – Petermann an Carl Koldewey am 13.3.1869, Sammlung Perthes, PGM, 67.

Guten Willen ... – Alle zitierten Briefe aus Sammlung Perthes, PGM, 148.

S. 180 *eine eigens entwickelte* … – Benno Sauer an Petermann am 20.2.1869, Sammlung Perthes, PGM, 410.

Ein neues Luftschiff … – Gustav Baron Schwaben an Petermann am 23.11.1868, Sammlung Perthes, PGM, 543.

S. 181 *Bei der geplanten Expedition* … – Petermann an Gustav Baron Schwaben am 24.11.1868, Sammlung Perthes, PGM, 543.

Bis zu Julius Payer … – Martin Müller, *Julius von Payer*, Stuttgart 1956, 180 f.

Oder bis zur amerikanischen … – Leonard Guttridge, *Icebound. The Jeannette Expedition's Quest for the North Pole*, Annapolis 1986, 59 ff.

Oder noch weiter, … – Robert Peary, *The North Pole*, 17 f.

19 Fischerschaluppenfantasien

Die thermodynamischen Fantasmen des 19. Jahrhundert untersucht Anson Rabinbach, *Motor Mensch. Kraft, Ermüdung und die Urspünge der Moderne*, Wien 2001. Zu Symmes und den Symmesianern vgl. Spufford, *I May be some Time*, Kap. 4; Eric G. Wilson, *The Spiritual History of Ice. Romanticism, Science, and the Imagination*, New York 2003, Kap. 3; Victoria Nelson, *The Secret Life of Puppets*, Cambridge, Mass. 2001, Kap. 6. Zum Fortleben der Polarmythen im 20. Jahrhundert vgl. Joscelyn Godwin, *Arktos. Der polare Mythos zwischen NS-Okkultismus und moderner Esoterik*, Graz 2007. Mehr zur Abgrenzung von Wissenschaft und Pseudowissenschaft bei Dirk Rupnow u. a. (Hg.), *Pseudowissenschaft. Konzeptionen von Nichtwissenschaftlichkeit in der Wissenschaftsgeschichte*, Frankfurt a. M. 2008.

S. 183 *Die Verteilung der Tiere* … – Gustav Jäger, Der Nordpol, ein thiergeographisches Zentrum, in: *Spitzbergen und die arktische Central-Region*, 68 f.

S. 184 The Northward Course … – Vilhjalmur Stefansson, *Neuland im Norden. Die Bedeutung der Arktis für Siedlung, Verkehr und Wirtschaft der Zukunft*, Leipzig 1928, Kap. 1.

S. 185 *Es ist kein Zufall,* … – Hans Wollschläger, Karl May als Leser, in: *Karl Mays Werke. Abteilung Supplemente*, Bd. 2, Katalog der Bibliothek, hg. v. Hermann Wiedenroth und Hans Wollschläger, Bargfeld 1995, 125.

S. 185/186 *»Gerade in den Naturwissenschaften* … – Adolph Gether, *Gedanken über die Naturkraft*, Oldenburg 1862, iv. Vgl. auch A. F. Dittmann, *Das Polar-Problem und ein Vorschlag zur Lösung desselben*, Hamburg 1869.

S. 187 *Sie waren im Innern* … – Gether, *Naturkraft*, 158, 209 ff., 219, 310.

S. 189 *»Es ist unwahrscheinlich,* … – Nach Spufford, *I May be some Time*, 70.

S. 190 *»Soweit ich weiß,* … – C. W. Ford an Petermann am 31.7.1868, Sammlung Perthes, PGM, 135/2.

S. 190/191 »*Was die Ausführung* … – Adolph Gether an Petermann am 4.4.1865, Sammlung Perthes, PGM, 295.

S. 191 *Postwendend empfahl er* … – Petermann an Adolph Gether am 3.12.1862, nach Weller, Petermann, 76.

S. 192 »*Die Mittheilung Ihres* … – Petermann an Adolph Gether am 12.4.1865, Sammlung Perthes, PGM, 295.

Wilhelm von Freeden, … – Wilhelm von Freeden an Petermann am 12.4.1865, Sammlung Perthes, PGM, 49.

S. 193 »*Das, was sich also* … – Petermann an Gether am 3.12.1862.

»*Ich ging von vorneherein* … – Adolph Gether an Petermann am 22.3.1866, Sammlung Perthes, PGM, 295.

20 Schiffbruch mit Zuschauer

Mehr zur norddeutschen Schifffahrt und zum Reedermilieu erfährt man bei Jürgen Brockstedt (Hg.), *Seefahrt an deutschen Küsten im Wandel, 1815–1914*, Neumünster 1993. Auch die älteren Darstellungen sind informativ: Moritz Lindeman, *Die arktische Fischerei in den deutschen Seestädten, 1620–1868*, Gotha 1869; ders., *Der Norddeutsche Lloyd. Geschichte und Handbuch*, Bremen 1892. Unübertroffen genau, was die Hintergründe der ersten deutschen Polarexpeditionen angeht, ist Krause, *Polarforschung*. Vgl. außerdem David T. Murphy, *German Exploration of the Polar World. A History, 1870–1940*, London 2002; Christine Reinke-Kunze, *Aufbruch in die weisse Wildnis. Die Geschichte der deutschen Polarforschung*, Hamburg 1992; *125 Jahre deutsche Polarforschung*, hg.v. Alfred-Wegener-Institut für Polar- und Meeresforschung, Bremen [2]1994. Für den Hergang der Expeditionen lese man die Originalberichte: Carl Koldewey, *Die erste deutsche Nordpolar-Expedition im Jahre 1868*, Gotha 1871; ders., *Die zweite deutsche Nordpolarfahrt in den Jahren 1869 und 1870*, 2 Bde., Leipzig 1873–1874.

S. 196 »*Für uns in der Schule* … – Wilhelm von Freeden an Petermann am 12.4.1865, Sammlung Perthes, PGM, 49.

S. 197 »*In Folge des ewigen* … – Carl Koldewey an Petermann, o.D., Sammlung Perthes, PGM, 67/1.

S. 199 »*Ich setze das grösste* … – August Petermann, Die Deutsche Nordpol-Expedition 1868, in: PGM, 14 (1868), 214f.

S. 199/200 »*Erstreckt sich Grönland* … – Petermann an Carl Koldewey am 8.5.1868, nach Krause, *Polarforschung*, 120.

S. 200 *Die Wilden,* … – Petermann, Die Deutsche Nordpol-Expedition, 218.

In der Admiralität … – H. Davis an Petermann am 16.9.1868, Sammlung Perthes, PGM, 135/1.

S. 201 *Anfang August* … – *Gartenlaube* vom 22.8.1868, Sammlung Perthes, PGM, 67/2.

S. 201/202 *Beim Bremer Festakt* … – Die Karte ist abgedruckt in Krause, *Polarforschung*, Anhang 30.

S. 202 *Carl Koldewey* … – Krause, *Polarforschung*, 156.

Während sie einen eistauglichen … – Vgl. *Weser Zeitung* vom 10.3.1869, Sammlung Perthes, PGM, 67/2.

Petermann druckte … – Krause, *Polarforschung*, 136.

S. 203 *»Viele Köche* … – Carl Koldewey an Petermann am 5.1.1869, nach ebd., 158.

»Der verdammte Nordpol … – Petermann an Cartwright am 15.5.1869, Sammlung Perthes, PGM, 135/1.

Noch befanden sich … – Nach Krause, *Polarforschung*, 177. Vgl. August Petermann, Instruktion für die zweite Deutsche Nordpolar-Expedition, in: PGM, 15 (1869), 254–60.

S. 204/205 *»Die Lösung einer* … – Petermann an Carl Koldewey am 14.6.1869, Sammlung Perthes, PGM, 67/1.

S. 205 *»Den nach Inhalt unnöthigen* … – Carl Koldewey an Petermann am 15.6.1869, zit. nach Krause, *Polarforschung*, 179.

S. 206 *Im März 1870* … – Ebd., 188. Vgl. a. Carl Heinersdorff, *Reinhold Buchholz' Reisen in West-Afrika, nach seinen hinterlassenen Tagebüchern nebst einem Lebensabriss des Verstorbenen*, Leipzig 1880, 18 f.

S. 207 *»Die kurze Spanne* … – Reinhold Buchholz an Petermann am 21.3.1871, Sammlung Perthes, PGM, 173.

Nach Meinung seines … – Dr. Kahlbaum an Petermann am 27.3.1871, Sammlung Perthes, PGM, 173.

S. 208 *Denn hinter dem unverfänglichen* … – August Petermann, Das Relief des Eismeerbodens bei Spitzbergen nach den Tiefseemessungen der schwedischen Expedition unter Nordenskjöld und v. Otter, 1868, in: PGM, 16 (1870), 143.

»Wie tief es mich … – Petermann an N. N. am 9.4.1970 (nicht abgeschickt), Sammlung Perthes, PGM, 540/13.

S. 209 *Fassungslos mussten* … – Wilhelm von Freeden an Carl Koldewey am 4.10.1870, nach Krause, *Polarforschung*, 207.

»Ihr Urtheil über … – Wilhelm von Freeden an Petermann am 20.10.1870, Sammlung Perthes, PGM, 49.

S. 210 *»Ich gestehe,* … – Carl Koldewey, Eisverhältnisse im grönländischen Meere und Ansichten über weitere Förderung arktischer Entdeckungen, in: *Hansa. Zeitschrift für das Seewesen*, 10 (1871), Beilage.

21 Petermann der Große

Zum politischen Hintergrund der österreichisch-ungarischen Nordpolexpedition vgl. Krause, *Polarforschung*. Zur Expedition selbst Julius Payer, *Die österreichisch-ungarische Nordpol-Expedition in den Jahren 1872–1874*, Wien 1876. Außerdem liegen Monografien zu den beiden Protagonisten vor: Frank Berger u.a., *Carl Weyprecht (1838–1881). Seeheld, Polarforscher, Geophysiker*, Wien 2008; Müller, *Julius von Payer.*

S. 211 *Zur großen Überraschung* ... – Nach Krause, *Polarforschung*, 208.

Gebetsmühlenartig ... – Petermann an den Verein für die deutsche Nordpolarfahrt am 30.11.1870, nach ebd., 210.

S. 213 *»Hier in Österreich* ... – Julius Payer an Petermann am 18.10.1870, Sammlung Perthes, PGM, 82/1.

»Ich bitte Sie also ... – Julius Payer an Hermann Schumacher am 3.11.1870, nach Krause, *Polarforschung*, 209 f.

S. 214 *»Größte Breite* ... – Nach August Petermann, Die Entdeckung eines offenen Polarmeeres durch Payer und Weyprecht im September 1871, in: PGM, 17 (1871), 424.

Er verkündete, ... – Ebd.

S. 215 *»Ihr Land liegt* ... – Julius Payer an Petermann am 21.9.1874, Sammlung Perthes, PGM, 82/2.

Doch die Fotografie, ... – Julius Payer an Petermann am 8.12.1874, Sammlung Perthes, PGM, 87/3.

S. 216 *»Mit meiner Handfläche* ... – Christoph Ransmayr, *Die Schrecken des Eises und der Finsternis*, Frankfurt a.M. 1987, 263.

»Es erscheint mir die ... – Petermann an Julius Payer und Carl Weyprecht am 11.9.1874, Sammlung Perthes, PGM, 82/2.

»Seits froh, daß jemand ... – Nach Krause, *Polarforschung*, 246. Vgl. Payers Absage an ein offenes Polarmeer in Payer, *Die österreichisch-ungarische Nordpol-Expedition*, 326.

Und auch die briefliche ... – Julius Payer an Petermann, o.D., Sammlung Perthes, PGM, 82/2.

S. 217 *Ausdrücklich verbat er* ... – Carl Weyprecht an Petermann am 1.11.1874, nach Krause, *Polarforschung*, 246.

»Ueberall wird die arktische ... – Carl Weyprecht, *Die Nordpol-Expeditionen der Zukunft*, Wien 1876, 33.

Petermann, der sich ... – Krause, *Polarforschung*, 307.

S. 218 *Unter seinen Papieren* ... – Ransmayr, *Schrecken des Eises*, 261.

22 Theorie der Systeme

Über den weitgehend vergessenen Mühry gibt es nicht viel zu lesen: Nicolaas Rupke, Humboldtian Medicine, in: *Medical History*, 40 (1996), 293–310; Nicola Theus, *Adolf Adalbert Mühry (1810–1888). Leben und Werk des Göttinger Arztes unter besonderer Berücksichtigung der medizinischen Geographie*, Göttingen 1998. Zu den deutschen Mandarinen vgl. Fritz K. Ringer, *Die Gelehrten. Der Niedergang der deutschen Mandarine 1890–1933*, Stuttgart, 1983.

S. 219 *Bismarck, der neue …* – Nach Krause, *Polarforschung*, 250.

S. 220 *Kritiker argwöhnten …* – Ebd., 268.

Mit großem Belegaufwand … – Z.B. Petermann, Der Golfstrom und Standpunkt der thermometrischen Kenntnis des Nordatlantischen Ozeans, 201–44.

S. 221 *Selbstredend sind sie …* – Adolf Mühry, *Die geographischen Verhaeltnisse der Krankheiten, oder Grundzuege der Noso-Geographie*, Leipzig 1856, i.

S. 222 *Um »in ein weites …* – Ders., Über das System der Meeresströmungen im Cirkumpolar-Becken der Nord-Hemisphäre, in: PGM, 13 (1867), 69.

»Man darf über den Grundzügen … – Adolf Mühry an E. Behm am 9.10.1883, Sammlung Perthes, PGM, 74/2.

Dagegen wirkt selbst Hegels … – Nach Fritz Mauthner, *Beiträge zu einer Kritik der Sprache*, Bd. 1, Leipzig [3]1923, 409.

Für »Autoptiker« … – Adolf Mühry an Petermann am 12.2.1875, Sammlung Perthes, PGM, 74/2.

Die bis zum Überdruss … – Mühry an Behm am 9.10.1883.

S. 223 *Die Klage, mit den …* – Adolf Mühry an Petermann am 13.4.1870, 4.12.1873 und 12.1.1871, Sammlung Perthes, PGM, 74/2.

S. 224 *In fast all seinen …* – Adolf Mühry an Petermann am 23.6.1871 und 10.2.1872, Sammlung Perthes, PGM, 74/1 und 2.

23 Im Land der Wasserhimmel

Lamonts Reiseberichte verraten die Nonchalance und den Witz des englischen Gentlemans: James Lamont, *Seasons with the Sea-Horses; or, Sporting Adventures in the Northern Seas*, London 1861; ders., *Yachting in the Arctic Seas*, London 1876. Zur Nares-Expedition vgl. Fleming, *Neunzig Grad*, Kap. 10.

S. 225 *»Ich werde so lange …* – Petermann an Bates am 6.12.1871.

S. 227 *»Natürlich«, fügte er …* – Henry Walter Bates an Petermann am 28.3.1872, Sammlung Perthes, PGM, 342.

Osborn selbst pflegte … – Nach Leopold McClintock, Resumé of the Recent German Expedition, in: PRGS, 15, (1870–1871), 112.

Auch hier taucht … – Clements Markham, *The Threshold of the Unknown Region*, London 1873, 153.

Höflich übersandte … – Clements Markham an Petermann am 25.11.1873, Sammlung Perthes, PGM, 99.

S. 227/228 *Nur hinter Markhams …* – Petermann an G. H. Richards am 9.5.1877, Sammlung Perthes, PGM, 370.

S. 228 *»Ich habe mir die Freiheit …* – Petermann an Henry Walter Bates am 19.5. und am 6.12.1871, Sammlung Perthes, PGM, 342.

S. 229/230 *»Ich war überzeugt, …* – Nach August Petermann, The Exploration of the Arctic Regions. Brief an Sir Henry Rawlinson am 7.11.1874, Royal Geographical Society, Archive, Back Collection, Petermann, A.

»Von NW. bis ONO. … – David Gray an Petermann im Dezember 1874, Sammlung Perthes, PGM, 271.

S. 230 *Lamont, dem das …* – Lamont, *Seasons with the Sea-Horses*, 192 f.

In einer Zeit, … – Ders., *Yachting in the Arctic Seas*, London 1876, 4.

S. 231 *»Sehr gerne würde ich …* – James Lamont an Petermann am 10.4.1871, Sammlung Perthes, PGM, 69.

Der Kartograf, … – Petermann an James Lamont am 5.4.1871, Sammlung Perthes, PGM, 69.

Er selbst sei im Sommer … – James Lamont an Petermann am 16.10.1871, Sammlung Perthes, PGM, 135/1.

Verärgert schrieb er … – Petermann an James Lamont am 28.8.1871, Sammlung Perthes, PGM, 69.

S. 231/232 *Sein Leserbrief, …* – *The Times*, 26.12.1876.

S. 232 *Petermann, dem inzwischen …* – Petermann an Clements Markham am 30.12.1876, Sammlung Perthes, PGM, 99.

S. 233 *»Arktisexpedition zurückgekehrt …* – Nach *The Times*, 30.10.1876.

Die Bereitschaft, … – *The Times*, 31.10.1876.

24 Die letzte Karte

Zu Bennett und zur *Jeannette*-Expedition vgl. Guttridge, *Icebound*. Lesenswert sind auch die erschütternden Originalberichte: George Washington De Long, *The Voyage of the Jeannette. The Ship and Ice Journals*, hg. v. Emma De Long, Boston 1884; George W. Melville, *In the Lena Delta*, Boston 1885.

S. 235 *»Dr. Livingstone, …* – Nach Henry Morton Stanley, *How I found Livingstone*, London 1890, 331.

S. 236 *»Ich kann Ihnen …* – Nach Emma De Long, *Explorer's Wife*, New York 1938, 116 f.

»Aber als ich hier … – Nach C. H. Berendt, Reception of Dr. Augustus Petermann, 131.

S. 237 *Den alten Naturhistorikern …* – Anthony Grafton, *New Worlds, Ancient Texts. The Power of Tradition and the Shock of Discovery*, Cambridge, Mass. 1995.

S. 238 *Seitdem der Fähnrich …* – Silas Bent, Communication from Captain Silas Bent upon the Routes to be pursued by Expeditions to the North Pole, in: *Journal of the American Geographical and Statistical Society*, 2 (1870), 33.

Der Präsident der … – Charles P. Daly, Annual Address, in: ebd., cxiii.

Bennett scheint von … – Petermann an Carl Weyprecht am 23.9.1878, nach Berger, *Weyprecht*, 519.

S. 239 *Im* New York Herald … – Nach Guttridge, *Icebound*, 41.

Der tragische Tod … – Weller, *Leben und Wirken Petermanns*, 63 f. Hier auch Spekulationen über Petermanns Selbstmord.

S. 240 *»Das Packeis ist …* – Nach Guttridge, *Icebound*, 109.

»Wie stehn die rauen … – Ringelnatz, Der Untergang der «Jeanette», in: ders., *Sämtliche Gedichte*, 576.

S. 241 *»Erbittert verfluchten wir …* – Nach Guttridge, *Icebound*, 235.

Nansens Turn

Die Entstehung seiner Theorie hat Nansen selbst geschildert: Fridtjof Nansen, *Farthest North. Being the Record of a Voyage of Exploration of the Ship »Fram« 1893–96 and of a Fifteen Months' Sleigh Journey by Dr. Nansen and Lieut. Johansen*, Bd. 1, New York 1897, Kap. 1.

S. 242 *Die britischen Eismeerveteranen …* – Nach Fleming, *Neunzig Grad*, 308.

S. 244 *»Zwar sind es ja alles nur …* – Fridtjof Nansen an Ernst Behm am 29.3.1891, Sammlung Perthes, PGM, 423.

»Für die Wissenschaft … – Petermann, *Exploration of the Arctic Regions.*

BILDNACHWEIS

Cover — August Petermann, Petermann's Papers on the Arctic Regions, Handzeichnung, 1852, Forschungsbibliothek Gotha, Sammlung Perthes, Kartensammlung.

S. 8 — Meereskarte, in: Lewis Carroll, *Die Jagd nach dem Schnark*, mit den elf Illustrationen der Originalausgabe von Henry Holiday, Frankfurt a. M. 1968, (Ausschnitt).

S. 20 — Deutschland und anliegende Länder, zur Übersicht der Hauptstrassen und Entfernungen, in: *Stieler's Hand-Atlas*, Gotha 1844 (Ausschnitt).

S. 26 — August Petermann, Spezial-Charte des Harzgebirges, Handzeichnung, 1837, Forschungsbibliothek Gotha, Sammlung Perthes, Kartensammlung (Ausschnitt).

S. 42 — Henry D. Harness, Map of Ireland to accompany the Report of the Railway Commissioners: showing by the varieties of shading the comparative Density of the Population, Druck, 1838, Bayerische Staatsbibliothek München/Hbks E 34 u-IV, 2 (Ausschnitt).

S. 52 — Zoological Geography, in: Alexander Keith Johnston, *The Physical Atlas*, Edinburgh, 1850 (Ausschnitt).

S. 62 — August Petermann, Cholera Map of the British Isles, Druck, 1848, Staatsbibliothek zu Berlin (Ausschnitt).

S. 86 — Thomas Malby and Son, A Map of the North Polar Sea exhibiting the Plan of Search for Sir John Franklin 1850, handkolorierter Druck, Forschungsbibliothek Gotha, Sammlung Perthes, Kartensammlung (Ausschnitt).

S. 100 — August Petermann, Übermalung von Thomas Malby and Son, A Map of the North Polar Sea exhibiting the Plan of Search for Sir John Franklin 1850, 1852, Forschungsbibliothek Gotha, Sammlung Perthes, Kartensammlung.

S. 116 — August Petermann, Polar Chart illustrating A. Petermann's paper on the opening into the Polar Sea between Spitzbergen and Novaia Zemlia, Übermalung von Thomas Malby and Son, A Map of the North Polar Sea exhibiting the Plan of Search for Sir John Franklin 1850, 1852, Forschungsbibliothek Gotha, Sammlung Perthes, Kartensammlung (Ausschnitt).

S. 140 Isaac Hayes, Chart of the Arctic Regions, projected from Berghaus & Petermann, the Charts of E. K. Kane, Materials in the British Hydrographic Office etc., Druck, 1860, Forschungsbibliothek Gotha, Sammlung Perthes, Kartensammlung (Ausschnitt).

S. 148 August Petermann, Die Entdeckungen der Amerikanischen Nordpolar-Expedition unter Kapitän C. F. Hall 1871–1873. Nebst Skizze der Entdeckungen der Engl. Expedition unter Kapt. Nares 1875/76, Entwurfszeichnung, 1876, Forschungsbibliothek Gotha, Sammlung Perthes, Kartensammlung (Ausschnitt).

S. 176 Weltkarte in Polar-Sternprojektion, nach einer Idee von Gustav Jäger, mit Modifikationen von August Petermann, in: *Spitzbergen und die arktische Central-Region*. PGM, Ergänzungsheft, 16 (1865).

S. 182 Adolph Gether, Handzeichnung, 1863, Forschungsbibliothek Gotha, Sammlung Perthes, Kartensammlung (Ausschnitt).

S. 212 Julius Payer, Handzeichnung, 1874, Forschungsbibliothek Gotha, Sammlung Perthes, Kartensammlung (Ausschnitt).

S. 226 David Gray, Handzeichnung, 1876, Forschungsbibliothek Gotha, Sammlung Perthes, Kartensammlung (Ausschnitt).

S. 234 Stanford's Geographical Establishment, Farblithographie, 1878, Forschungsbibliothek Gotha, Sammlung Perthes, Kartensammlung (Ausschnitt).

Bildteil Meereskarte, in: Lewis Carroll, *Die Jagd nach dem Schnark*, mit den elf Illustrationen der Originalausgabe von Henry Holiday, Frankfurt a. M. 1968.

August Petermann, Spezial-Charte des Harzgebirges, Handzeichnung, 1837, Forschungsbibliothek Gotha, Sammlung Perthes, Kartensammlung.

Zoological Geography, in: Alexander Keith Johnston, *The Physical Atlas*, Edinburgh, 1850.

August Petermann, Statistical Map of the British Isles elucidationg the Distribution of Population based on the Census of 1841, handkolorierter Druck, 1848, Forschungsbibliothek Gotha, Sammlung Perthes, Kartensammlung.

Thomas Malby and Son, A Map of the North Polar Sea exhibiting the Plan of Search for Sir John Franklin 1850, handkolorierter Druck, Forschungsbibliothek Gotha, Sammlung Perthes, Kartensammlung.

August Petermann, Polar Chart illustrating A. Petermann's paper on the opening into the Polar Sea between Spitzbergen and Novaia Zemlia, Übermalung von Thomas Malby and Son, A Map of the North Polar Sea exhibiting the Plan of Search for Sir John Franklin 1850, 1852, Forschungsbibliothek Gotha, Sammlung Perthes, Kartensammlung.

August Petermann, Übermalung von Thomas Malby and Son, A Map of the North Polar Sea exhibiting the Plan of Search for Sir John Franklin 1850, 1852, Forschungsbibliothek Gotha, Sammlung Perthes, Kartensammlung.

Adolph Gether, Handzeichnung, 1863, Forschungsbibliothek Gotha, Sammlung Perthes, Kartensammlung.

David Gray, Handzeichnung, 1876, Forschungsbibliothek Gotha, Sammlung Perthes, Kartensammlung.

Weltkarte in Polar-Sternprojektion, nach einer Idee von Gustav Jäger, mit Modifikationen von August Petermann, in: *Spitzbergen und die arktische Central-Region*. PGM, Ergänzungsheft, 16 (1865).

DANK

Für die Förderung dieser Arbeit danke ich dem Schweizerischen Nationalfonds und dem Forschungsschwerpunkt eikones/Bildkritik in Basel. Michael Hagner danke ich für den Freiraum und die Ermutigung, dieses Buch zu schreiben. Dank an Petra Weigel von der Sammlung Perthes in Gotha für ihr großes Entgegenkommen bei der Quellenbeschaffung. Und an Martin Mittelmeier für so viel Interesse am Nordpol.